中南财经政法大学青年学术文库

Rule Supply and "Localization"
Practice of Regional Ocean Governance

区域海洋治理的
规则供给与“本土化”实践

陈慈航　著

中国社会科学出版社

图书在版编目（CIP）数据

区域海洋治理的规则供给与“本土化”实践 / 陈慈航著. -- 北京 ： 中国社会科学出版社， 2025. 3.
（中南财经政法大学青年学术文库）. -- ISBN 978-7-5227-4723-1

Ⅰ. P7

中国国家版本馆 CIP 数据核字第 2025SZ0549 号

出 版 人　赵剑英
责任编辑　杨晓芳
责任校对　杨　林
责任印制　张雪娇

出　　版　中国社会科学出版社
社　　址　北京鼓楼西大街甲 158 号
邮　　编　100720
网　　址　http://www.csspw.cn
发 行 部　010-84083685
门 市 部　010-84029450
经　　销　新华书店及其他书店

印　　刷　北京明恒达印务有限公司
装　　订　廊坊市广阳区广增装订厂
版　　次　2025 年 3 月第 1 版
印　　次　2025 年 3 月第 1 次印刷

开　　本　710×1000　1/16
印　　张　13. 25
插　　页　2
字　　数　204 千字
定　　价　88. 00 元

目录

CONTENTS

绪　论

第一节　研究背景和意义

当前，全球海洋治理正呈现出向区域治理回落的趋势，而区域海洋治理的“碎片化”导致无法形成统一有效的治理模式和机制，也损害了包括《联合国海洋法公约》在内的全球海洋治理规则体系在区域海洋治理中的适用性和有效性。“本土化”的区域海洋治理规则在全球范围内的兴起一方面加剧了海洋治理“碎片化”的现状，另一方面也为全球性国际法规则的创造性普及和适用以及未来发展提供了新的契机。本书尝试研究和分析以下问题：全球性海洋治理规则普遍适用的困境何在？该困境所导致的区域海洋治理的规则供给难题是否加剧了海洋治理“碎片化”的趋势？全球不同海洋区域创制和运用“本土化”规则以因应规则供给难题呈现出何种特征和趋势？区域海洋治理规则“本土化”对于缓解海洋治理赤字及其对全球海洋治理发展趋势的效用与潜在影响应如何评估与应对？

第二节　研究内容与基本思路

一　主要内容

本书的主要内容聚焦区域海洋治理中的规则供给现状及其一般特征，就当前全球范围内海洋治理的“多中心”“碎片化”“多元化”等问题背后的核心特质即治理规则的“本土化”这一问题，探索不同区域海洋治理规则“本土化”的不同路径和具体安排，分析这一现象对于未来海洋善治实现的利弊影响，并对中国未来参与区域海洋治理提供可行的思路与可供选择的优化方案。

二 基本思路

本书分为六章。

第一章探讨了全球海洋治理的趋势，尤其是包括全球、区域、次区域、国家和地区等不同层级的“多层级治理”，以及在全球海洋治理“碎片化”下治理机制分散的“多中心治理”，这些都是由全球治理机制不够完善，治理存在赤字所导致的，而区域海洋治理则是在这一趋势下能够兼顾全球与本土治理的可行选择。

第二章概述了当前世界公认的三类区域海洋治理机制，即区域海洋计划、区域渔业机构以及大型海洋生态系统。区域海洋计划是1974年以来在联合国环境规划署倡议下建立的致力于保护各区域海洋环境的治理机制，往往采用以框架公约/行动计划为核心的机制框架，在治理海洋的具体规则上各个区域针对不同的问题存在不同的倾向。区域渔业机构则分为区域渔业管理机构和区域渔业咨询机构，前者制定的规则具有约束力，而后者则主要具备咨询职能。大型海洋生态系统是科学界倡议发起的，以生态区域而非管辖区域为核心的治理模式。

第三章分析了区域海洋治理机制的规则供给模式，区域海洋治理机制在不同的区域存在着一定的差异，一部分区域制定了严格的框架公约，并且通过议定书和附件等形式对框架公约中的内容进行补充和完善；另一部分区域则通过行动计划这一软法性的文件来指导实践。区域渔业机构的规则供给则主要是由区域渔业管理机构来制定，而软法规则也相当普遍。大型海洋生态系统没有专门的协议来指导其实践，主要是通过生态系统方法，因而其规则的供给较为灵活。

第四章揭示了当前区域海洋治理机制规则供给的一种普遍的倾向，即通过“本土化”的规则来指导本区域的实践。这与海洋治理领域的规则缺失与规则冲突密切相关。这种“本土化”源于区域海洋治理中出现了越来越多的问题，而全球性的规则架构无法满足这些需求，因而具有自发性。其主要体现在越来越多的区域制定了具有本土特征的协议，并且本土性的具体规则越来越多地应用于区域内不同的领域，而且，本土知识和规范越来越多地受到重视和强化。

第五章阐释了影响区域海洋治理规则供给尤其是“本土化”的影响因素。全球治理的区域主义一直存在，而且具有自我强化的特征。由于缺乏有力的全球性机制，海洋治理的“碎片化”日益严重。众多海域存在海洋权力和利益的争夺，尤其是在海洋法试图将海洋管辖权分割给各主权国家之后。这些现象的根源在很大程度上可以归结为全球权威分散及其“权威场域”分布的多元化。最后海洋治理规则本身的特殊性，也是重要的内生影响因素。

第六章展望了区域海洋治理及其“本土化”的未来前景。本书通过实证研究认为，众多政策界人士和学者所助推的整体治理及“元治理”模式尽管在理念上让人向往和兴奋，但是在现实中阻碍巨大。区域海洋治理本身作为多层级治理的中间环节，尤其是区域机制本身更容易获得本土行为体的认同，因此具有显著的前景与优势，当然同时也存在一些局限性。短期内强化本土参与的区域海洋治理“本土化”仍会持续发展，且软法有望越来越普遍和受欢迎。

第一章
海洋治理的发展趋势：多层次与多中心

占地球面积71%的海洋对于人类文明的发展至关重要，海洋不仅提供了人类所需的氧气，吸收人类活动所产生的40%的二氧化碳，大大减缓了全球变暖的速度，还为全球30亿人提供了生计，也为人类的未来提供了新的创新动力和发展机会。① 世界环境与发展委员会指出，“海洋以一种无法逃脱的基本统一为标志。能源、气候、海洋生物资源和人类活动相互关联的循环在沿海水域、区域海洋和封闭海洋中流动”②。

第一节　全球治理体系中的海洋治理

全球治理常常被认为是冷战结束的产物，尽管自20世纪70年代起就引起了相关讨论。然而，迄今为止，全球治理在定义、主题应用、概念辨析和制度发展等层面均存在广泛的争论，以至被认为是一种“无定形”（amorphous）③ 和“无所不包”（ubiquitous）④ 的术语。总体而言，全球治理是一个多维度的概念，能够用于研究不同利益聚合层面相互作

---

① 《全球海洋治理与生态文明——建设可持续的中国海洋经济》，2020年9月，第1页；chrome-extension：//ibllepbpahcoppkjjllbabhnigcbffpi/http：//www.cciced.net/zcyj/yjbg/zcyjbg/2020/202008/P020200916727021019353.pdf。

② WECD，*Report of the World Commission on Environment and Development*：*Our Common Future*，Oxford：Oxford University Press，1987.

③ Michael Zürn，“Global Governance as Multi-level Governance”，in David Levi-Faur，ed.，*The Oxford Handbook of Governance*，Oxford：Oxford University Press，2012，pp. 730 – 743.

④ Mark Bevir，“Governance as Theory，Practice，and Dilemma”，in Mark Bevir，ed.，*The SAGE Handbook of Governance*，London：SAGE，pp. 1 – 17.

用的多个参与者的复杂全球过程。

一　全球治理的内涵与要素

20 世纪 70 年代，国际体系的变革尤其是全球环境意识的发展、非国家行为体数量的增加以及联合国系统的加强，导致全球治理意识的初步觉醒。纳尔逊（L. D. Nelson）和朱莉·霍诺德（Julie A. Honnold）从全球资源稀缺性的视角探讨了从集体主义、长期规划和全球治理角度来应对的可能性。[①] 20 世纪 70 年代末，尼古拉斯·格林伍德·奥努夫（Nicholas Greenwood Onuf）从国际法律制度的角度，讨论了权威和秩序的本质及其与主权的关系，提出了全球治理的概念。[②] 20 世纪 80 年代到 90 年代初，全球治理越来越多地与复杂的国际体系联系起来，并开始适用于分析具体的国际实践。例如，安妮·布兰斯科姆（Anne W. Branscomb）重点研究了跨境数据的监管问题，并认为全球治理在发展数据监管机构方面具有积极作用；[③] 迪特尔·桑哈斯（Dieter Senghaas）则探索了通过发展制度以应对气候变化、流行病等全球性问题，通过全球治理来协调各国政策。[④] 为了探索冷战后全球化、技术革新以及国际秩序的深刻变革，国际关系理论也逐渐从自上而下、静态的政府间组织、法律和国际问题研究转向全球治理理论范式的探索。其中最为著名的当数詹姆斯·罗西瑙（James Rosenau）和恩斯特－奥托·岑皮尔（Ernst-Otto Czempiel）出版的《没有政府的治理》一书，对全球治理理论进行了系统的阐述。

1995 年，全球治理的争论取得了重大进展，由瑞典首相英瓦尔·卡尔松（Ingvar Carlsson）和英联邦前秘书长施里达斯·兰帕尔（Shridath Ramphal）共同主持的以政策为导向的全球治理委员会发布了《天涯成

---

① L. D. Nelson and Julie A. Honnold, "Planning for Resource Scarcity: A Critique of Prevalent Proposals", *Social Science Quarterly*, Vol. 57, No. 2, 1976, pp. 339 – 349.

② Nicholas Greenwood Onuf, "International Legal Order as an Idea", *The American Journal of International Law*, Vol. 73, No. 2, 1979, pp. 244 – 266.

③ Anne W. Branscomb, "Global Governance of Global Networks: A Survey of Transborder Data Flow in Transition", *Vanderbilt Law Review*, Vol. 26, Issue 4, 1983, pp. 985 – 1044.

④ Dieter Senghaas, "Global Governance: How Could it Be Conceived?", *Security Dialogue*, Vol. 24, Issue 3, 1993, pp. 247 – 256.

毗邻——全球治理委员会的报告》，对全球治理的概念进行了界定，倡导将个人与非国家实体提升到更高的地位，与国家一道在全球治理中发挥作用，报告还强调了联合国以及国际法院等国际组织和机构在全球治理中的作用。① 1995—1996 年，联合国系统学术委员会（ACNUS）和联合国大学赞助创办了《全球治理》杂志，该杂志致力于就全球治理进行无党派、具有智力挑战性和学术上合理的辩论。②

关于全球治理的争议首先体现在概念的界定上，即对于全球治理内涵的认知。尽管全球治理委员会将治理定义为“一个包括强制合规的正式机构和制度以及非正式安排以调和冲突或不同利益并采取合作行动的持续过程”，然而也强调，“没有单一的治理模式或形式，也没有单一的结构或结构集”，治理是一个“广泛、动态、复杂的交互式决策过程”。③正因为其术语的宽泛性和对其内涵理解的争议性，现有文献未就其单一商定的定义达成共识。④ 然而，回顾和对比它的各种方法和上下文“近似值”，我们得出结论，治理往往被描述为政府和非政府行为者和利益相关者在给定的经济、社会和环境中设计及实施政策的过程、制度。⑤在全球治理视角下的“治理”概念具有其自身的独特内涵：其一，治理标志着以国家为中心、以领土为基础的权力转变，并承认“存在既不针对国家也不源自国家的多种形式的社会组织和政治决策”；⑥ 其二，治理

---

① Commission on Global Governance, *Towards the Global Neighbourhood*: *The Report of the Commission on Global Governance*, Oxford: Oxford University Press, 1995.

② Roger A. Coate and Craig N. Murphy, "Editors' Note", *Global Governance*, Vol. 1, Issue 1, 1995, pp. 1 –2.

③ Commission on Global Governance, *Towards the Global Neighbourhood*: *The Report of The Commission On Global Governance*, Oxford: Oxford University Press, 1995.

④ David Williams and Tom Young, "Governance, the World Bank and Liberal Theory", *Political Studies*, Vol. 42, Issue 1, 1994, pp. 84 –100; Carlos Santiso, "Good Governance and Aid Effectiveness: The World Bank and Conditionality", *The Georgetown public Policy Review*, Vol. 7, No. 1, 2001, pp. 1 –22.

⑤ Kaufmann, D., et al., "Governance Matters", in *World Bank Policy Research Working Paper*, 1999; Taoheed Olalekan Folami, "Towards an Integr ds an integrated ocean go ated ocean Governance Rernance Regime and Egime and Implementation of the Sustainable Development Goal 14 in Nigeria", 2017, https: //commons. wmu. se/cgi/viewcontent. cgi? article =1591&context =all_ dissertations.

⑥ Dingwerth K., Pattberg, "Global Governance as a Perspective on World Politics", *Global Governance*, Vol. 12, No. 2, 2006, p. 191.

突出了非国家行为者（例如私营公司、非政府组织、民间社会团体和运动）的参与以及它们之间的影响力转移；[①] 其三，治理使公共和私营以及全球、国家和地方的类别问题化，权威是多层次和多尺度的，参与者类型和互动尺度之间的界限是多孔的和不固定的；[②] 其四，科学技术通常对治理至关重要，决定治理什么和如何治理，并为寻求影响力的参与者提供合法性；[③] 其五，当代治理往往强调市场而非监管机制，对于环境问题，这通常需要对公地进行封闭和私有化。[④] 对治理的关注引导我们不仅要关注国家之间的正式政治，还要关注不同参与者之间更微妙的政治：这些参与者致力于影响谁参与并受制于治理制度，这些治理问题被概念化的规模、解决方案的实施，以及为此类决策提供信息和知识。[⑤]

正因为对于全球治理缺乏统一的定义，对于其构成要素的理解也存在差异。托马斯·韦斯（Thomas G. Weiss）和罗登·威尔金森（Rorden Wilkinson）将全球治理的要素描述为以下四点：一是识别、理解或解决超越单个国家能力的全球性问题的集体努力；二是反映国际体系在没有世界政府的情况下随时提供类似政府服务的能力；三是包含各种各样的合作解决问题的安排，这些安排是可见的但非正式的（实践或指导方针）或临时形成的（自愿联盟）；四是需要更正式的问题解决机制，例如硬规则（法律

---

① Betsill M. M. , Corell E. , eds. , *NGO Diplomacy*: *The Influence of Nongovernment Organizations in Inter-national Environmental Negotiations*, Cambridge, MA: MIT Press, 2008.

② McCarthy J. , "Scale, Sovereignty, and Strategy in Environmental Governance", *Antipode*, Vol. 37, 2005, pp. 731 – 53; Lemos M. C. , Agrawal A. , "Environmental Governance", *Annual Review of Environment and Resources*, Vol. 31, 2006, pp. 297 – 325; Andonova L. B. , Mitchell R. B. , "The Rescaling of Global Environmental Politics", *Annual Review of Environment and Resources*, Vol. 35, 2010, pp. 255 – 258.

③ Peter M. Haas, "Do Regimes Matter? Epistemic Communities and Mediterranean Pollution Control", *International Organization*, Vol. 43, Issue 3, 1989, pp. 377 – 403; Miller C. , "Hybrid Management: Boundary Organizations, Science Policy, and Environmental Governance in the Climate Regime", *Science*, *Technology*, *& Human Values*, Vol. 26, 2001, pp. 478 – 500; Jasanoff S. , "Science and Norms in Global Environmental Regimes", in F. O. Hampson, J. Reppy eds. , *Earthly Goods*: *Environmental Change and Social Justice*, Ithica, NY: Cornell University Press, 1996, pp. 173 – 197.

④ Buscher B. , et al. , "Towards a Synthesized Critique of Neoliberal Biodiversity Conservation", *Capitalism Nature Socialism*, Vol. 23, 2012, pp. 4 – 30.

⑤ Campbell L. M. , et al. , "Global Oceans Governance: New and Emerging Issues", *Annual Review of Environment and Resources*, Vol. 41, No. 1, 2016, p. 520.

和条约）或具有行政结构的机构和既定做法，以管理各种参与者（包括国家当局、政府间组织、非政府组织、私营部门）的集体事务。[①] 埃尔克·克拉曼（Elke Krahmann）将全球治理的特征和要素界定为国家和非国家行为体之间的政治权威在地理范围、职能范围、资源分配、利益、规范、决策和执行等不同层面的分布与运作，其特点在于地理上的分裂与一体化，远离国家作为中心单位，表现为三种形式：一是“向下”到地方机构；二是“向上”到国际组织；三是“横向”到私人和自愿行为体。[②]

全球治理依据其涵盖的主题还可以划分为安全、经济、环境、人权等领域，随着网络和数字化的快速发展，数字治理也成为重要的趋势。总而言之，尽管全球治理的广泛性可能会导致概念上缺乏严谨性，但它同时也提供了一个广阔的途径，让不同学科有兴趣通过更加多元化和全面的方法来改善当前全球体系的转型。

二 作为全球治理子集的海洋治理

当赋予“治理”一词一个特定的对象，即海洋时，我们可以说海洋治理指的是一个多方面的术语，它的建立是为了支持所有那些旨在建立制度的地方、区域和国际努力，包括国内和国际海域的政策和法律框架，以扭转海洋资源的枯竭。[③] 此外，它构成了在对立方之间发展同质合作模式的基础，以实现透明、合法的承诺，并可持续地使用海洋空间。[④]

而关于海洋治理的具体概念定义，目前政策界和学界存在一定的争

---

① Thomas G. Weiss, Rorden Wilkinson, “Rethinking Global Governance? Complexity, Authority, Power, Change”, *International Studies Quarterly*, Vol. 58, Issue 1, 2014, pp. 207 – 215.

② Elke Krahmann, “National, Regional, and Global Governance: One Phenomenon or Many?”, *Global Governance*, Vol. 9, No. 3, 2003, pp. 323 – 346; Elke Krahmann, “American Hegemony or Global Governance? Competing Visions of International Security”, *International Studies Review*, Vol. 7, Issue 4, 2005, pp. 531 – 545.

③ Fran Humphries, et al., “A Tiered Approach to the Marine Genetic Resource Governance Framework Under the Proposed UNCLOS Agreement for Biodiversity Beyond National Jurisdiction (BBNJ)”, *Marine Policy*, Vol. 122, 2020.

④ Fasoulis I., “Governing the Oceans: A Study into Norway’s Ocean Governance Regime in the Wake of United Nations Sustainable Development Goals”, *Regional Studies in Marine Science*, Vol. 48, 2021; Brodie Rudolph, et al., “A Transition to Sustainable Ocean Governance”, *Nature Communications*, No. 3600, 2020.

议。杰西卡·布莱斯（Jessica L. Blythe）等认为，海洋治理是指决定人们如何在海洋资源的使用和管理中作出决策、分享权力、行使责任并确保问责制的结构、流程、规则和规范。[①] 伊丽莎白·曼·博尔赫斯（Elisabeth Mann Borgese）则将海洋治理定义为海洋事务的治理方式，包括政府、当地社区、行业和其他利益相关方通过国内和国际层面的公法、私法、习俗、传统和文化及它们所创建的制度和程序所进行的管理。[②] 劳拉·科赫（Laura Koch）则认为，海洋治理是国际法中一个庞大、复杂且技术含量高的子学科，其框架涵盖的问题包括：管辖区、航行、争端解决、区域性海洋，以及相关环境标准和职责。[③] 多罗塔·皮奇（Dorota Pyć）认为，海洋治理是确保生态系统结构和功能可持续发展的过程，包括协调各种海洋环境保护和海洋利用。[④] 其作用在于制止持续和紧迫的海洋挑战以及为沿海和海洋经济可持续发展的未来而努力。[⑤]

阿莎·辛格（Asha Singh）认为海洋治理由四个相互联系的部分组成：第一，治理是以法律规则为核心的，海洋治理的根本基础是赋予治理海洋及其资源的权利与空间，故而需要采取某种形式来编纂这些权利，往往可以通过法律文书（如《联合国海洋法公约》）或习惯国际法授予，这些法律规则构成了一切海洋治理的核心机制，否则，海洋治理就缺乏动力或理由；第二，行使对特定空间的管理权，也意味着有义务保护该空间的资源，因此必须对相关行为进行干预，以促进权利的行使和义务或责任的履行，这些干预措施包括方案、政策和指南等形式；第三，为了使法律文书和干预措施有效，必须有机构或实施机制来执行和促进规定的各项任务；第四，以上三个方面只有在考虑众多利益相关者及其社

---

① Jessica L. Blythe, et al., "The Politics of Ocean Governance Transformations", *Frontiers in Marine Science*, Vol. 8, 2021, p. 3.

② The Nippon Foundation, *Ocean Governance: Legal, Institutional and Implementation Considerations*, Ocean Policy Research Institute Report, No. 5, 2002.

③ Laura Koch, "The Promise of Wave Energy", *Golden Gate University Environmental Law Journal*, Vol. 2, Issue 1, 2008.

④ Dorota Pyć, "Global Ocean Governance", *TransNav the International Journal on Marine Navigation and Safety of Sea Transportation*, Vol. 10, No. 1, 2016, pp. 159 – 162.

⑤ MKT Tarmizi, *Institutional Framework for Ocean Governance: A Way Forward*, World Maritime University Dissertations, 2010.

会、经济和文化方面的情况下才能得以执行。从这一意义上来讲，海洋治理可以被界定为：以法律文书或习惯国际法形式规定，并以国际、区域和国家层面的政策、计划和制度干预为补充，在考虑社会、经济、文化因素，各实体之间有效协同的整体方式下的治理海洋的能力。[①]

三 海洋治理的对象与趋势

尽管学界对海洋治理的内涵存在争议和分歧，但关于海洋治理的对象总体而言存在较大共识，一般可以概括为海上安全治理、海洋经济治理与海洋生态环境治理三个方面。不同于传统海权或海军战略领域的海上安全问题，海洋治理领域的海上安全往往指“确保海域安全的一系列政策、法规、措施和行动”。[②] 布格（Bueger C.）等区分了海上国土安全、环境安全、经济安全和个人安全的不同维度。[③] 从普遍意义上来讲，海上安全除了国防安全等传统安全问题外，还包括国际航道安全、打击海盗、海上恐怖主义、打击贩毒、执行贸易制裁、非法越境和搜救（SAR）等非传统安全；海洋经济治理则包括渔业部门以及日益增长的水产养殖、商业航运、近海能源、生物技术以及深海采矿和海洋旅游业等新兴领域。长期以来，海洋经济的不同领域没有统一的经济治理架构，而是各自独立的制度和监管机构，“蓝色经济”倡议的提出，有利于缓解这一状况；海洋生态环境治理则涉及海洋生物的养护与可持续利用、各种类型的海洋污染、气候变化所导致的海洋环境变化等，这是海洋治理规则中最为丰富也最为活跃的领域。本书所指涉的海洋治理，主要是海洋生态环境治理与海洋经济治理中关于渔业管理的部分。

当前，海洋治理被认为是对全球社会具有重要意义的棘手问题，需

---

① Asha Singh, “Governance in the Caribbean Sea Implications for Sustainable Development”, *The United Nations-Nippon Foundation Fellowship Programme 2007 – 2008*, 20th December, 2008, chrome-extension: //ibllepbpahcoppkjjllbabhnigcbffpi/https: //static. un. org/depts/los/nippon/unnff_ programme_ home/fellows_ pages/fellows_ papers/singh_ 0809_ guyana. pdf, pp. 21 – 22.

② B. Germond, “The Geopolitical Dimension of Maritime Security”, *Marine Policy*, Vol. 54, 2015, pp. 137 – 142.

③ Bueger C., Edmunds T., “Beyond Seablindness: A New Agenda for Maritime Security Studies”, *International Affairs*, Vol. 96, No. 6, 2017, pp. 1293 – 1311.

要变革性的海洋治理来解决公平可持续性愿景的历史性失败，这种变革性海洋治理可以被理解为朝着更具包容性和综合性的海洋生物多样性决策迈进，① 变革性海洋治理还要求人们认识到在不同国家和地区之间转移权力动态的重要性，同时更广泛地关注海洋治理中的部门和参与者，以强调其在蓝色经济优先事项和改善人类福祉方面的作用。② 同样重要的是要注意到变革性海洋治理的重要性和认可度越来越高，因为它被确定为实现可持续发展目标的基础，并受到生物多样性和生态系统服务政府间科学政策平台（IPBES）和政府间气候专门委员会（IPCC）的重视——这两个机构的任务是为气候变化、生物多样性和生态系统服务损失等棘手问题搭建科学与政策接口的桥梁。这一点意义重大，因为政府间科学政策平台和政府间气候专门委员会都是政府间机构，在成员国中拥有大量成员（分别为 140 个和 195 个），这表明它们对生物多样性、生态系统和气候变化科学的支持和评估得到了广泛的接受。

尽管治理具有其特质，但是包括海洋治理在内的全球治理与制度和机制密切相关。③ 更进一步讲，全球海洋治理总体包括三大维度：规范、制度安排与实质性政策。④ 国际海洋治理试图以确保其健康、生产力和复原力的方式管理海洋及其资源。海洋环境的复杂性、相关活动和威胁的多样性以及管辖权的重叠导致了密集而混乱的政策环境。1972 年在斯德哥尔摩召开的联合国人类环境会议开启了全球合作的新纪元。由此产生的《斯德哥尔摩行动计划》主要侧重于解决海洋问题，尤其是海洋污染问题。作

---

① Visseren-Hamakers I. J. , et al. , "Transformative Governance of Biodiversity: Insights for Sustainable Development", *Current Opinion in Environmental Sustainability*, Vol. 53, 2021, pp. 20 – 28; Erinosho B. , Hamukuaya H. , et al. , "Transformative Governance for Ocean Biodiversity", in Kok M. , *Transforming Biodiversity Governance*, Cambridge: Cambridge University Press, 2022.

② Brodie Rudolph, et al. , "A Transition to Sustainable Ocean Governance", *Nature Communications*, No. 3600, 2020.

③ Jentoft S. , van Son T. C. , Bjørkan M. , "Marine Protected Areas: a Governance System Analysis", *Human Ecology*, Vol. 35, 2007, pp. 611 – 622; Evans L. S. , Ban N. C. , et al. , "Keeping the 'Great' in the Great Barrier Reef: Large-scale Governance of the Great Barrier Reef Marine Park", *International Journal of the Commons*, Vol. 8, 2014, pp. 396 – 427.

④ Edward L. Miles, "The Concept of Ocean Governance: Evolution Toward the 21st Century and the Principle of Sustainable Ocean Use", *Coastal Management*, Vol. 27, No. 1, 1999, p. 1.

为回应，各国政府通过了各种相关条约。斯德哥尔摩会议之后，各国政府签署了《伦敦公约》（《防止倾倒废物和其他物质造成海洋污染公约》），随后于1973年签署了《国际防止船舶污染公约》（MARPOL）。这两项条约都是在国际海事组织（IMO）的主持下谈判达成的，国际海事组织是负责航运安全和船舶污染预防的联合国专门机构。由于国际海事组织的职责仅涵盖船舶造成的海洋污染，因此，由斯德哥尔摩会议设立的联合国环境规划署（UNEP）开始着手解决其他海洋污染问题。

联合国环境署启动了其“区域海洋计划”并通过谈判达成了许多条约，从1976年的《保护地中海免受污染巴塞罗那公约》到1986年的《保护南太平洋地区自然资源和环境的努美阿公约》。斯德哥尔摩会议还激发了保护海洋物种的行动。会议上，各国政府承认捕鲸这一行为带来了重大的可持续性问题。这种做法一直持续到20世纪60年代。因此，斯德哥尔摩行动计划呼吁暂停捕鲸十年。直到1982年，国际捕鲸委员会（IWC）——成立于1946年，旨在“为鲸鱼种群提供适当的保护，从而使捕鲸业的有序发展成为可能”——在包括日本、挪威和冰岛在内的少数捕鲸国家的反对下颁布了这项暂停令。① 1973年，各国政府还通过了《濒危野生动植物种国际贸易公约》（CITES）。几十年里，《濒危野生动植物种国际贸易公约》专注于野生动植物的国际贸易，并越来越关注海洋物种。1979年，《保护野生动物迁徙物种公约》的签署促使人们进一步努力保护和可持续地利用包括海洋物种在内的迁徙动物及其栖息地。

“1982年12月10日，我们创造了法律史上的新纪录。”第三届联合国海洋法会议新加坡主席许通美在题为“海洋宪法”的演讲中感叹道。《联合国海洋法公约》（UNCLOS）刚刚开放签署，第一天就有119个国家签署了这项“经过36年的谈判和漫长而艰巨的旅程达成的一项涵盖海洋利用和资源各个方面的新公约”。②《联合国海洋法公约》由18个部分组成，涉及众多主题，是“国际法编纂和逐渐发展方面前所未有的努力

---

① Peterson M. J., “Whalers, Cetologists, Environmentalists, and the International Management of Whaling”, *International Organization*, Vol. 46, No. 1, 1992, pp. 147 – 186.

② Treves T., “United Nations Convention on the Law of the Sea”, 2008, https://legal.un.org/avl/ha/uncls/uncls.html.

的结果”。[①] 该公约将海洋区域分为五个主要区域：内水、领海、毗连区、专属经济区和公海。《海洋法公约》定义了这些区域的范围和法律地位，确立了权利和管辖权。国家管辖权一般随着离海岸距离的增加而递减，从完全主权到有限管辖权不等。专属经济区是距离海岸最多 370 公里（200 海里）的专属区域，为沿海主权国家提供了勘探和使用海洋资源的特殊权利，同时承认了其他国家包括航行与飞越在内的相关自由权利。该《海洋法公约》其他条款（第Ⅺ部分）详细阐述了大陆架，即淹没在相对较浅水域下的大陆的一部分。然而，《海洋法公约》关于海洋区域和大陆架的规定并未解决领土主权与管辖权划界的争议。该公约的争端解决机制包括国际海洋法法庭，该法庭有权对涉及海洋划界等争端作出裁决。

海洋的许多特性使对其治理成为一个尤为棘手的问题。[②] 例如，海洋充满了“未知”和“不可知”。俗话说，我们对太空的了解多于对海洋的了解。但就像太空一样，关于海洋的知识集中在科学探索和研究上，这虽然很重要，但对解决人类与海洋相互作用的复杂问题贡献不大。在这种情况下，海洋治理不是为了将未知转化为已知而作出更多的科学研究，而是将未知和不可知视为“邪恶”的社会问题的一部分，并相应地加以处理。海洋是脆弱的生态系统，物理上不如陆地稳定，容易受到破坏，也容易发生变化。因此，预防原则高度适用于任何管理海洋的努力。这也意味着，虽然可能无法准确判断人类对海洋资源的利用是否已经超出了承载能力，但仍然没有理由将系统推向边缘。

作为跨学科过程的海洋治理需要不同的治理思维来处理海洋中的多样性、复杂性、动态性和规模性问题。为实现海洋可持续性，长期以来一直提倡采用整体和综合的方法。[③] 其中包括“互动治理”（交互式治理）理论，[④] 该理论尤其侧重于理解系统内部的相互作用，即治理系统

---

① Treves T.，“United Nations Convention on the Law of the Sea”，2008，https：//legal. un. org/avl/ha/uncls/uncls. html.

② H. W. J. Rittel and M. M. Webber，“Dilemmas in a General Theory of Planning”，*Policy Sciences*，Vol. 4，1973，pp. 155 – 169.

③ See A. Charles，*Sustainable Fishery Systems*，Oxford：Wiley-Blackwell，2001.

④ J. Kooiman，*Governing as Governance*，London：Sage，2003.

所涵盖的自然和社会系统是如何被治理的，以及它们之间的相互关系与影响。这些互动不仅是大多数问题所在的地方，也是可以找到解决方案和创造机会的地方。通过对系统的仔细分析和对它们相互作用的理解，可以根据其所揭示的基本原则、价值观和形象设计适当的制度。互动治理鼓励通过治理命令提高对问题的理解。例如，非法捕鱼可以被视为违法行为，因此可以通过罚款和加强监测、控制和监督来处理。在这里，非法捕鱼问题被放在治理的第一位。然而，非法捕鱼可能是一些最根本问题的征兆，包括规章制度与渔业特征之间的不协调，以及对为什么某些活动被视为非法缺乏一致意见。实际上，互动治理需要一个“跨学科”的问题识别过程和创造性解决方案制定的过程，该过程依赖于来自自然、社会和政治科学家等的各种专业与理论知识，以及来自从业者、资源使用者的知识、经验与技能。①

第二节 海洋治理的基本特征

当前，全球海洋治理呈现出蓬勃发展的趋势，在联合国的协调与指导下，海洋治理呈现出一些显著的特征，主要体现为：其一，海洋治理的方法既体现为以不同领域部门为基础的分散性，又日益表现出一体化的综合性倾向；其二，不同区域和领域的海洋治理具有高度异质性；其三，基于生态系统的海洋治理成为主流发展趋向。

一 治理的分散性与综合性并存

在联合国系统内，许多机构和计划都涉及海洋事务。只有三个联合国组织专门处理海洋问题。

一是联合国教育、科学及文化组织政府间海洋学委员会（IOC-UNESCO）致力于处理科学事务，自1960年成立以来，政府间海洋学委员会一直致力于

① V. A. Brown, et al., “Towards a Just and Sustainable Future”, in V. A. Brown, eds., *Tackling Wicked Problems: Through the Transdisciplinary Imagination*, London & Washington, DC: Earthscan, 2010, pp. 3－15.

了解和改善海洋、海岸和海洋生态系统管理，如今已经有 150 个成员国。海洋学委员会通过支持其所有成员国建设科学与机构的能力，在协调海洋观测、海啸预警和海洋空间规划等领域开展计划，保护全球共享的海洋健康，以实现 2030 年保护和可持续管理海洋和海洋资源的联合国可持续发展目标。海洋学委员会的主要职能包括：促进海洋研究，加强对海洋与沿海进程及其对人类的影响；维护加强与整合全球海洋观测、数据和信息系统；开发预警系统和准备工作，以减轻海啸和海洋相关灾害的风险；为改善科学与政策提供政策评估与信息；[①] 通过共享知识库和改善区域合作加强海洋治理；为上述所有职能开展能力建设。上述职能体现在海洋学委员会正在进行的计划、子计划与合作机制中，例如全球海洋观测系统（GOOS）、海洋学和海洋气象学联合技术委员会（JCOMM）、国际海洋学资料和信息交换（IODE）、海洋生物地理信息系统（OBIS）、海啸政府间协调小组（ICG）、世界气候研究计划（WCRP）、海洋科学计划（OSP）、沿海地区综合管理（ICAM）、有害藻华（HAB）和能力发展（CD）等。此外，海洋学委员会还是联合国环境规划署在全球海洋环境科学计划和许多区域海洋计划的区域研究和开发方面的主要合作伙伴之一。[②]

二是国际海事组织（IMO）主要致力于处理航运事务。1948 年 3 月 6 日，在日内瓦召开的联合国海事会议上通过了《政府间海事协商组织公约》。1959 年 1 月成立政府间海事协商组织，其宗旨和任务是促进各国间的航运技术合作；鼓励各国在促进海上安全、提高船舶航行效率、防止和控制船舶对海洋污染等方面采用统一标准；处理与上述事项有关的法律问题。1982 年 5 月该组织更名为国际海事组织。作为负责安全、可靠和高效航运以及防止航运污染的联合国专门机构，国际海事组织有 171 个正式会员国和 3 个准会员国，迄今为止通过了 53 项国际条约，其中一半左右的条约直接与海洋环境问题相关，其中的主要公约之一是《国际防止船舶污染公约》（MARPOL），该公约于 1973 年首次通过，其附件涵盖了防止船舶

---

① 环境署和政府间海洋学委员会共同领导海洋环境状况全球报告和评估经常程序的评估阶段。

② “The Intergovernmental Oceanographic Commission (IOC) of UNESCO”, https://www.unep.org/explore-topics/oceans-seas/what-we-do/working-regional-seas/partners/intergovernmental.

受到石油、散装化学品、包装货物、船舶污水和垃圾污染的规定。该公约于 1997 年进行了扩展，以规范空气污染和船舶排放。该公约相关环境条约涵盖的主要领域包括压载水管理、空气污染和温室气体、船舶回收、极地水域作业的船舶、污染准备和响应、海洋倾倒废物、特别敏感海域（PSSAs），以及《国际防止船舶污染公约》规定的特殊区域（Special Areas under MARPOL）。除了强制性规则外，国际海事组织还通过建议和指南，以保护海洋环境免受航运活动潜在的负面影响。

三是国际海底管理局（ISA）负责国家管辖范围外海底区域的采矿事务。作为依据《联合国海洋法公约》成立的联合国分支机构，海底管理局负责管理公约缔约国管辖范围以外的国际海底区域内的活动尤其是“区域”内资源活动，该区域面积占地球整个海底面积的 50% 以上。根据《联合国海洋法公约》的规定，“区域”内海底矿物的勘探和开采只能根据与国际海底管理局签订的合同并遵守其规则、条例和程序进行。国际海底管理局制定了监管勘探以及环境保护相关的法规和规定。在监管领域涉及一系列技术、财务和环境问题，同时注重平衡海底采矿的社会效益、深海研究、技术开放和保护环境的需要。未经国际海底管理局许可不得开采“区域”的任何部分，从而确保深海海底采矿的环境影响受到国际机构的监测和控制，反映了海底开发的预防性做法。由于采矿本身会在一定程度上影响海洋环境，尤其是对采矿作业附近的海洋环境产生影响。国际海底管理局要求勘探承包商收集相关数据，特别是深海物种的组成和分布方面的数据，并进行科学研究，以便更好地评估深海采矿的潜在长期影响。国际海底管理局秘书长迈克尔·洛奇（Michael Lodge）指出，当前海底矿物资源科学可持续开发的前景比过去三十年任何时候都更好，如果按照《公约》规定的法治进行有效管理，深海采矿可能有助于实现可持续发展目标，特别是对于经济发展严重依赖海洋及其资源的内陆国家和地理上处于不利地位的国家以及小岛屿发展中国家而言。①

其他实体拥有广泛的任务授权，包括海洋事务的各个方面，例如教科

① United Nations，“The International Seabed Authority and Deep Seabed Mining”，May，2017，available at：https：//www.un.org/en/chronicle/article/international-seabed-authority-and-deep-seabed-mining.

文组织负责水下和海洋文化遗产以及可持续发展教育；联合国粮农组织负责渔业和水产养殖；联合国环境规划署致力于区域海域与海洋环境。参与相关专业领域的其他联合国组织包括世界气象组织（WMO）、世界卫生组织（WHO）、国际原子能机构（IAEA）、联合国工业发展组织（UNIDO）、国际劳工组织（ILO），以及越来越多发挥作用的联合国世界旅游组织（UNWO）。此外，联合国开发计划署（UNDP）、世界银行，包括其全球环境基金（GEF），在过去几年中越来越多地参与海洋治理问题。而联合国秘书处的一些部门，包括经济和社会事务部（UNDESA）及海洋事务、海洋法司（UNDOALOS）在海洋治理问题上也发挥了关键的作用。

总之，当前国家和国际水域的海洋及沿海地区治理主要是部门性的，例如由渔业机构负责管理渔获量等问题，环境组织和机构负责污染预防，其他诸如航运监管、采矿、油气资源开发、生物多样性、气候变化乃至减贫政策等都由不同的机构负责制定与实施。这种旧部门分散的治理方式日益不能满足海洋日益严峻的问题，因为这种方法往往具有孤立性，从而无法有效地形成累积的治理影响。面对海洋的多重压力，迫切需要采取更全面的海洋治理方法，以实现多重压力源的理解和管理中相互作用和累积效应的需要。[①]

1992 年《联合国环境与发展会议》（里约峰会）（UNCED）制定的《21 世纪议程》（Agenda 21）明确提倡采取全面的海洋管理方法。该议程第十七章指出，海洋环境，包括海洋和所有邻近沿海地区，是一个完整的整体。因此，海洋和沿海地区管理需要在国家、（次）区域和全球层面采取一体化的方法。这种综合方法需要所有部门的参与，以实现组织之间的有效协调、政策和活动之间的兼容性以及用途的平衡。[②]《联合国海洋法公约》明确了领海、毗连区、专属经济区、大陆架以及公海和国际海底区域等不同的海洋管辖区域，构建了以海洋管辖区

① United Nations, "Global Marine Governance and Oceans Management for the Achievement of SDG 14", May, 2017, https://www.un.org/en/chronicle/article/global-marine-governance-and-oceans-management-achievement-sdg-14.

② Earth Summit, "Agenda 21: The United Nations Action Programme from Rio", para. 17.5 (a), http://sustainabledevelopment.un.org/content/documents/Agenda21.pdf.

为特征的综合治理阶段。而可持续发展目标则进一步扩展了前一个时代的功能性治理主题，如海洋污染、渔业、保护、气候变化等，也包括海洋酸化等新出现的气候变化影响，确保发展中国家和小岛屿发展中国家的经济利益，以及增加科学知识和研究能力。①

然而，海洋治理通常发生在环境与政治边界不一致的环境与规模中，② 应对跨界海洋治理的挑战需要在国家、次国家层面以及国家管辖外的区域层面的协调。③ 这导致尽管通过了一致政策尤其是不同部门与司法管辖区之间实现目标与政策的一致性十分必要，但实现这一前景仍然充满挑战。④ 事实上，一个机构的任务与运作往往与其他机构存在明显的不一致，这阻碍了实现一体化综合治理所需的合作与沟通，进而不利于确保相互之间以促进可持续海洋治理的方式开展工作。

除了政府间官方层面在实现一体化综合治理方面的努力外，科学领域的国际合作也试图以扩大科学外交的作用空间来发挥软实力影响，包括建立基于知识的国际伙伴关系来应对共同挑战，这些伙伴关系的发展表明了，有必要实现不同治理行为体之间的政策协调，即使是在冲突国家之间。⑤ 例如，为了更好地促进海洋事务部门之间的工作，2003 年，一个名为“联合国

---

① Laura Recuero Virto, “A Preliminary Assessment of the Indicators for Sustainable Development Goal (SDG) 14 ‘Conserve and Sustainably Use the Oceans, Seas and Marine Resources for Sustainable Development’”, *Marine Policy*, Vol. 98, 2018, pp. 47 – 57

② Maxwell S. M., et al., “Dynamic Ocean Management: Defining and Conceptualizing Real-time Management of the Ocean”, *Marine Policy*, Vol. 58, 2015, pp. 42 – 50; Song, A. M., “Trans-boundary Research in Fisheries”, *Marine Policy*, Vol. 76, 2017, pp. 8 – 18; Kaiser, B. A., et al., “The Importance of Connected Ocean Monitoring Knowledge Systems and Communities”, *Frontiers in Marine Science*, Vol. 6, 2019, p. 309.

③ Pinsky M. L., “Preparing Ocean Governance for Species on the Move”, *Science*, No. 360, 2018, pp. 1189 – 1191.

④ Cavallo M., et al., “The Ability of Regional Coordination and Policy Integration to Produce Coherent Marine Management: Implementing the Marine Strategy Framework Directive in the North-east Atlantic”, *Marine Policy*, Vol. 68, 2016, pp. 108 – 116; Jay S., et al., “Transboundary Dimensions of Marine Spatial Planning: Fostering Inter-jurisdictional Relations and Governance”, *Marine Policy*, Vol. 65, 2016, pp. 85 – 96; Gelcich, S., “Assessing the Implementation of Marine Ecosystem Based Management into National Policies: Insights from Agenda Setting and Policy Responses”, *Marine Policy*, Vol. 92, 2018, pp. 40 – 47.

⑤ Koppelman B., eds., *New Frontiers in Science Diplomacy: Navigating the Changing Balance of Power*, London: The Royal Society, 2010.

海洋”（UN Oceans）的协调机制正式创建，该机制致力于为处理海洋事务提供更为有效的信息与工作量共享。该机制于 2011 年由联合国检查组审查，两年后，联合国大会批准了修订后的职权范围，承认“需要加强海洋事务和海洋法司的核心作用，以及提高透明度和向会员国报告联合国海洋网络活动的必要性”。①

随着海洋治理的不断发展，海洋和海洋资源的相互关联性意味着国家和部门方法有必要逐步让位于综合方法，并且管辖特定海域与全球海洋影响之间的相互联系还需要进一步研究。② 然而全球海洋治理普遍存在两种倾向阻碍了这一进程：一是海洋治理的安排没有考虑一个部门对另一个部门的可能影响；二是同一个部门的多个安排对一个地理区域或生态系统负责时，该地理区域或生态系统被视为一个整体存在于相关安排的“契合度”问题，即制度安排可能与要解决问题的地理范围存在不匹配的问题。③

二　不同区域和领域的海洋治理具有高度异质性

尽管存在全球性的海洋治理框架，但是海洋治理从一开始便存在着区域和领域上的高度异质性。在区域层面，区域一体化的多样性同样影响了海洋治理领域，这种多样性表现在不同的层面。

首先，不同区域或领域海洋治理的参与者的构成存在一定的区别。全球海洋治理架构是由全球与区域机构以及包括国家、非政府组织（NGO）、私营部门、金融机构等其他行为者和利益相关者共同参与的进程。海洋治理参与者构成的差异性在领域层面主要体现为，一些全球机构管理的范围是相对综合性的，例如对粮农组织和环境规划署而言，海洋渔业和环境问

---

① UN Oceans, “About UN Oceans”, 23 May 2017, http: //www. unoceans. org/about/en/; Global Ocean Commission, *From Decline to Recovery*: *A Rescue Package for the Global Ocean*, Oxford: GOC, 2014, p. 7.

② John Vogler, “Global Commons Revisited”, *Global Policy*, Vol. 3, 2012, pp. 61 – 71.

③ Oran R. Young, *On Environmental Governance Sustainability*, *Efficiency*, *and Equity*, London: Routledge, 2013; David Langlet, “Scale, Space and Delimitation in Marine Legal Governance-Perspectives from the Baltic Sea”, *Marine Policy*, Vol. 98, December 2018, pp. 278 – 285; Oran R. Young, *The Institutional Dimensions of Environmental Change*: *Fit*, *Interplay*, *and Scale*, Massachusetts: The MIT Press, 2002.

题只是其参与全球治理的众多领域之一。而对于另一些机构，例如海底管理局，其虽然聚焦于国际海底区域，然而其主要职能是负责海底采矿问题的管理，深海采矿所带来的环境生态影响只是其附带的职能。而且不同的领域，国家、非政府组织、私营部门和金融机构的参与程度也存在较为显著的差异。此外，环境规划署和粮农组织都在很大程度上推动形成了不同的海洋区域治理格局，而在航运等领域，治理的区域化程度较低。在不同的区域，治理的主要参与方也存在较大的差异，欧盟作为具有超国家属性的一体化机制常常作为一个整体参与相关海域的治理问题，而在大部分地区，民族国家则作为治理的核心参与方。非政府组织、私营部门在不同的领域和区域的参与程度也存在不同的差异。

其次，不同领域和区域在治理安排上也存在较大的差异。尽管全球海洋治理以《联合国海洋法公约》作为海洋治理的基石性安排为管辖权、权利和责任提供了法律框架，约束各缔约国及其海洋事务的开展。[①] 然而在不同的领域也呈现出不同的特征，在生态环境领域，除了公约之外的框架性安排主要是体现在区域层面。而在渔业和生物多样性等领域则存在《渔业种群协定》以及《生物多样性公约》等总体性框架安排。治理安排上更大的差异体现在海洋治理的区域层面，一些区域已经形成了较为综合的一体化治理机制，典型的区域包括南极、北极、太平洋岛国和东南太平洋地区。南极海洋治理是在南极条约体系（ATS）从其核心文书《南极条约》自 1959 年签订以来，一直面临的内外的多重压力，并成功从聚焦安全问题转向环境治理问题，并迎接气候变化带来的挑战。[②] 纵观历史，南海条约体系一直被视为是国际治理成功的典范，因为它能够在有效应对内外压力的同时保持其核心职能与价值观。[③] 在太平洋岛国区域，太平洋岛屿论坛（PIF）领导人制定的共享海洋治理目

① Pradeep A. Singh, Fernanda C. B. Araujo, “The Past, Present and Future of Ocean Governance: Snapshots from Fisheries, Area-Based Management Tools and International Seabed Mineral Resources”, in Stefan Partelow, et al., eds., *Ocean Governance: Knowledge Systems, Policy Foundations and Thematic Analyses*, Berlin: Springer, 2023.

② Jeffrey McGee, Nengye Liu, “The Challenges for Antarctic Governance in the Early Twenty-first Century”, *Australian Journal of Maritime & Ocean Affairs*, Vol. 11, Issue 2, 2019, pp. 73 – 77.

③ Oran R. Young, *Institutional Dynamics: Emergent Patterns in International Environmental Governance*, Cambridge, MA: MIT Press, 2010, p. 53.

标，并通过太平洋区域组织理事会（CROP）进行协调，还通过组织之间的谅解备忘录以及定期的多机构协商安排和联合工作计划来促进合作。[①] 在北极海域，北极理事会作为促进北极地区合作与协调的机构，尽管也具有综合性影响力，但是与南极不同，北极理事会只是根据部长级宣言的条款创建的“高层论坛”，其本身缺乏通过具有法律约束力文书的权力。[②] 尽管如此，该理事会作为一个一体化的机制，能够为各成员国提供一个非正式、不公开的环境，让谈判者就特定主体制定了相关协议条款。[③] 其他一些区域要么正在试图建立整体性机制，要么尚未出现一体化的迹象。例如，西北大西洋和东北太平洋这两个地区主要由美国和加拿大双边来处理相关海洋治理事务。[④]

最后，治理方法上呈现出更多的地域化趋势。尽管海洋治理需要考虑和协调许多相互作用的因素，需要来自政府、社会、市场以及学术界等不同层面的投入，在很大程度上，实施海洋治理问题是基于地域的。这种基于地域的治理取决于对当地条件的评估，这种评估有助于整合社会、文化和地方知识、需求和信仰等。这种治理在东南亚、南美、北美等不同国家都实现了一定程度的有效管理。[⑤] 不同国家和地区还创建不同

---

① Genevieve C. Quirk and Harriet R. Harden-Davies, “Cooperation, Competence and Coherence: The Role of Regional Ocean Governance in the South West Pacific for the Conservation and Sustainable Use of Biodiversity beyond National Jurisdiction”, *The International Journal of Marine and Coastal Law*, Vol. 32, Issue 4, 2017, pp. 681 – 682.

② “Declaration on The Establishment of The Arctic Council: Joint Communique of The Governments of the Arctic Countries on the Establishment of the Arctic Council”, September 19, 1996, https://oaarchive.arctic-council.org/server/api/core/bitstreams/bdc15f51-fb91-4e0d-9037-3e8618e7b98f/content.

③ Oran R. Young, Jong-Deog Kim, “Next Steps in Arctic Ocean Governance Meeting the Challenge of Coordinating a Dynamic Regime Complex”, *Marine Policy*, Vol. 133, 2021, p. 5.

④ Robin Mahon, Lucia Fanning, “Regional Ocean Governance: Integrating and Coordinating Mechanisms for Polycentric Systems”, *Marine Policy*, Vol. 107, 2019, p. 4.

⑤ Xavier Basurto, “How Locally Designed Access and Use Controls Can Prevent the Tragedy of the Commons in a Mexican Small-Scale Fishing Community”, *Society & Natural Resources*, Vol. 18, Issue 7, 2005; Stefan Gelcich, et al., “Heterogeneity in Fishers' Harvesting Decisions Under a Marine Territorial User Rights Policy”, *Ecological Economics*, Vol. 61, 2007, pp. 246 – 254; Stefan Gelcich, et al., “Navigating Transformations in Governance of Chilean Marine Coastal Resources”, *Proceedings of the National Academy of Sciences*, Vol. 107, Issue 39, 2010, pp. 16794 – 16799; John N. Kittinger, et al., “Emerging Frontiers in Social-ecological Systems Research for Sustainability of Small-scale Fisheries”, *Current Opinion in Environmental Sustainability*, Vol. 5, pp. 352 – 357; Steven W. Purcell, Robert S. Pomeroy, “Driving Small-scale Fisheries in Developing Countries”, *Frontiers in Marine Science*, Vol. 2, 2015, pp. 1 – 7.

的治理计划和投入支撑，尤其是为所在区域全面、综合管理计划的创建和实施提供资源，并激发创新的资金安排。例如澳大利亚新南威尔士岩龙虾渔业成本回收等的公私安排、加拿大渔业特许权使用费制度和水产养殖等。政府、环境非政府组织等还创建了不同的方法，例如智利采用了渔业领土用户权（TURF），作为一种共同管理的方法，授予个体渔民专属领土权利。[①] 通过涉及包括渔业、工业和政府代表在内的管理委员会，促进对特定物种在特定区域内的目标管理。这种管理政策为成功进入本地和全球市场的合规与审计提供了框架。[②] 在治理决策上，不仅要充分利用现有的科学、本土和传统知识，[③] 还要对基于证据的决策提供数据共享、保护与管理，从而发挥信息的作用。在一些区域，尤其是发展中国家和小岛屿国家，对过时技术的依赖导致尽管付出越来越多的努力，其与发达国家之间在知识和治理能力方面的差距仍然存在，导致了对海洋治理的适应性与集体反应存在不同程度的限制。[④] 一些区域大力发展了原居民的治理方法，例如，在北极地区原居民社区发展了复杂且异质的地方治理制度，[⑤] 包括广泛的习惯法与实践，这些法律和实践与数千年来的狩猎等活动共同发展。[⑥] 这种方法上的地域特征，也体现在海

---

① Juan Carlos Castilla Zenobi, “The Chilean Small-Scale Benthic Shellfisheries and the Institutionalization of New Management Practices”, *Ecol Int Bull*, Vol. 21, 1994, pp. 47 – 63.

② Stefan Gelcich, “Towards Polycentric Governance of Small-scale Fisheries: Insights from the New ‘Management Plans’ Policy in Chile”, *Aquatic Conservation: Marine and Freshwater Ecosystems*, Vol. 24, Issue 5, 2014, pp. 575 – 581.

③ Brian Pentz, Nicole Klenk, “The ‘Responsiveness Gap’ in RFMOs: The Critical Role of Decision-making Policies in the Fisheries Management Response to Climate Change”, *Ocean & Coastal Management*, Vol. 145, 2017, pp. 44 – 51; Kristen Weiss, et al., “Knowledge Exchange and Policy Influence in a Marine Resource Governance Network”, *Global Environmental Change*, Vol. 22, Issue 1, 2012, pp. 178 – 188.

④ Claudio Chiarolla, “The Work of the World Intellectual Property Organization (WIPO) and Its Possible Relevance for Global Ocean Governance”, in D. J. Attard & M. Fitzmaurice, eds., *Comprehensive Study on Effective and Sustainable Global Ocean Governance: UN Specialized Agencies and Global Ocean Governance*, IMO/IMLI Research Report to the Nippon Foundation, 2016, pp. 1 – 15.

⑤ Sam Grey, Rauna Kuokkanen, “Indigenous Governance of Cultural Heritage: Searching for Alternatives to Co-management”, *International Journal of Heritage Studies*, Vol. 26, 2020, pp. 919 – 941.

⑥ H. P. Huntington, “Chapter 31-Whale Hunting in Indigenous Arctic cultures”, in J. C. George and J. G. M. Thewissen, eds., *The Bowhead Whale: Balaena Mysticetu: Biology and Human Interactions*, New York: Academic Press, 2020, pp. 501 – 517.

洋分区治理上存在多尺度与复杂性，① 例如，大型海洋保护区作为分区治理的重要工具，需要考虑管理区域的异质性因素，包括使用正式的政府举措、市场工具和社区自治等治理形式，以应对不同环境的复杂性。②

海洋治理的异质性特征受到多种不同因素的影响。在客观层面，治理能力是影响不同领域和区域差异的根本因素，基于治理能力所形成的治理机制与安排以及方法的选择构成了异质性的重要基础。这种能力除了物质能力之外，至少还包括以下几方面的能力：一是建立正式规则与制度的能力，正式治理机构制定的规则能够有效地治理包括遵守与执行产生重要的作用；③ 二是建立基于证据和知识的决策能力，包括实现知识共享、科学与政策机构之间的协调以及对传统知识的继承和运用对于决策过程都很重要；④ 三是赋予相关机构合法性权威的能力，⑤ 这能够鼓励更多相关方的信任和参与，并构建一套基于规则而非单纯依靠强制措施的良性治理体系；⑥ 四是相关利益方参与的能力，例如，尽管太平洋岛国在海洋治理的硬实力存在较大的不足，但是其对于海洋治理参与的集体合作以及努力导致其成为与欧盟这样发达国家众多的区域一样，在

---

① Pedro Fidelman, et al., "Governing Large-scale Marine Commons: Contextual Challenges in the Coral Triangle", *Marine Policy*, Vol. 36, Issue 1, 2012, pp. 42 – 53; Anne Caillaud, et al., "Preventing Coral Grief: A Comparison of Australian and French Coral Reef Protection Strategies in a Changing Climate", *Sustainable Development Law & Policy*, Vol. 12, Issue 2, 2012, pp. 26 – 31.

② Pierre Leenhardt, et al., "The Rise of Large-scale Marine Protected Areas: Conservation or Geopolitics?", *Ocean & Coastal Management*, Vol. 85, 2013, pp. 112 – 118; Per Olsson, et al., "Navigating the Transition to Ecosystem-based Management of the Great Barrier Reef, Australia", July 15, 2008, https://www.pnas.org/doi/full/10.1073/pnas.0706905105.

③ Elinor Ostrom, *Governing the Commons: The Evolution of Institutions for Collective Action*, Cambridge: Cambridge University Press, 1990, pp. 29 – 57.

④ David W. Cash, et al., "Knowledge Systems for Sustainable Development", *Proceedings of the National Academy of Sciences*, Vol. 100, Issue 14, 2003, pp. 8086 – 8091.

⑤ William C. Clark, et al., "Boundary Work for Sustainable Development: Natural Resource Management at the Consultative Group on International Agricultural Research (CGIAR)", *Proceedings of the National Academy of Sciences*, Vol. 113, Issue 17, 2011, pp. 4615 – 4622.

⑥ Tom R. Tyler, *Why People Obey the Law*, Princeton: Princeton University Press, 1990, pp. 19 – 57; Thomas M. Franck, *The Power of Legitimacy Among Nations*, Oxford: Oxford University Press, 1990, pp. 3 – 26.

全球海洋治理进程中发挥了独特的作用。[①] 客观方面的另一因素则是海洋与海洋生态系统变化的不确定性，因此，治理安排必须适应客观环境，从而形成应对和适应不断变化的海洋生态系统的治理方式。[②]

影响海洋治理异质性的主观因素主要体现在，尽管人们对政府如何选择治理战略以及倡导和选择政策工具的具体方式知之甚少，研究也不足，并且在海洋治理的背景下很大程度上仍然是一个“黑匣子”。[③] 治理实体可以在谈判和实施治理规则方面发挥重要影响，这些治理规则和方法可能取决于宪法安排、文化背景以及政府对其使用的管理方法和工具类型的话语和政治偏好。[④] 此外，在许多情况下，民间社会的意见、利益相关方的倡导以及解决多重用途冲突的需要正在催生公平管理海洋空间的参与机制。[⑤] 在治理机制层面，虽然良好治理的一般策略是众所周知的，[⑥] 但机构内部和管辖区之间的治理风格可能存在较大差异。民族主义和孤立主义可能会进一步阻碍有效海洋治理机制方面所需的合作。[⑦] 相关机制或制度中的参与方具有不同程度的能动性，[⑧] 因为这些机制和

---

① David W. Cash, et al., “Knowledge Systems for Sustainable Development”, *Proceedings of the National Academy of Sciences*, Vol. 100, Issue 14, 2003, pp. 8086 - 8091.

② Carl Folke, et al., “Adaptive Governance of Social-ecological Systems”, *Annual Review of Environment and Resources*, Vol. 30, pp. 441 - 473.

③ Peter Gluckman, “Science Advice to Governments: an Emerging Dimension of Science Diplomacy”, *Science & Diplomacy*, Vol. 5, No. 2, 2016, p. 9.

④ Emma L. Tompkins, et al., “Scenario-Based Stakeholder Engagement: Incorporating Stakeholders Preferences Into Coastal Planning For Climate Change”, *Journal of Environmental Management*, Vol. 88, Issue 4, 2008, pp. 1580 - 1592.

⑤ Heike K. Lotze, et al., “Public Perceptions of Marine Threats and Protection from Around the World”, *Ocean & Coastal Management*, Vol. 152, 2018, pp. 14 - 22.

⑥ Elinor Ostrom, “Polycentric Systems: Multilevel Governance Involving a Diversity of Organizations”, in Eric Brousseau, ed., *Global Environmental Commons: Analytical and Political Challenges in Building Governance Mechanisms*, Oxford: Oxford University Press, 2012, pp. 105 - 125.

⑦ Murray A. Rudd, et al., “Ocean Ecosystem-based Management Mandates and Implementation in the North Atlantic”, *Frontiers in Marine Science*, Vol. 5, 2018, p. 485.

⑧ Peter A. Hall, “Historical Institutionalism in Rationalist and Sociological Perspective”, in James Mahoney and Kathleen Thelen, eds., *Explaining Institutional Change: Ambiguity, Agency, and Power*, Cambridge: Cambridge University Press, 2012, pp. 204 - 224; Michael John Bloomfield, *Dirty Gold: How Activism Transformed theJewelry Industry*, Cambridge: MIT Press, 2017; Thomas Lawrence and Roy Suddaby, *Institutional work: Actors and Agency in Institutional Studies of Organizations*, Cambridge: Cambridge University Press, 2009, pp. 1 - 23.

制度是由工作的参与方塑造的，从机制或制度的创建到适应不断变化的需求和期望。

由于海洋治理异质性的存在，实现全球治理的一体化变得十分困难。事实上，这种异质性甚至挑战了一般性治理建议乃至规则的潜在效用。这种多样性是治理体系及其随着时间推移而建立的方式所固有的，是适应环境的特殊性和所致力于解决的关切和目标的多样性，以及国家层面的能力差异和分散的反映。[①] 为此，生态系统方法作为缓解这一问题的重要工具，成为海洋治理的长期发展趋势。

三　基于生态系统的海洋治理成为主流发展趋势

由于过去的海洋治理框架与实施可持续管理的前景日益缺乏一致性，[②] 海洋治理越来越重视对于生态系统方法的运用。基于生态系统的管理（EBM）是一种将生态系统视为相互作用元素的组合方法，这对于海洋和海岸的可持续管理尤为重要。基于生态系统的方法被许多参与者开发和应用，但值得注意的是联合国环境规划署的广泛指南“采取措施实现基于海洋和沿海生态系统的管理——入门指南”。[③] 大多数基于生态系统的定义是基于2005年由70名美国科学家和政策专家。他们关于基于海洋生态系统的管理的科学共识声明将基于生态系统的管理定义为考虑整个生态系统（包括人类）的综合管理方法。基于生态系统管理的目标是维持生态系统处于健康、高效和有弹性的状态，以便它能够提供人类想要和需要的服务。基于生态系统的管理不同于目前关注单一物种、部门、活动或问题的方法，它考虑了不同部门的累积影响。环境规划署提供的定义认为：在基于生态系统的管理中，相关的人口和经济/社会系统被视为不可或缺的生态系统的一部分，最重要的是，基于生态系统的

---

① UNEP, “Regional Oceans Governance Making Regional Seas Programmes”, *Regional Fishery Bodies and Large Marine Ecosystem Mechanisms Work Better Together*, 2016.

② Vallega A., “The Regional Approach to the Ocean, the Ocean Regions, and Ocean Regionalization—A Post-modern Dilemma”, *Ocean and Coastal Management*, Vol. 45, 2002, pp. 721 – 760.

③ UNEP, “Taking Steps Toward Marine and Coastal Ecosystem-Based Management—An Introductory Guide”, UNEP Regional Seas Reports and Studies No. 189, http://www.unep.org/pdf/EBM_Manual_r15_Final.pdf, p. 10.

管理关注生命系统内的变化过程和维持健康生态系统产生的服务。因此，基于生态系统的治理应当被设计和执行为一种自适应的管理。①

基于生态系统的方法认识到生物和非生物系统之间以及人类与经济和社会系统之间的相互联系，这些都被视为生态系统的组成部分。这种方法代表了一种范式转变，从当今普遍实践中高度集中、单一物种或短期部门主题的方法转向更广泛、更具包容性的基于生态系统的方法，在空间上意味着从小尺度到更大尺度，从短期到长期的管理实践。基于生态系统的治理有其自身的特点：其一，这种治理是一项正在进行的工作，应被视为一个过程而不是最终状态，为了应对生态系统的复杂性和动态性，这需要与生态系统功能有关的全面科学知识，并重视适应性管理；②其二，需要识别捕捉生态系统结构和功能的空间单元，区域的方法和跨界视角是基于生态系统管理的核心，因为它们为有效应对跨界污染等环境威胁提供了更多的机会，③ 生态系统内管理单位的确定应基于生态标准，而不是制度界限或标准，无论是国家的还是部门的。规模问题可以通过将生态系统视为嵌套系统（Nested Systems）来解决，可以通过现有的区域管理机构以及必要时以个别生态系统为重点的新合作努力来加强共享生态系统方面的国际合作。④

生态系统方法被《生物多样性公约》缔约方会议描述为：“综合管理土地、水和生物资源的战略以公平的方式促进保护和可持续利用。”⑤与联合国环境规划署的定义几乎相同的，但省略了“保护”一词。而是包括“生态系统服务的可持续提供”。⑥ 联合国大会在2006年指出，应

---

① UNEP, “Ecosystems and Biodiversity in Deep Waters and High Seas”, 2006, Available at http://www.unep.org/regionalseas/publications/reports/RSRS/pdfs/rsrs178.pdf, p. 5.

② UNEP, “Taking Steps Toward Marine and Coastal Ecosystem-Based Management—An Introductory Guide”, pp. 12 – 13, 29.

③ UNEP, “Taking Steps Toward Marine and Coastal Ecosystem-Based Management—An Introductory Guide”, p. 15.

④ Alf Hakon Hoel, “Best Practices in Ecosystem-based Oceans Management in the Arctic”, April 2009, pp. 111 – 112, https://pame.is/document-library/ecosystem-approach-to-management-documents/bepomar/365-bepomar-best-practices-in-ecosystem-based-oceans-management-in-the-arctic/file.

⑤ “Decision V/6: Ecosystem Approach”, https://www.cbd.int/doc/meetings/esa/ecosys-01/other/ecosys-01-dec-cop-05-06-en.pdf.

⑥ UNEP, “Taking Steps toward Marine and Coastal Ecosystem-Based Management—An Introductory Guide”, p. 13.

重点管理人类活动，“以维持并在需要时恢复生态系统健康，以维持商品和环境服务为粮食安全提供社会和经济效益，维持生计以支持国际发展目标……并保护海洋生物多样性”，[①] 将生态系统方法与海洋管理联系起来。此后，联合国大会在其关于海洋和海洋法的年度决议中重申了这一立场。根据《生物多样性公约》，生态系统方法是一个规范框架，需要转化为适合特定用户需求的进一步应用方法。生态系统方法的“一刀切”解决方案既不可行也不可取，因此，《生物多样性公约》缔约方在适用的现有努力的基础上，针对特定生物地理区域和情况制定了生态系统方法应用指南。[②] 这为生态系统方法与区域海洋治理相结合开辟了道路。

2008 年，第九届《生物多样性公约》缔约方会议（COP-9）通过了识别具有生态或生物意义的海洋区域（EBSA）的科学标准，并发现符合标准的区域可能需要加强保护和管理措施。[③] 第十届《生物多样性公约》缔约方会议，制定了识别具有重要生态或生物意义的海洋区域的流程，同时也强调，根据包括《联合国海洋法公约》在内的国际法，确定具有重要生态或生物意义的海洋区域以及选择养护和管理措施是各国和主管政府间组织的事情。[④]

联合国环境规划署的区域海洋计划也将基于生态系统的方法纳入其全球战略文件中。例如，环境署《2008—2012 年区域海洋计划全球战略方向》强调需要实施生态系统方法，来“作为应对区域海洋可持续性威胁的总体管理框架”。[⑤] 环境署《2010—2013 年中期战略》将生态系统管理确定为其六个跨领域主题优先事项之一。[⑥] 生态系统管理仍然成为

① UNGA Resolution 61/222, 16 March 2007, p. 20.

② COP Decision Ⅸ/7, 2008, para. 2 (f).

③ COP Decision Ⅸ/20, 2008, pp. 1 and 7 – 12.

④ See COP Decision Ⅹ/29, 2010, para. 26.

⑤ UNEP, “Global Strategic Directions for the Regional Seas Programmes 2008 – 2012: Enhancing the Role of the Regional Seas Conventions and Action Plans”, Ninth Global Meeting of the Regional Seas Conventions and Action Plans, Jeddah, Kingdom of Saudi Arabia, 29 – 31 October 2007, 31 October 2007, http://www.unep.org/regionalseas/globalmeetings/9/SD_New/Final_Strategic_Directions_2008_2012.pdf, p. 3.

⑥ UNEP, “UNEP Medium-term Strategy 2010 – 2013: Environment for Development”, http://www.unep.org/PDF/FinalMTSGCSS-X-8.pdf, pp. 9, 11 and 27.

《2014—2017 年中期战略》的优先事项。《2018—2021 年中期战略》中进一步将应对气候变化与生态系统管理结合起来，强调治理海洋酸化与保护海洋环境的系统重要性。[①]《2022—2025 年中期战略》则进一步强调了气候变化、化学品、废物污染等对土地、水和海洋的不可持续利用，单独或共同导致生态系统退化，从而降低生态系统提供对人类和自然福祉至关重要的服务能力。[②]

在渔业领域，粮农组织将渔业生态系统方法视为两个相关范式的合并——生态系统管理和渔业管理，[③] 后者也称为“目标资源导向管理”（TROM）。[④] 这两种范式基于不同的观点，流程和机构都有着不同的目标。然而，粮农组织认为渔业生态系统方法“并没有背离过去的渔业管理范式，相反，它是持续演变过程中的一个新阶段”。[⑤] 尽管粮农组织《负责任渔业行为守则》（CCRF）是一个旨在增加渔业对发展可持续贡献的自愿框架，没有提及渔业生态系统方法，但它被认为涵盖了其大部分组成部分。[⑥]

2001 年雷克雅未克会议迈出了重要一步，试图确定将生态系统考虑因素纳入捕捞渔业管理的方法。《海洋生态系统负责渔业的雷克雅未克宣言》的关键条款之一：必须加强、改进并酌情建立区域和国际渔业管理组织，并将生态系统考虑因素纳入其工作并改善合作以及这些机构与负责管理和保护海洋环境的区域机构之间的合作。[⑦] 这强调了必须加强

---

① UNEP, “UNEP Medium Term Strategy 2018 - 2021”, 2016, https://wedocs.unep.org/handle/20.500.11822/7621.

② UNEP, “UNEP Medium Term Strategy 2022 - 2025”, 2021, https://www.unep.org/resources/people-and-planet-unep-strategy-2022 - 2025? gad_ source = 1&gclid = EAIaIQobChMIh8-X4OP1hAMVkAOtBh2-jgJtEAAYASAAEgKX-vD_ BwE.

③ FAO, “The Ecosystem Approach to Fisheries. Issues, Terminology, Principles, Institutional Foundations, Implementation and Outlook”, *FAO Fisheries Technical Paper 443*, 2003, p. 6.

④ FAO, “The Ecosystem Approach to Fisheries. Issues, Terminology, Principles, Institutional Foundations, Implementation and Outlook”, p. 11.

⑤ FAO, “The Ecosystem Approach to Fisheries. Issues, Terminology, Principles, Institutional Foundations, Implementation and Outlook”, p. 73.

⑥ Code of Conduct for Responsible Fisheries. Adopted by the Twenty-eight Session of the FAO Conference, Rome: October 31, 1995, www.fao.org/fishery/code/en.

⑦ “The Reykjavik Conference on Responsible Fisheries in the Marine Ecosystem”, November, 2 - 13, 2001, https://www.fao.org/3/Y2211e/Y2211e.htm.

和改进体制，以便成功地将生态系统考虑纳入渔业管理。渔业生态系统方法（EAF）通过2003年通过的技术准则被纳入粮农组织（CCRF）的框架，其定义为：力求平衡不同的社会目标，同时考虑到知识生态系统的生物、非生物和人类组成部分及其相互作用的不确定性，并在具有生态意义的边界内对渔业应用综合方法。① 根据粮农组织的说法，“方法”一词表明，渔业生态系统方法是将生态系统考虑因素纳入更常规渔业管理的一种方式，或“实施粮农组织应遵循的精神”。② 粮农组织强调，现有的管理控制和措施仍然很重要，但需要在更广泛的背景下考虑这些措施，并包括尽量减少或避免捕捞对非目标物种影响的目标。③ 众多学者也从将渔业生态系统方法付诸实践、为渔业生态系统方法提供信息的生态系统建模最佳实践、渔业生态系统方法的人文维度以及海洋保护区和渔业等视角探讨将生态系统方法与海洋渔业治理相结合的思路。④

一些区域渔业机构已经选择将其管理职责转向渔业生态系统方法。然而，总体而言，渔业生态系统方法仍然是一种不断发展的实践，其纳入的速度因地区和区域渔业机构而异。挑战包括减少政策、部门、机构和科学方面的分散、实施过程制度化、监管框架的简化。⑤ 粮农组织强调，渔业生态系统方法并不能取代或减少控制目标鱼种和副渔获物鱼类死亡率的需要，也不能取代控制捕捞能力的需要。⑥ 无论如何，生态系统方法与区域海洋治理的结合，不仅开辟了不同类型海洋治理机制之间

---

① FAO, “The Ecosystem Approach to Fisheries. Issues, Terminology, Principles, Institutional Foundations, Implementation and Outlook”, p. 14.

② FAO, “The Ecosystem Approach to Fisheries. Issues, Terminology, Principles, Institutional Foundations, Implementation and Outlook”, p. 6.

③ FAO, “The Ecosystem Approach to Fisheries. Issues, Terminology, Principles, Institutional Foundations, Implementation and Outlook”, p. 29.

④ UNEP, “Regional Oceans Governance Making Regional Seas Programmes”, *Regional Fishery Bodies and Large Marine Ecosystem Mechanisms Work Better Together*, 2016, pp. 10 – 11.

⑤ CBD, “In-depth Review of the Application of the Ecosystem Approach. Barriers to the Application of the Ecosystem Approach”, Note by the Executive Secretary, 12th meeting of the SBSTTA, 15 June 2007, http://www.cbd.int/doc/meetings/sbstta/sbstta-12/information/sbstta-12-inf05-en.pdf, pp. 12 – 16.

⑥ FAO, “The Ecosystem Approach to Fisheries. Issues, Terminology, Principles, Institutional Foundations, Implementation and Outlook”, p. 26.

开展具体实践的新思路，也为创建新的区域海洋治理机制提供了选项。

第三节　全球海洋多层级治理格局

当前的全球治理往往关注的是国际层面的协调，这一点也体现在海洋治理领域，而正如阿里·卡科维奇（Arie M. Kacowicz）所指出的，全球治理是基于单向和多向权力流动的结合，以及正式、非正式和混合的结构，这些不同因素的结合产生了六种治理模型：自上而下/等级制的治理、自下而上的治理、市场型治理、网络治理、分层治理、并肩治理。[①] 从这个角度讲，对于分层级治理的研究具有理论和现实的必要性。加里·马克斯（Gary Marks）最初将多级治理描述为一种“离心过程的结果”，在这个过程中，决策权从成员国向两个方向分散，即次国家和超国家。[②] 利斯贝特·胡格（Liesbet Hooghe）和加里·马克斯（Gary Marks）还认为，多级治理可以被设想为不同的“类型”：一类是将权力分散到有限数量的管辖区，如国际、国家、区域、地方等；另一类是特定的管辖区、交叉成员资格以及对管辖级别数量的无限制。[③]

一　多层级治理理念：从欧盟到全球治理

多层级治理（Multi-level Governance）的理念最早来源于欧盟，欧洲各国从20世纪后半叶的一体化实践中，逐步形成了一套涵盖了超国家治理、国家治理、地方治理和社会治理的多层次综合治理体系，治理主体包括欧盟各成员国、成员国地方当局、民间团体与行业组织等。[④] 加

---

① Arie M. Kacowicz, “Global Governance, International Order, and World Order”, in David Levi-Faur, ed. , *The Oxford Handbook of Governance*, Oxford: Oxford University Press, 2012, pp. 686 – 697.

② Gary Marks, “Structural Policy and Multilevel Governance in the EC”, in Alan W. Cafruny, Glenda G. Rosenthal, eds. , *The State of the European Community*, New York: Lynne Rienner, 1993, pp. 401 – 402.

③ Liesbet Hooghe, Gary Marks, “Types of Multi-level Governance”, in late Henrik Enderlein, ed. , *Handbook on Multi-level Governance*, Cheltenham: Edward Elgar, 2010, pp. 17 – 31.

④ 《欧盟多层次治理模式及其经验教训》，中华人民共和国外交部官网，2017年6月15日，https://www.mfa.gov.cn/web/ziliao_674904/zt_674979/ywzt_675099/wzzt_675579/jjywj_675649/200706/t20070615_7961954.shtml。

里·马克斯（Gary Marks）于1992年首次提出了这一概念，用以分析1988年2月欧共体布鲁塞尔首脑会议上各成员国一致决定对其地区政策进行的重大改革。这一概念的提出，一定程度上改变了欧盟从区域一体化研究的区域合作路径，而转向治理路径的研究。加里·马克斯将多层级治理定义为"在多个领土层级的嵌套政府之间进行持续谈判的系统"。[①] 该定义借鉴了对国内政治的分析，特别是政策网络方法，因此该概念包含纵向和横向两大维度："多层级"是指在不同的地域层面运作的政府之间的相互依存度增加；"治理"则表示政府和非政府行为体在各个地域层面之间的相互依存度不断增加。[②]

由于全球治理理念与研究的兴起，用于形容欧盟治理的多层次治理概念及其遵循的国内、国际政治相融合的研究路径，适应了全球治理研究的需要。20世纪初，乔恩·皮埃尔（Jon Pierre）和格里·斯托克（Gerry Stoker）在试图解释英国政治发展时，认识到多层次治理研究不仅要关注地方、地区、国家和欧盟的正式制度层次，还要重视包括世贸组织、国际货币基金组织和世界银行等跨国国际机构的指导作用。[③] 与此同时，一批与多层级治理类似或者相关的概念也被广泛地用于解释和分析相关的问题领域中，其中比较典型的概念包括"多层级治理"（Multi-tiered Governance）、"多中心治理"（Polycentric Governance）、"多视角治理"（Multi-perspectival Governance）、"职能、重叠、竞争管辖区"（Functional，Overlapping，Competing Jurisdictions，FOCJ）、"碎片化"（Fragmegration）、"权威场域"（Spheres of Authority，SOAs）等。

与传统全能的中央政府模式不同，多层级治理源于权力扩散。按照里

---

① Gary Marks，"Structural Policy and Multi-level Governance in the EC"，in Cafruny A. and Rosenthal G. G.，eds.，*The State of the European Community：The Maastricht Debates and Beyond*，Boulder，CO，Essex：Lynne Rienner and Longman，Vol. 2，1993，p. 392.

② Ian Bache，Matthew Vincent Flinders，"Themes and Issues in Multi-Level Governance"，in Ian Bache，Matthew Flinders，eds.，*Multi-level Governance*，Oxford：Oxford University Press，2004，p. 3.

③ Pierre J. and G. Stoker，"Towards Multi-Level Governance"，in P. Dunleavy，A. Gamble，I. Holliday and G. Peele eds.，*Developments in British Politics*，6th. edn.，London：Macmillan，2000，pp. 29 –46.

斯贝特·胡奇（Liesbet Hooghe）和加里·马克斯最早的划分，多层级治理的制度化存在两种形式：一种形式是将能力捆绑分配给有限数量的非重叠政府，每个政府以特定规模为特定领土提供服务；另一种形式策略更为激进，是将权限分散到大量重叠的政府中。前者限制了司法管辖区的绝对数量，从而促进了协调，同时获得了多层次治理的大部分好处；后者则在某种程度，将这些政府奉行的政策不会溢出到邻近的司法管辖区，因此协调任务是有限的。[①] 这表明，无论是从国内还是国际治理层面，多层次治理尽管有意区分于同一中央政府模式，但是这一治理路径的立足点仍然是植根于国家中心主义视角的。正如罗伯特·基欧汉和约瑟夫·奈在20世纪初所主张的，“与一些语言性观点相反，民族国家作为国内和全球治理的主要工具不会被取代。……相反，我们认为民族国家在更复杂的地理环境中正在得到其他参与者的补充——如私营部门和第三部门”。[②]

尽管全球治理能否被称为传统意义上的多层级治理仍然存在一定的争议，例如部分学者认为全球治理要想多层次，必须满足两个条件：一是全球层次必须有自己的权威，超越单纯的政府间协调，并有权力下放；二是体系内部相互作用，表现出层级分工。[③] 大部分学者认为，当全球机构拥有并行使政治权威时，全球治理可以被视为多层级治理的一种特定形式。[④] 凯撒·德·普拉多（Ce'sar de Prado）认为，在冷战后全球秩序动态变化下，包括主权国家、联合国体系、宏观区域层面、基于知识的跨国行为体的全球多层级治理，通过商业行为体、编织更多社会的行

---

① Liesbet Hooghe and Gary Marks, “Types of Multi-Level Governance”, *European Integration online Papers*, Vol. 5, 2001, p. 16.

② Keohane, Robert O. and Joseph S. Nye Jr., “Introduction”, in Joseph Nye, and John D. Donahue, eds., *Governance in a Globalizing World*, Washington D. C.: Brookings Institution, 2000, p. 12.

③ See Michael Zürn, “Global Governance as Multi-level Governance”, in D. Levi-Faur ed., *Oxford Handbook of Governance*, Oxford: Oxford University Press, 2012, pp. 730 – 74.

④ Stephenson P., “Twenty Years of Multi-level Governance: ‘Where Does It Come From? What Is It? Where Is It Going?’”, *Journal of European Public Policy*, Vol. 20, No. 6, p. 830; Joachim K. Rennstich, “Multilevel Governance as a Global Governance Challenge: Assumptions, Methods, Shortcomings, and Future Directions”, in William R. Thompson ed., *The Oxford Encyclopedia of Empirical International Relations Theory*, Oxford: Oxford University Press, 2018.

为体（Weaving More Social Actors）、自适应公共参与者（Adaptive Public Actors）、知识中介（Knowledge Mediators）等参与方将全球治理不同层级领域连接起来。①

二　全球海洋多层级治理的兴起

全球治理的多层级属性在海洋治理领域体现得尤其明显。全球治理涉及的议题领域众多，大部分议题尽管涉及地域及管辖问题，但是没有一个治理对象如同海洋一般，与地理因素的关系如此紧密。海洋治理的强空间性特征，使得海洋治理的层级划分不仅依据行为体的分类，也需要考察海域之间的地理关联。正如阿莱塔·德穆尔（Aletta Mondré）和安格丽特·库恩（Annegret Kuhn）的研究所指出的，海洋是一个政治空间，管理海洋的方法存在两种完全不同的方式：一种强调空间排序，另一种侧重部门分割。国家是规范海洋区域使用和保护的核心行为者，但国家主权是分层的，离海岸线越远，权力越小。由于广阔的海洋空间超出了任何特定领土国家的专属控制，因此必须建立国家管辖范围以外的政治权威，以实现集体决策。② 这就意味着，海洋治理的多层级格局的依据既需要考察政治权威的分布，也需要重视自然空间的样态。

需要指出的是，尽管在包括海洋治理在内的众多领域都已经存在多层级治理的实践，学界也都认同全球海洋治理可以划分为若干不同的层级，然而对于相关治理层级的分类仍然存在一定的分歧。例如，罗宾·马洪（Robin Mahon）和露西娅·范宁（Lucia Fanning）认为，全球海洋治理可以划分为全球层次、区域层次、次区域层次、国家层次和地区层次；③ 部分学者则认为，社会治理也是海洋治理多层级架构中的重要组成部分。④

---

① Ce'sar de Prado, *Global multi-level governance*: *European and East Asian leadership*, Tokyo, New York, Paris: United Nations University Press, 2007, pp. 1 – 34.

② Aletta Mondré, Annegret Kuhn, "Authority in Ocean Governance Architectur", *Politics and Governance*, Vol. 10, Issue 3, 2022, pp. 5 – 13.

③ Robin Mahon, Lucia Fanning, "Regional Ocean Governance: Polycentric Arrangements and their Role in Global Ocean Governance", *Marine Policy*, Vol. 107, September 2019, p. 1.

④ 全永波：《全球海洋生态环境多层级治理：现实困境与未来走向》，《政法论丛》2019年第3期。

总体而言，毫无争议的是，全球海洋治理的多层级属性涵盖了全球、区域、国家、非政府等层次。

全球层面，联合国尤其是《联合国海洋法公约》为核心的海洋治理体系被认为是全球治理的主要层次，包括海洋治理在内的全球治理也被认为是“以联合国为中心的治理”。[①] 联合国体系下的相关机构，包括联合国教科文组织、国际海事组织、粮农组织等机构以及《联合国海洋法公约》体系相关机构在内的行为体在气候变化、海洋科学研究、海洋生态环境、渔业管理等问题上发挥着关键作用，并且通过《2030 年可持续发展议程》《巴黎协定》《国家管辖外海洋生物多样性公约》（BBNJ）、特别敏感海域制度（PSSA）等议程、框架和机制持续影响全球海洋治理的路径和方向。具体而言，联合国在全球海洋治理中发挥着建构全球海洋治理相关倡议、营造良好的海洋治理契约环境、提高海洋治理主体履约能力等方面的作用，涉及海洋环境、海洋经济、海洋资源开发与维护、海洋安全等领域。[②]

区域层面，20 世纪 70 年代，联合国开始倡导海洋区域（或称“区域海”）的概念，1974 年联合国环境规划署设立的“区域海洋计划”(Regional Seas Programme)，以促进区域海洋治理，以实现全球海洋议程，应对新出现的问题、新政策和蓝色经济等倡议。该计划将全球海域划分为 18 个海洋区域，其中规划署管理着 5 个区域海洋公约和 2 个行动计划，即加勒比区域、东亚海域、东非区域、地中海区域、西北太平洋区域、西非区域、里海区域（由规划署欧洲区域办事处负责管理）；非规划署管理的 7 个海洋区域包括：黑海区域、东北太平洋区域、红海和亚丁湾、ROPME 海域、南亚海域、东南太平洋区域、太平洋区域；还有 4 个独立海洋区域：北极区域、南极区域、波罗的海、东北大西洋区域。[③]

---

① 庞中英：《在全球层次治理海洋问题——关于全球海洋治理的理论与实践》，《社会科学》2018 年第 9 期。

② 贺鉴、王雪：《全球海洋治理进程中的联合国：作用、困境与出路》，《国际问题研究》2020 年第 3 期。

③ UN Environment Programme, “Regional Seas Programme”, available at: https://www.unep.org/explore-topics/oceans-seas/what-we-do/regional-seas-programme.

国家层面，主权/民族国家始终是全球海洋治理的重要主体，正如马库斯·霍华德（Marcus Haward）所指出的，海洋多层级治理总体上有两大维度：一是国际文书和机构、国家法律和非国家行为者之间的交集；二是民族国家内部响应国际倡议的互动。[①] 各国通过海洋战略规划、政策实施、相关法律法规、行动计划等方式参与海洋治理是国际社会的普遍现象。由于《海洋法公约》对于全球海域主权管辖与全球公域的二元划分，事实上导致了国家在参与海洋治理的过程中，对于海洋的治理能力受到海洋法所赋予的管辖权限制。同时大国与小国之间，发达国家与发展中国家之间、沿海国家与内陆国家之间在参与全球海洋治理的进程中存在一定程度的不平等。国家之间由于一体化程度以及身份和利益认同的差别，在海洋治理问题上的合作与集体行动也存在较大的差异。鉴于具体政治、法律、历史、经济、社会和文化属性及特征，各国为推进海洋利用和管理的连贯方法及为实现这一共同目标而使用的要素组合将有所不同。[②]

非政府层面，非政府组织、私营部门以及个人也被认为是海洋治理的重要参与方。随着国家和政府间组织在全球海洋治理问题上的分歧与争议，以及海洋公共产品的严重供给不足，非政府组织在海洋研究与管理、政策游说、产业发展和能力建设、公众教育等方面的治理实践中扮演着越来越重要的角色，通过直接或间接的途径发挥着多元利益相关方的作用。[③] 私营商业行为体是海洋可持续发展网络重要的组成部分，能够为相关的政府间进程提供商业和工业投入，多元化的国际海洋商业界的领导和合作对于应对海洋治理和可持续发展的相关挑战至关重要。[④] 此外，人的因素在海洋治理中的重要性也日益受到重视，海洋治理的人

---

① Marcus Haward, "Multi-level Oceans and Maritime Governance: Insights and Challenges", *Australian Journal of Maritime & Ocean Affairs*, Vol. 8, Issue 3, 2016, pp. 163 – 164.

② Lawrence Juda, "Changing National Approaches to Ocean Governance: The United States, Canada, and Australia", *Ocean Development & International Law*, Vol. 34, 2003, p. 165.

③ 陈曦笛、张海文：《全球海洋治理中非政府组织的角色》，《太平洋学报》2022 年第 9 期。

④ "Ocean Governanceand The Private Sector", *World Ocean Council White Paper*, June 2018, https://www.oceancouncil.org/wp-content/uploads/2018/06/WOC-White-Paper-Ocean-Governance-and-the-Private-Sector-final.pdf, p. 4.

文实践涵盖了文化和传统的融合、有效的公众和利益相关者参与、维持生计和福祉、促进经济可持续性、冲突管理和解决、透明度和匹配机构、合法和适当的治理，以及社会正义和赋权。将人的维度纳入包括大型海洋保护区（LSMPA）在内的全球海洋治理的未来方向维度上共同生产知识和重新定位实践的努力，并邀请其他人加入一个新兴的大规模海洋保护的实践共同体。①

三 海洋多层级治理的特性

关于上述层次的重要性等级，不同学者存在不同的观点。部分学者认为，海洋治理的各个层次之间不存在高低优劣之分，每个层次都很重要。②另一部分学者则认为其中的某些层次具有更高的重要性。其中一种观点倾向于强调通过联合国体系推动的全球海洋治理，包括联合国的权威性与合法性，以及《联合国海洋法公约》作为“海洋宪章”下的国家海洋法律体系的普遍适用价值与相对成功的实践。另一种观点也主张主权国家的重要性，尽管国际组织在海洋治理方面具有倡导议程、凝聚共识、推动谈判、促成契约与合作等重要作用，但是在行动层面，主权国家才是落实海洋治理的关键主体。

近年来，关于区域层级的海洋治理受到的重视程度越来越高，无论是各国政要还是学界都认识到，在全球海洋治理难以形成综合性网络系统合力，而主权国家由于管辖权和能力的限制，难以单独承担起海洋治理的重任，加上历史、地理、政治、经济等因素所形成的海洋区域身份认同与合作传统，区域海洋治理或许是实现海洋善治的最佳路径。

事实上，欧盟多层级治理的结构性特征更多地在于多中心而非其层次性，其多层次治理所涉及的超国家层次、国家层次和次国家层次等核心主体在治理地位上完全平等而互不隶属，共同分享公共权力。在决策方面，各层次参与主体在法律规定的权限内享有独立的决策权。其所体

---

① Patrick Christie, et al., “Why People Matter in Ocean Governance: Incorporating Human Dimensions into Large-scale Marine Protected Areas”, *Marine Policy*, Vol. 84, October 2017, pp. 273 – 284.

② E. Ostrom, *Understanding Institutional Diversity*, Princeton: Princeton University Press, 2005.

现出的层级性，更多的是同一层级的内部成员之间在政治地位上具有平等性，[①] 这一点在海洋治理领域同样适用。更进一步讲，多层级海洋治理也与欧盟多层级治理类似，各层级主体都无法独立控制整个治理进程的法律规则制定，多层级治理进程中没有一个单一而集中的权力中心（尽管联合国试图扮演这一角色），治理的各层级都参与并影响决策，但是没有任何一方能控制整个过程。

第四节 从全球到区域：海洋治理的新趋势

伊丽莎白·曼·博尔赫斯（Elisabeth Mann Borgese）在其 1998 年的出版物《海洋圈：将海洋作为全球资源进行治理》中阐明了在管理海洋活动方面的挑战是世界性的难题。她指出，海洋是一种不同于陆地的媒介，它如此不同，事实上，迫使我们以不同的方式思考。因为海洋作为媒介本身，一切都在流动，一切都相互关联，迫使我们"分散注意力"，摆脱我们的旧概念和范式，并"重新聚焦"新范式。[②] 海洋管理是一个由相互关联、交织、融合、竞争的需求和利益组成的复杂网络。[③]

区域和全球海洋治理有着复杂的、共同演化的历史，在这些历史中，两种制度——除其他外——与海洋和其中的资源相互作用并利用海洋和资源来巩固、扩大和表达权力。与此同时，区域和全球海洋治理关系也在不断变化，尤其是当我们试图理解它们在区域化、区域主义和全球化逻辑中的差异时。[④] 历史上全球化、多边主义和后殖民化的海洋治理进程面临着区域主义的兴起，特别是民族国家和地区需要应对和管理传统和新兴的海洋挑战。包括国家、经济集团、私营部门、金融机构和非政府组织、发展伙伴等在内的各种参与者对这些挑战的回应导致了不同形

① 回颖：《欧盟法的辅助性原则及其两面性》，《中外法学》2015 年第 6 期。

② E. Mann Borgese, *The Oceanic Circle: Governing the Seas as a Global Resource*, Tokyo: United Nations University Press, 1998, pp. 5 -6.

③ Campbell L. M., et al., "Global Oceans Governance: New and Emerging Issues", *Annual Review of Environment and Resources*, Vol. 41, 2016, pp. 517 -543.

④ Ibukun Jacob Adewumi, "Exploring the Nexus and Utilities Between Regional and Global Ocean Governance Architecture", *Frontiers in Marine Science*, Vol. 8, 2021, p. 1.

式的关系，这些关系将区域活动重新聚焦于全球定义的海洋议程。对区域海洋治理至关重要的不同政策领域（包括海上安全、环境、经济和社会政治治理）的审查为理解区域—全球海洋治理关系中固有的背景因素和关注点奠定了坚实的背景。

一 全球与区域海洋治理的关系之辨

理解全球海洋治理与区域海洋治理之间的关系是复杂的，伊布昆·雅各布·阿德乌米（Ibukun Jacob Adewumi）依据全球与区域海洋治理之间关系发展的程度建立五种分类谱系：分别是离散（Discrete）、冲突（Conflictual）、合作（Cooperative）、对称（Symmetric）与模糊（Ambiguous）。

区域与全球海洋治理的离散关系是指，全球海洋治理框架的主导性和战略性趋向于限制区域海洋治理，这种关系的前提往往是建立在全球海洋治理的规范、原则以及决策安排上，具体而言存在三种情形：第一种是区域机制太弱，需要依靠全球海洋治理机制来维持，在此情形下，区域海洋治理与全球海洋治理的离散联系具有某种“强制性”；第二种是由于不同的地理、政治和经济利益，导致区域海洋治理缺乏可靠的替代方案，从而使各个地区的国家直接与全球海洋治理机制取得联系，而不是自行制定或加强区域计划，例如在航运和贸易政策领域，全球性治理框架如2009年的《全部或部分海上运输的国际货物合同公约》（鹿特丹规则）、1965年的《联合国内陆国家过境贸易公约》和《国际海运便利化公约》在G20等机制所推动的行动下，使得国际航运业从马丁·斯托普福德（Martin Stopford）所谓的“航运业的低迷周期”[①] 中自我调节和恢复；[②] 第三种是众多的治理行为体的运作基于部门或者问题导向，而非地理上的邻近性，从而限制了区域海洋治理议程在特定问题上的扩散，可能会导致孤立而非区域海洋治理的协作进程。

区域与全球海洋治理的冲突关系是指，区域海洋治理机制作为部分

---

① Stopford M., *Maritime Economics*, 3rd edn., London: Routledge, 2009.

② Bhirugnath M., *The Impacts of the Global Crisis 2008 – 2009 on Shipping Markets: a Review of Key Factors Guiding Investment Decisions in Ships*, Malmö: World Maritime University, 2009.

反对全球海洋治理的一种形式。这种区域和全球海洋治理制度或体系的冲突主要表现为两种形式：一是区域和全球治理体系几乎没有联系；二是有不同或不相关的规范和决策程序来指导它们，并且存在相互冲突的驱动力和原则。区域海洋治理的驱动力之一是第二次世界大战后和后殖民时代对国家主权和国家治理能力的日益关注；[①] 而全球海洋治理的驱动力则是随着经济、社会、环境和技术的压力和变化，“主权”本身的紧迫性已经开始让位并成为次要的，而对联合和创建国际/超国家结构的需求已经开始提高，以应对日常的挑战尤其是跨界挑战。[②] 因此，在某种程度上，区域与全球海洋治理的冲突是对于全球海洋治理机制的“至高无上”主导地位的挑战和反向动力，这种挑战背后的动力包括区域主义与民族主义的结合。基于这一逻辑，全球南方国家往往更加关注和推动区域海洋治理机制，阿里·卡科维奇（Arie M. Kacowicz）认为，这是一种展示独立和自给自足的方式。[③] 这意味着，传统的国际组织将自己视为海洋治理方法的主要来源并自上而下地转移给包括全球南方在内的各国的方式不再被普遍地接受，[④] 相反，人们意识到海洋治理的方法可以有多种来源。[⑤]

区域与全球海洋治理的合作关系是指，区域海洋治理机制与全球海洋治理机制不断互动，并且在两个系统致力于解决部门或综合海洋问题的情况下，基于经验和资源，相互学习和运作。[⑥] 这种合作关系的内在原因在于，海洋生态系统本身并不受国家管辖和法律边界的限制，而且

---

① M. Zürn, “Global Governance and Legitimacy”, *Review of International Political Economy*, Vol. 18, 2011, pp. 99 – 109; R. Mahon, and L. Fanning, “Regional Ocean Governance: Integrating and Coordinating Mechanisms for Polycentric Systems”, *Marine Policy*, Vol. 107, 2019, p. 107.

② Borgese E. M., “Global Civil Society: Lessons from Ocean Governance”, *Futures*, Vol. 31, 1999, pp. 983 – 991.

③ Kacowicz A. M., “Regional Governance and Global Governance: Links and Explanations”, *Global Governance*, Vol. 24, 2018, pp. 61 – 79.

④ Walker T., *Securing a Sustainable Oceans Economy: South Africa's Approach*, Pretoria: Institute for Security Studies, 2018.

⑤ WWF/UN-ESADSD, “The Role of Major Groups in Sustainable Oceans and Seas”, 1999, https://sustainabledevelopment.un.org/content/documents/402bdoc99-6.pdf.

⑥ Campbell L. M., et al., “Global Oceans Governance: New and Emerging Issues”, *Annual Review of Environment and Resources*, Vol. 41, 2016, pp. 517 – 543.

人类的长期实践导致海洋成为文化、文明和商业的纽带。[①] 不仅如此，技术的发展也使世界从“地球村”变成“共同区域”（Common Area），这有助于监管机构之间的联网、政府间交流以及向同行学习。[②] 区域与全球海洋治理的合作可能表现在共同或重叠的利益和问题上，例如海上安全和环境等领域。同时，这种合作可以发生在存在隶属关系的区域与全球海洋治理机制间，也可能存在于互不隶属的治理机制间。其中有一些合作的方式可能更为复杂，例如在航运领域，国际海事组织的法规和协定为区域合作定下基调，当这种全球先决条件与具体区域的需求融合时，两个系统的合作会得以加强，从而促进合作走向制度化。

区域与全球海洋治理的对称关系是指，区域海洋治理机制作为全球海洋治理机制的一个组成部分。它包括以下两个方面：一是全球海洋治理机制包含了所有的区域海洋治理机制；二是全球海洋治理机制提供了详细和实用的一般原则，这些原则在不同但实质上整合的治理安排中来规范政策。换言之，区域海洋治理机制是全球海洋治理机制的一个子集。尽管如此，这种对称关系并不是单向的，而是允许区域海洋治理倡议出现在全球海洋治理领域内认可的治理机制中。在海洋治理实践中，区域组织和公约在联合国系统内外对海洋事务的重要性已经成为众多行动的基础，[③] 区域安排与全球安排或计划的关联也日益加深。[④] 这种对称关系的动因在于，地区战略和规划在全球影响力的动态调节下，存在不足和缺失，[⑤] 需要

---

① McPherson K.，“Processes of Cultural Interchange in the Indian Ocean Region：an Historical Perspective”，*Great Circle*，Vol. 6，1984，pp. 78 –92；Al-Rodhan N.，“The ‘Ocean Model of Civilization,’ Sustainable History Theory, and Global Cultural Understanding”，2017，https://www.bbvaopenmind.com/en/articles/the-ocean-model-of-civilization-sustainable-history-theory-and-global-cultural-understanding/.

② Michael Zürn，“Globalization and Global Governance：from Societal to Political Denationalization”，*European Review*，Vol. 11，Issue 3，2003，pp. 341 –364.

③ Grip K.，“International Marine Environmental Governance：a Review”，*Ambio*，Vol. 46，2016，pp. 413 –427.

④ Mahon R.，and Fanning L.，“Regional Ocean Governance：Polycentric Arrangements and Their Role in Global Ocean Governance”，p. 107.

⑤ Henocque Y.，“Towards the Global Governance of Coast and Ocean Social-Ecological Systems”，*Techno-Ocean*，2010，https://archimer.ifremer.fr/doc/00035/14658/11960.pdf.

区域与全球层面提供双向的知识和理解。①

区域与全球海洋治理的模糊关系是指，区域和全球海洋治理机制都不是静态的，它们可以在这些不同类型的关系之间摇摆不定。因为从总体而言，区域和全球海洋治理的未来都将受到个人赋权、人类安全意识增强、制度复杂性、全球权力转移等因素的影响。② 这种模糊关系往往涉及区域与全球海洋治理之间最有争议的话题，例如权力、国家主权、信任与合法性等。以全球南方为代表的行为体对于全球海洋治理计划和解决该地区面临的海洋挑战的不信任来说，区域与全球海洋治理的模糊关系特别易于发生在以下情况：一是国家政治或治理结构处于崩溃的边缘；二是全球性大国领导的全球海洋治理计划未能包括解决其政治、发展和社会问题的根本过程的解决方案；三是对海洋干预主义方法、程序和行动的合法性存在一定程度的不信任和质疑。此外，区域与全球海洋治理关系的摇摆不定也体现在子类型的差异中，例如，在实践中可能存在合作关系中具有冲突因素或冲突关系中具有合作因素的情形。

二　全球海洋治理的相对弱点

传统上，政策界和学界习惯将全球海洋视为一个整体。曼·博格斯（Mann Borgese）断言海洋不同于地球——其居民不分国界，其各种生态系统是相互关联的整体的一部分。全球只有一个海洋，传统上以复数形式提及海洋是不准确的，并且会损害那些试图确保其可持续性的事业。③ 如帕特里西奥·伯纳尔（Patricio Bernal）等指出的那样，仅仅由于流体的性质，海洋应该被视为一个整体。④ 美国国家海洋教育者协会在面向

① Durussel C. , Wright G. , Wienrich N. , et al. , *Strengthening Regional Ocean Governance for the High Seas: Opportunities and Challenges to Improve the Legal and Institutional Framework of the Southeast Atlantic and Southeast Pacific*, Potsdam: Institute for Advanced Sustainability Studies, 2018.

② Jang J. , et al. , "Regional Governance from a Comparative Perspective", in V. M. González-Sánchez ed. , *Economy, Politics and Governance Challenges*, New York, NY: Nova Science Publishers, 2016, pp. 1 – 16.

③ Mann Borgese E. , ed. , *Ocean Yearbook*, Chicago: Chicago University Press, Vol. 13, 1998, pp. 245 – 278.

④ P. Bernal, "For the Ocean", in G. Holland and D. Pugh, eds. , *Troubled Waters: Ocean Science and Governance*, Cambridge: Cambridge University Press, 2010, pp. 13 – 27.

其所有年龄段学习者对海洋科学基本原则和基本概念中的说法，第一个原则是“地球有一个具有许多特征的大海洋”。[①] 按照这一逻辑，海洋之所以被划分为不同的区域，不过只是为了更方便于对海洋的理解，而且这种理解往往是不准确的，不利于提高公众对于海洋重要性的认识。例如，美国国家海洋和大气管理局指出，海洋只是一个全球海洋，但为了方便和便于参考，它在地理上被划分为不同的命名区域。[②] 也正如《联合国海洋法公约》在其序言中指出的，海洋空间的问题是密切相关的，需要作为一个整体来解决。

然而，全球海洋治理机制在本质上是部门性的，基于管理和监管渠道，主要针对个别行业和活动，规则和条例来自无数监督实体，而这些部门性方法被证明往往是失败的。[③] 因此，全球治理体系的无效性主要体现在制度的碎片化，缺乏整合性、凝聚力和总体方向。[④] 例如，联合国海洋法公约旨在成为总体治理框架或“海洋宪法”，它建立了不同的海洋管辖区域，确立了领海、专属经济区和大陆架等制度。此外，国际海洋空间受近 600 项双边和多边环境协定的监管。[⑤] 而在特定国家内，几乎每个部委/部门都涉及海洋管理和监管的某些方面。加上那些拥有多个管辖区和海岸线的国家，人们很容易理解复杂性会迅速增加。最重要的是，还有一些区域组织，例如区域渔业管理组织，专注于特定地理区域内的一个特定主题或活动。国际组织以联合国教科文组织世界遗产地的形式正式认证了对受威胁生态系统的努力遭到了一些国家政府的积极

---

① Ocean Literacy Network, “Ocean Literacy: The Essential Principles of Ocean Sciences for Learners of All Ages, Version 2”, March 2013, http://oceanliteracy.wp2.coexploration.org/brochure/.

② US Department of Commerce, National Oceanic and Atmospheric Administration (NOAA), “How Many Oceans Are There?”, https://oceanservice.noaa.gov/facts/howmany-oceans.html.

③ U. Bähr de, *Ocean Atlas*, Kiel: Bonifatius GmbH Druck-Buch-Verlag, 2017, pp. 44 – 45.

④ Wendy Watson-Wright, J. Luis Valdés, “Fragmented Governance of Our One Global Ocean”, pp. 16 – 22.

⑤ IOC/UNESCO, IMO, FAO, et al., “A Blueprint for Ocean and Coastal Sustainability: An Inter-agency Report on the Preparation for the UN Conference on Sustainable Development”, Paris: IOC/UNESCO, 2011, http://www.unesco.org/fileadmin/MULTIMEDIA/HQ/SC/pdf/interagency_ blue_ paper_ ocean_ rioPlus20.pdf, p. 22.

抵制，这些政府优先考虑高价值自然资源的经济发展。[①] 正如本书所讨论的，在正在进行的联合国公海条约谈判中，范围广泛的参与者正在就截然不同的方法进行谈判，从严格的自然保护区到完全开放使用的区域。[②] 参与者可能共享可持续海洋治理的目标，但对它的解释不同或优先考虑不同的解决方案路径。[③] 此外，某些有影响力的演员群体通常控制着关于为什么要发生转变以及如何发生转变的叙述。联合国公海条约谈判就是这种情况，讨论由某些知名国家和非政府组织为主导，而土著声音和小岛屿发展中国家的观点则被边缘化。[④]

然而，在几十年前就开始有人认识到，"并非所有国际环境问题都需要在全球层面上解决"，[⑤] 现在，越来越多的人认为虽然通过国际条约可以更好地解决一些与海洋有关的问题，但海洋和沿海问题的解决方案差异很大，通常最好在区域一级解决。[⑥] 虽然全球公约和机构往往在建立普遍规范和原则方面取得了成功，但没有必要在全球层面处理所有国际问题，有时为区域问题提供更多地方性法律和制度解决方案是适当的。

由于联合国环境规划署（UNEP）通过海洋计划所采取的方向，随后的区域海洋计划不仅获得了领导性的政治作用，而且还成为建立管理计划的沃土。特别是，区域方法受到两个因素的推动：第一，沿海国家倾向于采取行动计划来解决环境问题，并可能刺激沿海地区的经济增长；

---

① Morrison T. H. , et al. , "Political Dynamics and Governance of World Heritage Ecosystems", *Nature Sustainability*, Vol. 3, 2020, pp. 947 – 955.

② Robert Blasiak et al. , "Corporate Control and Global Governance of Marinegenetic Resources", *Science Advances*, Vol. 4, 2018, pp. 1 – 7.

③ Gray N. J. , Gruby R. L. , and Campbell L. M. , "Boundary Objects and Global Consensus: Scalar Narratives of Marine Conservation in the Convention on Biological Diversity", *Global Environmental Politics*, Vol. 14, 2014, pp. 64 – 83.

④ Decker Sparks J. L. , and Sliva S. M. , "An Intersectionality-based Analysis of High Seas Policy Making Stagnation and Equity in United Nations Negotiations", *Journal of Community Practice*, Vol. 27, 2019, pp. 260 – 278; Vierros, M. K. , Harrison, et al. , "Considering Indigenous Peoples and Local Communities in Governance of the Global Ocean Commons", *Marine Policy*, Vol. 119, 2020, pp. 1 – 9.

⑤ Alheritiere D. , "Marine Pollution Control Regulation: Regional Approaches", *Marine Policy*, Vol. 6, 1982, pp. 162 – 174.

⑥ Leila Mead, "The 'Crown Jewels' of Environmental Diplomacy: Assessing the UNEP Regional Seas Programme", https://www.iisd.org/articles/deep-dive/crown-jewels-environmental-diplomacy-assessing-unep-regional-seas-programme.

第二，人们相信区域范围是实现联合国人类环境会议（1972 年）确定的基本目标的最合适水平，以及联合国系统随之而来的政治冲动。受到 20 世纪 80 年代取得的成果的鼓舞，《21 世纪议程》第 17 章创造了新的刺激因素，重点关注为半封闭和封闭海洋以及任何其他类型的海洋管理制定基于可持续发展计划的前景。

三 区域海洋治理的独特优势

相较于全球海洋治理的路径，区域海洋治理具有自身的独特优势。首先，区域海洋治理优先考虑海洋生态系统或渔业种群的独特性，并应用适当的法律和管理工具。此外，区域海洋治理还能够超越一般原则来应对附近海域的特定威胁，无论这种威胁是来自船舶漏油还是陆地上的废水污染。同样，这一特点也适用于管理特定的区域渔业。其次，区域海洋治理安排可以超越全球保护的要求。最后，区域性方法通常比全球性方法更容易和更快地进行合作，而不像全球性方法那样，更多不同的利益相关者使得利益对比更加明显，也导致谈判更加棘手。[①]

区域层面是建立涵盖整个生态系统的合作框架的最合适层面。这样的框架可以更有效地维护和保护生态系统，同时为参与国提供机会，使其可持续地从其提供的服务中受益。联合国环境署准备了一套指导方针，以支持区域海洋计划制定其战略与相关可持续发展目标的实施。[②] 在方法的选择上，全球性的海洋治理方法已经难以满足日益复杂和多样的海洋治理需求，例如，在海洋生态系统方法的选择上，根据《生物多样性公约》，生态系统方法只是一个规范框架，需要转化为适合特定用户需求的进一步应用方法。生态系统方法的“一刀切”解决方案既不可行也不可取。因此，《生物多样性公约》缔约方应在适用的现有努力的基础上，针对特定生物地理区域和情况来制定生态系统方法应用指南。[③]

---

① UNEP, “Regional Oceans Governance Making Regional Seas Programmes”, *Regional Fishery Bodies and Large Marine Ecosystem Mechanisms Work Better Together*, p. 51.

② Un Environment Regional Seas Reports and Studies No. 199, “Summary of Case Studies on Regional Cross-sectoral Institutional Cooperation and Policy Coherence”, p. 13.

③ COP Decision IX/7, 2008, para. 2 (f).

近年来，国际环境法的区域化已成为最重要的法律趋势之一。就海洋和沿海问题而言，主要是在区域海洋计划、区域渔业机构以及最近的大型海洋生态系统机制内进行。与全球海洋管理方式相比，区域海洋治理机制的附加值可以用“更近、更远、更快”来概括。事实上，他们首先考虑海洋生态系统或鱼类种群的独特性，并应用适当的法律和管理工具。它们超越了一般原则，以应对附近海洋区域的具体威胁（无论是船舶漏油还是陆基废水污染），并管理特定的区域渔业。此外，区域安排可以超越全球保护的要求。最后，更准确地说，区域方法通常比全球方法更容易、更快捷，全球方法中利益相关者更加多元化，利益对比也更加鲜明，这使得谈判更加棘手。

区域制度可以采用基于生态系统的管理方法，将生态系统的生物和物理系统知识与人类需求相结合。区域性海洋治理方法非常适合实施生态系统方法。一方面，生态系统方法必须通过国际合作来实施，因为没有任何一个国家或主管机构对影响沿海和海洋资源或海洋生态系统的所有部门拥有全权，也没有任何一个国家单位可以单独成功地保护和养护海洋生态系统；但另一方面，与没有能力直接影响和/或控制特定生态系统健康的地区以外的国家接触几乎没有什么附加值。这应该鼓励在跨界区域内采取科学、保护和基于位置的措施来保护生态系统。此外，海事政策的成功取决于积极参与特定地理区域和部门的利益相关者的支持和“主人翁”意识。虽然一些全球性问题，例如，减缓气候变化，显然需要一个共同的全球解决方案，让所有造成这些问题的国家参与进来，但其他问题显然需要在区域层面解决，包括生物多样性的某些方面。区域方法赋予量身定制的管理权力，支持共享解决方案的所有权，并反映特定区域的政治、法律和生态特征。国家方法的多样性使得整个大陆难以协调，而有利于区域层面的协调。

第二章
区域海洋治理概述：理念与机制

1972年6月在斯德哥尔摩举行的联合国人类环境会议促成了联合国环境规划的成立，该大会的2997号决议明确将环境规划署“作为联合国系统内环境行动和协调的联络点”。[①] 在第一届会议上，海洋被列为规划署的优先行动领域。[②] 1974年，规划署发起“区域海洋计划”，该计划“被认为是一个以行动为导向的计划（Action-oriented Programme），不仅关注环境退化的后果，还关注环境退化的原因，并包含了通过管理海洋和沿海地区解决环境问题的综合方法”，每个区域行动计划都是根据有关政府认为的该区域的需要制定的，旨在“将对海洋环境质量及其恶化原因的评估与海洋和沿海环境的管理和开发活动联系起来”，在方法上，这些行动计划致力于“促进区域法律协定和面向行动的计划活动的并行发展”。[③] 此后，环境规划署理事会多次批准了控制海洋污染以及管理海洋和沿海资源的区域方法，并要求制定区域行动计划。[④]

在1974年规划署发起“区域海洋计划”之前，海洋的区域尺度还仅仅被视为是一个科学问题，往往涉及两个基本的评估需求：一是根据物理化学属性、水体动态和海底地质特征来识别和划定海洋区域；二是提

---

① UNGA, Resolution 2997 (XXVII), 15 December 1972.

② UNEP, *Report of the Governing Council on the Work on its First Session*, New York, United Nations, 12 – 22, June, 1973.

③ UNEP, *Achievements and Planned Development of UNEP's Regional Seas Programme and Comparable Programmes Sponsored by Other Bodies*, UNEP Regional Seas Reports and Studies No. 001, 1982, Preface, p. i.

④ UNEP, *Environmental Problems of the Marine and Coastal Area of Bangladesh: National Report*, UNEP Regiollal Seas Reports and Studies No. 75, 1986, Preface, p. i.

供对于所谓边缘海（如闭海、半闭海等）区域的描述。[①] 易言之，1974年规划署的“区域海洋计划”标志着区域海洋治理从科学技术层面走向了正式的政治进程，其理念也被赋予了更多政治和法律的意涵。

1982 年达成的《海洋法公约》对规划署的计划提供了更为清晰的法律指引，对涉及区域海洋的部分问题作出了规定。例如，公约第九部分对于闭海、半闭海作出了界定并提出了合作的原则与领域。其中公约第122 条对于闭海、半闭海的定义尽管模糊，但一定程度上兼顾了各方的主张，体现了地理与法律的结合。[②] 公约第 123 条则规定了半封闭和封闭海域沿岸国家之间应合作实现的目标范围，分别是：海洋生物资源的管理、养护、勘探和开发；保护和保全海洋环境；科学研究。[③]《海洋法公约》第 123 条的规定尽管不是一项硬性义务，并未使用“应该”（should）等术语，但该条款是对《海洋法公约》通过之前就已经在世界各地存在的国家实践的反映。这些实践体现在 1972 年《奥斯陆倾废公约》、1974 年《赫尔辛基波罗的海公约》和《东北大西洋陆地污染巴黎公约》、1976 年《巴塞罗那保护地中海海洋环境和沿海地区公约》、1978 年《科威特保护海洋环境免遭污染区域合作公约》、1981 年《保护南太平洋海洋环境利马公约》和《保护和开发西非和中非区域海洋和沿海环境阿比让合作公约》，这些公约往往是相关区域海洋治理的核心安排。[④]

如今，为保护环境及其生物多样性而发展区域治理无疑是国际环境法和政策的基石。关于海洋和沿海问题，区域海洋治理主要通过以下三个方式进行：第一，“区域海洋计划”（RSP），其中许多方案得到联合国环境规划署的支持或协调；第二，区域渔业机构（RFB），其中一些是

---

① Adalberto Vallega, “The Regional Scale of Ocean Management”, *Ocean & Coastal Management*, Vol. 39, Issue 3, 1998, p. 179.

② IILSS-International Institute for law of the Sea Studies, “Legal Definition of an Enclosed or Semi-enclosed sea”, 16th April 2021, available at: http://iilss.net/legal-definition-of-an-enclosed-or-semi-enclosed-sea/; Terry Healy and Kenichi Harada, “Editorial: Enclosed and Semi-Enclosed Coastal Seas”, *Journal of Coastal Research*, Vol. 7, No. 1, 1991, pp. i-v.

③ 《联合国海洋法公约》（汉英），海洋出版社 2013 年版，第 87 页。

④ Frank Maes, “The International Legal Framework for Marine Spatial Planning”, *Marine Policy*, Vol. 32, Issue 5, p. 799.

在联合国粮农组织（FAO）的框架下建立的；第三，大型海洋生态系统（LME），包括全球环境基金（GEF）支持的项目。

第一节 区域海洋计划

区域海洋计划是20世纪70年代初，环境署理事会批准了解决海洋污染问题的区域合作方法，并于1974年设立了环境署区域海洋计划。自成立以来，区域海洋计划一直是环境署保护海洋和沿海环境最重要的区域机制。它是一个以行动为导向的计划，开展针对特定区域的活动，汇集了包括政府、科学界和民间社会各界在内的利益攸关方。迄今为止，区域海洋计划覆盖全球18个海洋和沿海地区，有150多个国家参与。

一 “区域海洋计划”的分类

在全球18个“区域海洋计划”项目中，14个区域海洋计划是在环境署的支持下设立的，其中7个计划由环境署根据参与相关区域海洋公约或行动计划的国家的决定直接管理，分别是里海、东亚海、地中海、西北太平洋、中西部和南部非洲海域、西印度洋、大加勒比海。

1998年，里海环境计划（CEP）作为一项地区性总体计划成立，其目的是遏制里海环境状况的恶化，促进该地区的可持续发展，为里海人民谋求长远利益，该计划由沿岸国、欧盟和国际社会通过全球环境基金为其提供资金。2003年，以阿塞拜疆、伊朗、哈萨克斯坦、俄罗斯和土库曼斯坦组成的里海沿岸国签署了《保护里海海洋环境框架公约》（《德黑兰公约》），在所有五个里海沿岸国政府批准之后，《德黑兰公约》于2006年8月12日生效。《德黑兰公约》作为一项总体性法律文件，规定了里海地区环境保护的一般要求和体制机制，是一项基于若干基本原则的框架条约，包括预防原则、污染者付费原则以及获取和交流信息的原则。其关注的两个主要领域是：一是防止、减少和控制污染；二是保护、保全和恢复海洋环境。《德黑兰公约》还包括若干辅助性议定书，分别是：《关于地区防备、应对和合作打击石油污染事件的议定书》《保护里海免受陆地来源和活动污染议定书》《保护生物多样性议定书》《越境环境影响评估议定书》。里海环境计划秘书处海域相关地区机构和计划建立了关系，包括里海保护委员会（CASPCOM）、相关的地区和国际公约秘书处、国际金融机构以及活跃在里海地区的非政府组织等。该计划的主要组织结构包括：成员国组成的缔约方大会；设在瑞士日内瓦联合国环境规划署欧洲办事处内的《德黑兰公约》临时秘书处（TCIS），为缔约方大会和《德黑兰公约》提供组织、行政和技术事务方面的支持；各国公约联络处/官员。

为保护东亚海域海洋和沿海环境，造福今世后代的健康和福祉，《东亚地区海洋环境和沿海地区保护与开发行动计划》（《东亚海行动计划》）于1981年4月通过，该计划于1994年重新修订，重点关注长期监测和环境评估、海洋资源利用与保护、监测和环境评估计划的开发和维护、重要生态系统恢复及生态或经济重要物种和群落恢复的管理方面、污染监测质量保证、能力建设等领域。该计划的实施由东亚海协调机构（COBSEA）负责监督，该机构也是《东亚海行动计划》的唯一决策机构。作为一个地区政府间机制，东亚海协调机构汇集了包括柬埔寨、中国、印度尼西亚、韩国、马来西亚、菲律宾、泰国、新加坡、越南九个国家，共同开发和保护东亚海域的海洋环境和沿海地区。东亚海洋协调机构由联合国环境规划署管理，秘书处设在泰国。应参与国政府的要求，联合国环境规划署于1993年成立了东亚海洋行动计划区域协调单位，作为东亚海协调机构的秘书处。《东亚海行动计划》的实施以东亚海协调机构政府间会议通过的战略为指导。目前《2018—2022年战略方向》（COBSEA Strategic Directions 2018 - 2022）的重点是：陆源污染；营养物、沉积物以及废水；海洋垃圾和微塑料；海洋和沿海规划及管理；治理、资源调动和伙伴关系。东亚海协调机构第24届政府间会议于2019年通过修订后的《区域海洋垃圾行动计划》（COBSEA Regional Action Plan on Marine Litter，RAP MALI），取代了2008年的计划，确定了共同的优先事项，为解决海洋垃圾问题提供了区域合作框架。东亚海区域计划的主要组织架构除了东亚海协调机构外，还包括各国政府与东亚海协调机构秘书处之间的官方沟通渠道的国家联络点、对《东亚海行动计划》的实施进行总体技术协调和监督的东亚海协调机构秘书处以及东亚海协调机构海洋垃圾工作组。

地中海行动计划（MAP）是地中海各国政府于1975年制定的，作为联合国环境规划署区域海洋计划下的第一个行动计划，其核心是1976年2月16日在西班牙巴塞罗那签署并于1978年2月12日生效的《保护地中海免受污染公约》（《巴塞罗那公约》）。1995年，地中海行动计划作为“保护地中海海洋环境和沿海地区可持续发展行动计划”重新启动。在此背景下，22个缔约方[①]通过了对《巴塞罗那公约》的实质性修正，将其作为“保护地中海海洋环境和沿海地区公约”，其中包括1992年里约会议通过的主要原则，涵盖了海洋和沿海资源的可持续利用和可持续发展。修订后的《巴塞罗那公约》的范围从部门性污染评估和控制扩大到沿海地区综合规划和管理、海洋和沿海资源的可持续利用以及可持续发展背景下的生物多样性保护。目前，《巴塞罗那公约》达成了七项议定书：《防止船舶和飞机倾倒废物污染地中海议定书》（1976）[②]、《关于在紧急情况下合作抗治石油和其他有害物质污染地中海的议定书》（1976）[③]、《保护地中海免受陆源污染议定书》（1980）[④]、《地中海特别

① 阿尔巴尼亚、阿尔及利亚、波斯尼亚和黑塞哥维那、克罗地亚、塞浦路斯、埃及、法国、希腊、以色列、意大利、黎巴嫩、利比亚、马耳他、摩纳哥、黑山、摩洛哥、斯洛文尼亚、西班牙、叙利亚、突尼斯、土耳其和欧盟。

② 该议定书1978年生效，其目的是采取一切适当措施，最大限度地防止、减轻和消除倾倒废物或其他物质对地中海的污染。1995年，对1976年《倾倒议定书》进行了修订，形成了1995年《防止和消除船舶和飞机倾倒或焚烧废物污染地中海议定书》（尚未生效）。根据1995年的《议定书》，除《议定书》所列的以下废物或其他事项外，禁止一切倾倒活动：疏浚材料、鱼类废物、船只（2000年12月31日之前）、平台和未受污染的惰性地质材料。

③ 该议定书1978年生效。2002年，1976年议定书被2004年生效的《关于在紧急情况下合作防止船舶造成污染和防治地中海污染的议定书》所取代。议定书为准备和应对石油和有害有毒物质（HNS）污染事件的国际合作与互助提供了一个区域框架。缔约方必须在本国或与其他国家合作制定应急计划，并辅以最低水平的应对设备、通信计划、定期培训和演习。这适用于船舶、平台和港口。缔约方还被要求在发生污染紧急情况时向其他国家提供援助，并规定对所提供的任何援助进行补偿。

④ 该议定书1983年生效，1996年，《保护地中海免受陆地来源和活动污染议定书》对《陆地来源议定书》进行了修订，该议定书自2006年起生效。议定书的目标是采取一切适当措施，通过减少和逐步淘汰其所列的有毒、持久性和易生物累积的物质，最大限度地预防、减轻和消除陆地来源和活动对地中海的污染。根据该议定书，点源排放和污染物排放受制于各国的授权或监管制度，考虑因素包括排放物的特征和组成，以及对海洋生态系统和海水使用的潜在损害。为执行《陆地生物多样性议定书》，制定了包含具体措施和时间表的区域行动计划和国家行动计划。

保护区议定书》(1982)[①]、《保护地中海免受因勘探和开发大陆架和海床及其底土而造成的污染议定书》(1994)[②]、《防止危险废物越境转移及其处置污染地中海议定书》(1996)[③]、《地中海沿海地区综合管理议定书》(2008)[④]。地中海行动计划的组织机构包括协调中心、主席团、地中海可持续发展委员会（MCSD）、遵约委员会等。

西北太平洋行动计划于1994年9月启动，全称为《西北太平洋地区海洋和沿海环境的保护、管理和发展行动计划》（NOWPAP），目前的成员国包括朝鲜、日本、中国、韩国和俄罗斯。西北太平洋行动计划的目标是明智地利用、开发和管理沿海和海洋环境，为该地区的人民获得最大的长期利益，同时为子孙后代保护人类健康、生态完整性和该地区的可持续性。由联合国环境规划署和国际海事组织联合建立的西北太平洋行动计划海洋环境应急准备和响应区域活动中心（MERRAC）支持成员国开展能力建设，协调石油和有害及有毒物质（HNS）泄漏的准备和响应工作，并实施西北太平洋行动计划“区域石油和有害及有毒物质泄漏

---

① 1982年通过，后被《地中海特别保护区和生物多样性议定书》（简称《SPA/BD议定书》）取代，后者于1995年通过，1999年生效。《SPA/BD议定书》为地中海生物多样性的保护和可持续利用提供了区域框架。《议定书》要求缔约方：（1）通过建立特别保护区（SPA）或地中海重要特别保护区（SPAMI），保护具有特殊自然或文化价值的地区；（2）保护《议定书》中列出的受威胁或濒危动植物物种。议定书附件Ⅰ规定了建立地中海重要保护区的共同标准，附件Ⅱ提供了濒危和受威胁物种清单，附件Ⅲ提供了开发受管制物种清单。对附件Ⅱ和附件Ⅲ进行了修订，以跟上物种状况的变化。为保护、保存和管理《议定书》所列物种，制订了区域行动计划，其中包括具体行动。

② 简称《近海议定书》，于1994年通过，2011年起生效。涉及地中海近海石油和天然气活动的各个方面。其中包括采取措施减少近海活动各阶段造成的污染（如减少采出水中的石油、大幅限制钻井液和化学品的使用和排放以及拆除废弃的近海设施）、应对近海污染事故以及有关责任和赔偿的措施。

③ 简称《危险废物议定书》，于1996年通过，2008年起生效。总体目标是保护人类健康和海洋环境免受危险废物的不利影响。《议定书》的条款涉及以下主要目标：（1）减少并在可能的情况下消除危险废物的产生；（2）减少危险废物越境转移的数量；（3）建立适用于允许越境转移情况的监管制度。

④ 简称《ICZM议定书》，于2008年通过，2011年生效。议定书为地中海沿海地区的综合管理提供了法律框架。议定书要求缔约方采取必要措施，加强区域合作，以实现沿海地区综合管理的目标。这些措施包括旨在保护某些特定沿海生态系统特征的措施（如湿地和河口、海洋生境、沿海森林和树林以及沙丘）、旨在确保沿海地区可持续利用的措施以及旨在确保沿海和海洋经济适应沿海地区脆弱性质的措施。

应急计划”（RCP）[1]，该计划使成员国能够在发生重大泄漏事故时请求其他国家提供援助。区域协调机构作为指导和促进西北太平洋行动计划活动的中枢，全面负责执行西北太平洋计划成员关于行动计划运作的决定。行动计划的高级管理机构为政府间会议（IGM），为计划提供政策指导并作出决策，还有包括秘书处以及区域活动中心（RAC）等协调和实施行动计划的相关活动。西北太平洋中期战略（MTS）是成员国、区域活动中心和区域协调单位开展活动以实现其总体目标的战略指导。

西部与中部非洲（West and Central Africa）海洋计划是该地区各国于1981年举行会议并签订《合作保护、管理和开发西非和中非地区大西洋沿岸海洋和沿海环境公约》（《阿比让公约》）后建立的，该公约于1984年生效。截至目前，该公约共有19个缔约方。[2] 作为一项框架性协定，《阿比让公约》其诞生源于采取区域方法防止、减少和控制西非、中非和南部非洲海洋环境、沿海水域和相关河流水域污染的需要。该公约为海洋和沿海环境、知识、环境危害、污染、栖息地、生物多样性、资源的可持续利用以及可能对生态系统健康产生负面影响的其他活动提供了一个合作框架。该公约还包含以下议定书：《沿海地区综合管理议定书》《可持续红树林管理议定书》《关于近海石油和天然气勘探和开采活动的环境规范和标准的议定书》《关于合作保护和开发西非、中非和南部非洲区域海洋和沿海环境免受陆地来源和活动（LBSA）影响的议定书》以及《关于在西非和中非地区紧急情况下合作防治污染的议定书》。2019年《阿比让公约》全权代表会议又通过了5项议定书：《卡拉巴尔可持续红树林管理议定书》《关于陆源和活动污染的大巴萨姆议定书》《马拉博海上石油和天然气活动环境标准和准则议定书》《黑角海岸带综合管理议定书》《红树林生态系统可持续发展议定书》，确定并通过了《非洲

---

① 西北太平洋行动计划“区域漏油应急计划”于2003年通过，2008年对该计划进行了修订，已涵盖有害和有毒物质。

② 批准《阿比让公约》的缔约方有：贝宁、喀麦隆、刚果共和国、科特迪瓦、加蓬、冈比亚、加纳、几内亚、利比里亚、尼日利亚、塞内加尔、塞拉利昂、南非和多哥。安哥拉、佛得角、刚果民主共和国、赤道几内亚、几内亚比绍、毛里塔尼亚、纳米比亚、圣多美和普林西比位于《阿比让公约》地区，但尚未批准该公约。

综合海洋管理政策阿比让宣言》。该行动计划由缔约方协调中心负责协调各国实施《公约》及其议定书的工作，并由设在科特迪瓦阿比让的秘书处负责协调公约的相关活动。

西印度洋/东非区域海洋计划是环境规划署理事会于 1980 年 4 月 29 日第 8/13C 号决定设立的，该地区各国于 1985 年举行会议，通过了《保护、管理和开发东非地区海洋和沿海环境公约》（《内罗毕公约》），该公约于 1996 年 5 月 30 日生效。2010 年，内罗毕公约秘书处召开了全权代表会议和第六次缔约方大会（COP6），审议并通过了《经修正的保护、管理和开发西印度洋海洋和沿海环境的内罗毕公约》。该公约下的议定书包括：《保护西印度洋海洋和沿海环境免受陆地来源和活动污染议定书》《关于东非地区保护区和野生动植物的议定书》《关于在东非地区紧急情况下合作防治海洋污染的议定书》以及即将通过的《沿海地区综合管理议定书》。作为《内罗毕公约》的主要决策机构，缔约方大会（COP）由各国专家组成，[①] 大会每两年召开一次，审查《公约》和《议定书》的执行情况。[②] 其他组织架构还包括缔约方与秘书处之间主要沟通渠道的国家联络点，作为《公约》和工作计划实施的中央管理机构的秘书处，处理本地区新出现的问题的专家组/工作队以及负责《内罗毕公约》协调的区域协调机构等。

加勒比环境计划是大加勒比区域（WCR）各国政府鼓励联合国环境规划署发起的，1981 年，该地区各国制定了《加勒比环境方案行动计划》，该计划获得 22 个国家的通过，并促使制定了《保护和开发大加勒比区域海洋环境公约》（《卡塔赫纳公约》）作为其法律框架。1983 年 3 月，全权代表会议在哥伦比亚卡塔赫纳德印第亚斯举行，通过了《卡塔赫纳公约》，该公约随后于 1986 年 10 月 11 日生效。作为大加勒比地区唯一的框架性公约，《卡塔赫纳公约》有三项议定书作为补充，1983 年 3 月 24 日与《公约》同时通过并于 1986 年 10 月 11 日生效的《关于在

---

① 缔约方包括科摩罗、法国、肯尼亚、马达加斯加、毛里求斯、莫桑比克、塞舌尔、索马里、坦桑尼亚和南非。

② 缔约方大会闭会期间还有一个较小的小组，即缔约方主席团，负责处理与《公约》执行有关的问题。

大加勒比地区合作防止石油泄漏的议定书》（《石油泄漏议定书》）[①]；于1990年1月18日通过，2000年6月18日生效的《保护和开发大加勒比区域海洋环境公约关于特别保护区和野生生物的议定书》（《特别保护区和野生生物议定书》）[②]；于1999年10月6日通过，2010年8月13日生效的《保护和开发大加勒比区域海洋环境公约关于陆地来源和活动的污染的议定书》（“LBS议定书”）[③]。大加勒比区域计划的组织架构主要包括由环境规划署区域协调机构担任的秘书处，以及实施和协调与《卡塔赫纳公约》及其议定书有关的活动的区域活动中心（RAC）[④] 和区域活动网络（RAN）等。

而七个计划则由主办和/或提供服务的其他区域组织管理。不过，这些计划在为各自区域制定相关公约或行动计划方面得到了环境署的初步支持。这七个计划分别是：红海和亚丁湾、黑海、“海洋环境保护区域组织”（ROPME）海域、东北太平洋、南亚海、东南太平洋、太平洋区域。

红海和亚丁湾区域海洋计划起源于1974年环境规划署支持下与阿拉伯联盟教育、文化及科学组织（ALECSO）合作发起的“红海和亚丁湾环境计划”（PERSGA）。1982年，该计划签署了《保护红海和亚丁湾环境地区公约》（《吉达公约》）。除该公约外，1982年会议还制定并签署

---

① 《卡塔赫纳公约》和《石油泄漏议定书》的26个缔约方是：安提瓜和巴布达、巴哈马、巴巴多斯、伯利兹、哥伦比亚、哥斯达黎加、古巴、多米尼克、多米尼加共和国、法国、格林纳达、危地马拉、圭亚那、洪都拉斯、牙买加、墨西哥、荷兰、尼加拉瓜、巴拿马、圣基茨和尼维斯、圣卢西亚、圣文森特和格林纳丁斯、特立尼达和多巴哥、联合王国、美国和委内瑞拉。

② 缔约方为安提瓜和巴布达、巴哈马、巴巴多斯、伯利兹、哥伦比亚、古巴、多米尼加共和国、法国、圭亚那、洪都拉斯、荷兰、巴拿马、圣卢西亚、圣文森特和格林纳丁斯、特立尼达和多巴哥、美国和委内瑞拉。

③ 缔约方是安提瓜和巴布达、巴哈马、巴巴多斯、伯利兹、哥斯达黎加、多米尼加共和国、法国、格林纳达、圭亚那、洪都拉斯、牙买加、巴拿马、圣卢西亚、特立尼达和多巴哥以及美国。

④ 目前有四个区域活动中心：(1)《石油泄漏议定书》活动中心，位于库拉索岛的大加勒比区域海洋污染应急信息和培训中心（RAC REMPEITC-Caribe）与国际海事组织密切合作；(2) LBS议定书，古巴运输研究与环境管理中心（RAC CIMAB），特立尼达和多巴哥海洋事务研究所（RAC IMA）；(3) 特立尼达和多巴哥海洋事务研究所特别保护区和野生生物区域活动中心（SPAW RAC），设在瓜德罗普岛；(4) CIMAB区域活动中心、REMPEITC-加勒比区域活动中心和海洋事务研究所与AMEP分计划密切合作，而SPAW区域活动中心则支持SPAW分计划。

了另一项具有法律拘束力的重要文书——《保护红海和亚丁湾海洋环境和沿海地区行动计划》。同时该海洋区域还签署了以下议定书：1982 年与《吉达公约》一起签署的《关于在紧急情况下开展区域合作防治石油和其他有害物质污染的议定书》；2005 年签署的《关于在红海和亚丁湾保护生物多样性和建立保护区网络的议定书》以及《关于在红海和亚丁湾保护海洋环境免受陆上活动影响的议定书》，另外还有《关于在海洋紧急情况下交换专家、设备和材料的议定书》和《关于在红海和亚丁湾合作管理渔业和海产养殖的议定书》两项已经定稿正在签署和批准之中的议定书。在组织架构方面，根据《吉达公约》第 3 条，1995 年成立了保护红海和亚丁湾环境区域组织（PERSGA），该组织是一个政府间组织，由七个成员国负责环境事务的部长理事会管理，负责批准技术和财务政策。此外，该区域还设立了保护红海和亚丁湾环境区域组织部长理事会以及负责计划、项目、活动和日常事务秘书处。

黑海区域由保护黑海免受污染委员会（BSC）通过其常设秘书处，执行《保护黑海免受污染公约》（《布加勒斯特公约》）以及黑海环境保护和恢复议定书和战略行动计划。该公约于 1992 年 4 月在布加勒斯特签署，并于 1994 年年初获得黑海地区所有六个国家批准。该公约还包括以下议定书：《保护黑海海洋环境免受陆地来源污染议定书》（《陆地来源议定书》）；《保护黑海海洋环境免受倾倒污染议定书》；《关于在紧急情况下合作防治石油和其他有害物质污染黑海海洋环境的议定书》以及《黑海生物多样性和景观保护议定书》（《生物多样性公约议定书》）。2009 年在保加利亚索非亚通过的《黑海环境保护与恢复战略行动计划》取代了 1996 年《黑海战略行动计划》，区分了该地区的三种主要环境管理方法：黑海综合管理区、生态系统方法和流域综合管理。黑海区域的组织架构由缔约方[①]、各国专员、常设秘书处、地区活动中心等机构组成。

“海洋环境保护区域组织”（ROPME）海域曾被称为科威特行动计划

---

① 保加利亚共和国（保加利亚）、格鲁吉亚、罗马尼亚、俄罗斯联邦、土耳其共和国和乌克兰。

区域，由“海洋环境保护区域组织”[1] 八个成员国所包围。“海洋环境保护区域组织”一词是各成员国全权代表为表示 1978 年《科威特区域公约》所涵盖的区域达成一致而创造的，1979 年海洋环境保护区域组织成立，该组织由三个行政机构（理事会、秘书处和司法委员会）、科学机构和法律文书（议定书和指南）组成。该区域海洋计划的框架性文件为《科威特保护海洋环境免受污染区域合作公约》以及相关议定书：《关于紧急情况下打击石油和其他有害物质污染区域合作的议定书》（1978）、《关于大陆架勘探和开发造成的海洋污染的议定书 》（1989）、《保护海洋环境免受陆源污染议定书》（1990）、《控制危险废物和其他废物海洋越境转移和处置议定书 》（1998）以及“关于保护生物多样性和建立保护区的议定书草案”。

东北太平洋区域海洋计划目前尚未形成稳定的框架，2002 年 2 月，相关国家签署了《东北太平洋海洋和沿海环境保护与可持续发展合作公约》（《安提瓜公约》），截至 2016 年，危地马拉和巴拿马政府已批准该公约，该公约目前尚未生效。此外，各国政府还批准了一项行动计划，详细说明了有关国家将如何改善东北太平洋的环境，造福人类和野生动物。该计划的关键部分包括：解决污水和其他污染物问题；沿海生态系统和生态环境的物理改变和破坏；渔业资源的过度开发和富营养化的影响。

南亚环境合作计划（SACEP）是一个政府间组织，由南亚国家于 1981 年 2 月在斯里兰卡科伦坡举行的发起南亚环境合作计划高级别会议上成立的，旨在促进和支持该地区环境的保护、管理和改善。自 1995 年起，它还是南亚海洋计划的秘书处，覆盖南亚五个海洋国家[2]和三个内陆国家[3]。1981 年 2 月，在斯里兰卡科伦坡举行的部长级会议上批准了《关于南亚环境合作计划的科伦坡宣言》（《科伦坡宣言》）和启动《南亚环境合作计划组织章程》。该行动计划的组织架构包括负责确定政策、

---

① 巴林、伊朗、伊拉克、科威特、阿曼、卡塔尔、沙特阿拉伯和阿联酋。

② 孟加拉国、印度、马尔代夫、巴基斯坦和斯里兰卡。

③ 阿富汗、不丹和尼泊尔是流入南亚海洋的重要流域，因此也是该海洋计划的重要利益攸关方。

战略和计划审议及审查的理事会（GC），负责促进执行理事会确定的政策、战略和计划的协商委员会，每个成员国都有责任指定的国家协调中心（NFP），不断审查《行动计划》的实施和执行情况并就所有实质性问题和财务问题作出政策决定的政府间部长会议（IMM），以及由总干事领导、设在斯里兰卡科伦坡的南亚环境合作计划秘书处。

南太平洋常设委员会（CPPS）是1952年根据智利、哥伦比亚、厄瓜多尔和秘鲁之间的协定成立的一个政府间机构。根据1966年1月14日《秘鲁帕拉卡斯公约》的规定，南太平洋常设委员会是一个国际法律实体。随着《保护东南太平洋海洋环境和沿海地区公约》（《利马公约》）的签署，《东南太平洋行动计划》于1981年获得通过。公约缔约方智利、哥伦比亚、厄瓜多尔、巴拿马和秘鲁承诺保护和保全东南太平洋的海洋环境和沿海地区，使其免受各种类型和来源的污染，同时考虑到海洋区域内各国之间在经济、社会和文化方面相互联系的重要性。南太平洋常设委员会是《保护东南太平洋海洋环境和沿海地区行动计划》的执行秘书。该行动计划是在南太平洋常设委员会（CPPS）、环境规划署和大约二十多个机构、方案和公约秘书处之间的机构间合作框架内实施的。几年前，该地区与太平洋环境方案秘书处（SPREP）签署了一项历史性协议，合作保护太平洋更广阔的地区。相关文书除了《利马公约》和《行动计划》之外，还包括相关议定书和协定：1991年签署2013年修订的《保护东南太平洋海洋环境和沿海地区行动计划》、《东南太平洋海洋和沿海保护区养护和管理议定书》（1989）、《保护东南太平洋免受放射性污染议定书》（1989）、《打击东南太平洋碳氢化合物和其他有害物质污染区域合作协定补充议定书》（1983）、《保护东南太平洋免受陆地来源污染议定书》（1983）、《关于在紧急情况下与东南太平洋碳氢化合物和其他有害物质污染作斗争的地区合作协定》（1981）、《关于组织开发和保护南太平洋海洋资源常设委员会的公约》（1952）。该区域计划的组织架构包括国家协调中心、磋商小组、执行秘书处、作为最高政治决策机构的总管理局以及若干工作组、专家组和网络。《南太平洋常设委员会战略计划》是南太平洋常设委员会的长期路线图，是该区域计划实现其愿景与可持续发展目标的工具。

南太平洋区域环境方案始于20世纪70年代末，是南太平洋委员会（现为太平洋共同体）内的一项环境方案，由南太平洋委员会、南太平洋经济合作局（现为太平洋岛屿论坛秘书处）、联合国亚太经社会和联合国环境规划署联合发起，最终成为联合国环境规划署区域海洋方案的一个组成部分。1982年的南太平洋人类环境会议进一步推动了该计划的发展，该方案在会上被正式命名为南太平洋区域环境方案。经过一段时间的扩展和审议，南太平洋区域环境方案于1992年离开了努美阿的南太平洋委员会，作为一个自治组织迁往萨摩亚。1993年，太平洋地区领导人齐聚一堂，正式达成《南太平洋区域环境计划协定》[①]，并确认其秘书处为太平洋地区主要的政府间环境组织，负责支持各成员国应对本地区环境管理挑战的工作。2004年，考虑到赤道以北的成员国，组织名称中的“南”字改为“秘书处”。相关文书包括：1986年的《保护南太平洋区域自然资源和环境公约》（《努美阿公约》）[②]、《防止倾倒废物污染南太平洋区域议定书》（《努美阿公约倾倒议定书》）、《南太平洋地区合作防治污染紧急情况议定书》（《努美阿公约紧急情况议定书》）、1995年的《禁止向论坛岛屿国家输入有害和放射性废物并管制有害废物在南太平洋区域境内越境转移和管理的公约》（《瓦伊加尼公约》）以及1976年签署2006年中止的《南太平洋自然保护公约》（《阿皮亚公约》）。该计划的组织架构包括南太平洋区域环境方案由总干事领导的秘书处、南太平洋区域环境方案会议以及执行委员会等。

最后，独立设立了四个区域海洋计划，并作为独立计划运作。然而，他们被邀请参加区域海洋计划的全球会议，分享经验，成为结对安排的缔约方，并交换政策建议和支持。这四个区域海洋计划分别是：南极海域、北极海域、波罗的海与东北大西洋海域。（见表2-1）

---

① 有26个成员国，其中14个是太平洋岛国，7个是领土，5个是在该区域有直接利益的宗主国。南太平洋区域环境方案的成员国和地区包括美属萨摩亚、澳大利亚、库克群岛、密克罗尼西亚联邦、斐济、法国、法属波利尼西亚、关岛、基里巴斯、马绍尔群岛共和国、瑙鲁、新喀里多尼亚、新西兰、纽埃、北马里亚纳群岛联邦、帕劳、巴布亚新几内亚、萨摩亚、所罗门群岛、托克劳、汤加、图瓦卢、联合王国、美国、瓦努阿图、瓦利斯群岛和富图纳群岛。

② 12个SPREP成员是《努美阿公约》的签署方，其中大多数也是《公约》内通过的两项议定书的签署方。

表 2-1　　区域海洋计划的类型

类型	主要特征	相关地区
环境署管理的区域海洋计划	秘书处；信托基金的行政管理；环境署提供的财务和行政服务	里海 东亚海 地中海 西北太平洋 西部、中部和南部非洲 西印度洋 大加勒比海
相关区域海洋计划	秘书处不由环境署提供； 财务和预算服务由项目本身或托管区域组织管理； 环境署支持/合作提供	黑海 东北太平洋 太平洋 红海和亚丁湾 ROPME 海 南亚海域 东南太平洋
独立区域海洋计划	未在环境署主持下建立区域框架； 受邀通过 RSP 全球会议参与环境署的区域海洋协调活动； 联合国环境规划署也应邀参加了各自的会议	南极 北极 波罗的海 东北大西洋

资料来源：联合国环境规划署。

自 1959 年《南极条约》通过以来，人们对南极生态系统的健康及其非同寻常的海洋和陆地生物的关注使环境问题一直处于最前沿，1978 年开始，并于 1980 年 5 月 20 日在澳大利亚堪培拉签署了《南极海洋生物资源保护公约》（CAMLR 公约）。1982 年 4 月，为了保护南极海洋生物成立了南极海洋生物资源保护委员会（CCAMLR）。《南极海洋生物资源保护公约》适用于南极辐合带（公约区域）以南的所有南极有鳍鱼类、软体动物、甲壳动物和海鸟种群。南极海洋生物资源保护委员会管理的海洋资源不包括鲸鱼和海豹，因为它们是其他公约，即《国际管制捕鲸公约》和《保护南极海豹公约》——的主题。南极海生委缔约方是指通过批准、接受、核准或加入《公约》而对《公约》作出承诺的国家或区域经济一体化组织，如欧盟。成员包括参加 1980 年通过《公约》的第一次会议的缔约方，以及随后加入《公约》并被委员会接纳为成员的国家。任何对《公约》适用的研究或对采伐活动感兴趣的国家均可加入

《公约》。加入国不参与委员会的决策过程，也不缴纳预算。这些“非使用国”可以根据其对科学的兴趣加入《南极海生委公约》，也可以根据其实际参与科学活动的情况申请加入南极海生委。南极海生委有26个成员国[①]和10个加入国[②]。南极海洋生物资源保护委员会每年举行一次会议，并根据其附属机构，特别是其科学委员会，以及其执行和遵守问题常设委员会（SCIC）的建议，由25个成员国协商一致通过决定——以通过的保护措施或决议的形式。

北极海洋环境保护工作组（PAME）是北极理事会六个工作组之一，重点关注北极理事会的海洋议程，并为旨在保护和可持续利用北极海洋环境的广泛活动提供了一个独特的合作论坛。北极海洋环境保护工作组由来自八个北极理事会国家的代表[③]以及代表北极的永久参与者组织的本土居民代表组成。此外，其他北极附属机构、经认可的观察员和其他北极利益相关者也为北极海洋环境保护工作组正在进行的相关工作作出了贡献。除了其他会议、研讨会和闭会期间工作外，工作组一般每年举行两次会议，评估进展情况并推进工作。PAME开展的活动主要围绕五个广泛的主题：北极航运、海洋保护区、资源勘探和开发、生态系统管理方法和北极海洋污染，北极理事会根据北极高级官员的建议批准的两年期工作计划中。该工作计划是根据北极理事会的《2015—2025年北极海洋战略计划》（AMSP）制订的，该计划提供了一个框架来指导其保护北极海洋和沿海生态系统、促进可持续发展等行动。该区域计划的组织架构还包括北极理事会，北极理事会是一个高级别政府间论坛，提供一个机制来解决北极各国政府和北极人民面临的共同关切和挑战，涉及可持续发展的所有三个主要支柱，即环境、社会和经济。

波罗的海国家于1974年签署了《保护波罗的海地区海洋环境公约》

---

① 成员：阿根廷、澳大利亚、比利时、巴西、智利、中国、欧洲联盟、法国、德国、印度、意大利、日本、大韩民国、纳米比亚、荷兰王国、新西兰、挪威、波兰、俄罗斯联邦、南非、西班牙、瑞典、乌克兰、联合王国、美利坚合众国和乌拉圭。

② 加入国：保加利亚、加拿大、库克群岛、芬兰、希腊、毛里求斯、巴基斯坦伊斯兰共和国、巴拿马共和国、秘鲁和瓦努阿图。

③ 组成：加拿大、丹麦王国、芬兰、冰岛、挪威、俄罗斯联邦、瑞典和美国（负责其各自国家的工作）。

(《赫尔辛基公约》)，1992 年该公约被新的《保护波罗的海地区海洋环境公约》所取代，同年，波罗的海联合综合环境行动计划（JCP）成立。赫尔辛基委员会是《赫尔辛基公约》和《行动计划》的协调机构。此外，2001 年签署了《赫尔辛基委员会哥本哈根宣言》，以确保航行安全以及国家和跨国对海洋污染事件的迅速反应。2003 年，赫尔辛基委员会部长级会议决定，赫尔辛基委员会的所有行动都必须基于“生态系统方法”来管理人类活动。2004 年，通过了更新的《有害物质战略》。

东北大西洋环境保护委员会是 15 个国家政府①和欧盟合作保护东北大西洋海洋环境的机制，作为欧盟成员国的《保护东北大西洋环境公约》(《OSPAR 公约》) 缔约方一致同意，保护东北大西洋环境委员会应成为他们协调在东北大西洋实施欧盟海洋战略框架指令（MSFD）工作的主要平台。欧盟海洋战略框架指令的目标是应用生态系统方法，到 2020 年使欧盟成员国的海洋水域达到良好的环境状况。《保护东北大西洋环境公约》始于 1972 年《奥斯陆反倾销公约》，并通过 1974 年《巴黎公约》扩大到涵盖陆地海洋污染源和近海工业。这两个公约在 1992 年《OSPAR 公约》中得到了统一、更新和扩展。1998 年通过了关于生物多样性和生态系统的新附件，涵盖可能对海洋产生不利影响的非污染性人类活动。《OSPAR 公约》覆盖了整个东北大西洋，分为以下五个子区域：北极水域②、大北海③、凯尔特海④、比斯开湾和伊比利亚海岸⑤、大西洋⑥。《保护东北大西洋环境公约》于 1992 年 9 月 22 日在巴黎开放并签署。该公约与最终宣言和行动计划一起获得了通过。该公约于 1998 年 3

---

① 这十五个政府是比利时、丹麦、芬兰、法国、德国、冰岛、爱尔兰、卢森堡、荷兰、挪威、葡萄牙、西班牙、瑞典、瑞士和英国。

② 该地区从极地一直延伸到格陵兰岛东海岸，包括冰岛、法罗群岛、斯瓦尔巴群岛和挪威大部分海岸线。

③ 该地区从设得兰群岛西部延伸至挪威南部，包括斯卡格拉克海峡和卡特加特海峡（与波罗的海接壤），向下穿过北海到达英吉利海峡，最远到达西南引道。

④ 该地区覆盖英国西海岸至法国布列塔尼的区域，涵盖爱尔兰所有沿海水域。

⑤ 该地区覆盖整个比斯开湾，沿着葡萄牙海岸延伸，然后向东延伸至直布罗陀海峡。

⑥ 从直布罗陀海峡第四区南端延伸的纬度线，向西至格陵兰岛南端的纵向线，该区域主要是公海，包括亚速尔群岛和海底特征，例如，大西洋中脊和各种栖息地，如海山、碳酸盐丘和热液喷口。

月25日生效。《保护东北大西洋环境公约》包含一系列附件，涉及以下具体领域：附件一：预防和消除陆源污染；附件二：倾倒或焚烧污染的预防和消除；附件三：预防和消除近海污染源；附件四：海洋环境质量评估；附件五：关于海域生态系统和生物多样性的保护和养护。此外，该区域还通过决定来推进实施《OSPAR公约》及其战略的工作，这些决定对缔约方、建议书和其他协议具有法律约束力。该区域的组织架构除了保护东北大西洋委员会外，还包括秘书处、观察员以及专题委员会等。

二 “区域海洋计划”的组织架构

“区域海洋计划”的工作由位于内罗毕总部的环境署环境政策实施司海洋生态系统处负责协调。环境署的工作与区域海洋公约和行动计划的结合提高了全球环境政策的整体有效性，同时支持区域一级的有效实施。区域海洋方案嵌入环境署的结构和工作方案中，提供了各区域所处的全球概况和世界背景。这样一个全球框架为各区域提供了所需的一致性，使它们能够更容易地融入全球海洋结构和议程，从而更好地响应全球海洋任务，同时保持其区域特殊性。

在机构结构方面，所有区域海洋计划都至少有一个秘书处，对于环境署管理的区域海洋计划，称为区域协调单位（RCU）[①]，提供包括财务、预算和行政服务在内的管理，主要发挥行政和外交协调作用。

各区域海洋计划的区域合作基础往往以行动计划的方式安排，以解决有关海洋和沿海环境的优先问题。对于一些区域海洋计划，参与国决定通过具有法律约束力的文书和框架公约，因此制定了议定书以支持各方实现共同目标。不同的区域海洋公约和行动计划仍然根据特定区域的需求和优先事项（由相关参与政府确定和决定）制定，同时成为全球环境署计划的一部分，该计划的总体和世界战略是最终由环境署理事机构定义的。在与区域海洋公约和行动计划的关系中，环境署促进了政策的一致性、加强合作与协调以及提高效率。

---

① 区域协调单位的成立是为了支持秘书处的职能以及区域海洋公约和环境署管理的区域海洋方案的行动计划的实施。

一些区域海洋计划还依靠其他体制结构，旨在为各国实施区域法律文书（主要是框架公约的议定书）提供援助和支持。在这方面，区域活动中心（RAC）通过执行三项主要任务发挥其重要作用[①]：第一，通过出版物、白皮书和报告向各国提供相关数据，以便它们能够采用科学的方法作出决策；第二，通过举办会议和研讨会，加强特定领域的区域合作；第三，为公约、议定书和行动计划的实施提供法律和技术援助。然而，出于政治和资金的原因，并非所有区域海洋计划都建立了区域活动中心。使用区域活动中心最先进的地区是地中海和黑海，各有 6 个区域活动中心，其次为加勒比海和西北太平洋，各有 4 个区域活动中心。

其他体制安排包括设立工作组、咨询组或专门委员会，旨在支持秘书处的工作并协助各国政府实施相关区域文书（例如在北极、波罗的海、黑海、西部、中部和南部非洲地区等）。

在地理范围上，每个区域海洋计划都有相对明确的地理界线，大多数区域海洋计划的地理任务仅限于缔约方管辖范围内的区域。截至目前，只有四个区域系统，即南极、地中海、东北大西洋和南太平洋——拥有在国家管辖区域外海域开展活动的具体任务。[②] 还值得注意的是，在东南太平洋，南太平洋常设委员会（CPPS）成员国于 2012 年 8 月 17 日在加拉帕戈斯举行会议，承诺促进成员国"考虑到国家管辖范围以外海洋区域生物和非生物资源的利益"采取协调行动。同样，《阿比让公约》缔约方于 2014 年决定"设立一个工作组，在《阿比让公约》框架内研究国家管辖范围以外区域的海洋生物多样性保护和可持续利用的各个方面"。

就参与方而言，迄今为止，区域海洋计划的参与仅限于海洋区域的沿海国家，有时也仅限于欧盟等区域经济集团。然而，作为"准区域渔业管理组织"，南极海洋生物资源养护委员会对"任何对本公约适用的

① Rochette J., Billé R., "Strengthening the Western Indian Ocean Regional Seas Framework: a Review of Potential Modalities", 2012, https://www.iddri.org/sites/default/files/import/publications/study0212_jr-rb_wio-report.pdf.

② Druel E., Ricard P., Rochette J., et al., "Governance of Marine Biodiversity in Areas Beyond National Jurisdiction at the Regional Level: Filling the Gaps and Strengthening the Framework for Action-Case Studies from the North-East Atlantic, Southern Ocean, Western Indian Ocean, South West Pacific and the Sargasso Sea", 2012.

海洋生物资源的研究或捕捞活动感兴趣的国家”开放（第 XXIX 条）。

在具体任务和目标上，自 2004 年以来，区域海洋公约和行动计划一直在制定《区域海洋战略方向》（Regional Seas Strategic Directions），通过设定共同愿景在全球层面加强区域海洋计划。迄今为止，环境规划署已经发布了《区域海洋战略方向（2004—2007）》《区域海洋战略方向（2008—2012）》《区域海洋战略方向（2013—2016）》《区域海洋战略方向（2017—2020）》《区域海洋战略方向（2022—2025）》五份文件。

第二节 区域渔业治理机制

区域渔业管理组织有着悠久的历史，因为海洋生物资源的性质推动了跨界协议的健全管理。第一个关于海洋生物资源的区域渔业管理组织是 1911 年由美国、英国（加拿大）、日本和俄罗斯签署的《毛皮海豹公约》。加拿大、日本和苏联政府于 1976 年在《北太平洋海豹保护公约》中对其进行了更新。第二个区域渔业管理机构是国际太平洋大比目鱼委员会，根据美国和英国（代表加拿大）签署的公约于 1923 年成立。20 世纪 30 年代曾作出过一些努力，但并未取得进展，且由于第二次世界大战最终未能完全实现。

第二次世界大战后，渔业委员会开始扩大，以应对渔业的迅速扩张。在扩大沿海管辖权之前，这些公约涵盖了现在的国际水域和国家管辖范围内的水域。其中之一是《西北大西洋渔业国际公约》（ICNAF），旨在调查、保护和养护渔业，于 1950 年成立。

一 区域渔业机构的分类

区域渔业机构（RFO）一般分为两类：区域渔业管理组织（RFMO）（见表 2－2）和区域渔业咨询机构（见表 2－3）。粮农组织列出了 40 多个区域渔业机构，其中第 17—18 个被视为区域渔业管理组织，具体取决于如何定义管理。无论如何，只有不到一半的区域渔业机构拥有监管机构，因此达不到区域渔业管理组织的地位。有些将来可能会承担这样的权力。有些是粮农组织的产物，在承担管理权之前可能必须转变为独立机构。

区域渔业机构或区域渔业管理组织没有普遍接受的正式定义。列入粮农组织区域渔业机构名单也不能被视为对某个机构作为区域渔业机构或区域渔业管理组织地位的多边认可。因此，对于区域机构是否属于区域渔业机构或区域渔业管理组织，各国和各实体可能持不同立场。此外，南极海洋生物资源养护委员会（CCAMLR）和红海及亚丁海环境保护地区性组织（PERSGA）被列入联合国粮农组织的区域渔业机构清单，但同时也被联合国环境规划署视为区域海洋计划。纳入红海及亚丁湾环境保护地区性组织的主要动机似乎是预期将在其框架内通过红海和亚丁湾渔业和水产养殖管理区域合作谅解备忘录。

表2－2　**区域渔业管理机构**

序号	区域渔业管理机构
1	中亚及高加索区域渔业和水产养殖委员会（Central Asian and Caucasus Regional Fisheries and Aquaculture Commission）
2	南极海洋生物资源保护委员会（Commission for the Conservation of Antarctic Marine Living Resources）
3	南方蓝鳍金枪鱼保护委员会（Commission for the Conservation of Southern Bluefin Tuna）
4	阿根廷/乌拉圭海事阵线委员会（Commission for the Argentina/ Uruguay Maritime Front）
5	地中海渔业总委员会（General Fisheries Commission for the Mediterranean）
6	美洲热带金枪鱼委员会（Inter-American Tropical Tuna Commission）
7	国际大西洋金枪鱼保护委员会（International Commission for the Conservation of Atlantic Tunas）
8	印度洋金枪鱼委员会（Indian Ocean Tuna Commission）
9	国际太平洋大比目鱼委员会（International Pacific Halibut Commission）
10	国际捕鲸委员会（International Whaling Commission）
11	维多利亚湖渔业组织（Lake Victoria Fisheries Organization）
12	西北大西洋渔业组织（Northwest Atlantic Fisheries Organization）
13	北大西洋鲑鱼保护组织（North Atlantic Salmon Conservation Organization）
14	东北大西洋渔业委员会（North-East Atlantic Fisheries Commission）
15	北太平洋溯河鱼类委员会（North Pacific Anadromous Fish Commission）
16	北太平洋渔业委员会（North Pacific Fisheries Commission）

续表

序号	区域渔业管理机构
17	太平洋鲑鱼委员会（Pacific Salmon Commission）
18	区域渔业委员会（Regional Commission for Fisheries）
19	东南大西洋渔业组织（South East Atlantic Fisheries Organization）
20	南印度洋渔业协定（South Indian Ocean Fisheries Agreement）
21	南太平洋区域渔业管理组织（South Pacific Regional Fisheries Management Organization）
22	中西部太平洋渔业委员会（Western and Central Pacific Fisheries Commission）

资料来源：笔者根据粮农组织等资料自制。

粮农组织的区域渔业机构清单包括北大西洋海洋哺乳动物委员会（NAMMCO），但不包括《南极海豹保护公约》（CCAS）和独立的《北极熊协议》，其中《南极海豹保护公约》是“南极条约体系”（ATS）的一部分。事实上后两个区域性海洋哺乳动物文书都追求可持续利用和保护，两者都在缔约方会议（MOP）中达到顶峰，尽管这些会议大多是非正式的并且没有定期举行。[①] 北极地区还有一些处理海洋哺乳动物可持续利用和保护问题的双边文书和机构，包括联合委员会。[②]

表2－3 **区域渔业咨询机构**

序号	区域渔业咨询机构
1	亚太渔业委员会（Asia-Pacific Fishery Commission）
2	大西洋沿岸非洲国家渔业合作部长级会议（Ministerial Conference on Fisheries Cooperation among African States bordering the Atlantic Ocean）

① Bankes N.，“The Conservation and Utilization of Marine Mammals in the Arctic Region”，in Molenaar，Oude Elferink and Rothwell，eds.，*The Law of the Sea and the Polar Regions：Interactions Between Global and Regional Regimes*，Leiden：Martinus Nijhoff Publishers，2013，pp. 293 – 321；Mossop J.，“Marine Mammals in the Antarctic Treaty System”，in Molenaar，Oude Elferink and Rothwell，eds.，*The Law of the Sea and the Polar Regions：Interactions between Global and Regional Regimes*，Leiden：Martinus Nijhoff Publishers，2013，pp. 267 –292.

② Bankes N.，“The Conservation and Utilization of Marine Mammals in the Arctic Region”，in Molenaar，Oude Elferink and Rothwell，eds.，*The Law of the Sea and the Polar Regions：Interactions between Global and Regional Regimes*，Leiden：Martinus Nijhoff Publishers，2013，pp. 293 –321.

续表

序号	区域渔业咨询机构
3	本格拉洋流委员会（Benguela Current Commission）
4	孟加拉湾计划—政府间组织（Bay of Bengal Programme-Intergovernmental Organization）
5	中东部大西洋渔业委员会（Fishery Commission for the Eastern Central Atlantic）
6	非洲内陆渔业和水产养殖委员会（Committee on Inland Fisheries and Aquaculture in Africa）
7	拉丁美洲和加勒比小规模手工渔业和水产养殖委员会（Commission for Small-Scale and Artisanal Fisheries and Aquaculture of Latin America and the Caribbean）
8	几内亚湾渔业区域委员会（Regional Commission of Fisheries of Gulf of Guinea）
9	加勒比区域渔业机制（Caribbean Regional Fisheries Mechanism）
10	欧洲内陆渔业和水产养殖咨询委员会（European Inland Fisheries and Aquaculture Advisory Commission）
11	几内亚湾中西部渔业委员会（Fishery Committee for the West Central Gulf of Guinea）
12	太平洋岛屿论坛渔业局（Pacific Islands Forum Fisheries Agency）
13	五大湖渔业委员会（Great Lakes Fishery Commission）
14	乍得湖流域委员会（Lake Chad Basin Commission）
15	坦噶尼喀湖管理局（Lake Tanganyika Authority）
16	湄公河委员会（Mekong River Commission）
17	北大西洋海洋哺乳动物委员会（North Atlantic Marine Mammal Commission）
18	拉丁美洲渔业发展组织（Latin American Organization for the Development of Fisheries）
19	中美洲地峡渔业和水产养殖部门组织（Organization for the Fishing and Aquaculture Sector of the Central American Isthmus）
20	东南亚渔业发展中心（Southeast Asian Fisheries Development Centre）
21	太平洋社区（Pacific Community）
22	次区域渔业委员会（Subregional Fisheries Commission）
23	西南印度洋渔业委员会（Southwest Indian Ocean Fisheries Commission）
24	中西大西洋渔业委员会（Western Central Atlantic Fishery Commission）

资料来源：笔者根据粮农组织等资料自制。

将区域渔业机构分为管理性区域渔业机构和咨询性渔业机构，依据的是区域渔业机构是否建立了一个具有管理职权的机构，这一机构有权实施具有法律拘束力的管理和保护措施，例如，中西部太平洋渔业委员会（WCPFC）。后者是仅建立具有咨询职能的机构，其主要提供科学建议，例如，国际海洋考察理事会（ICES），或者提供管理建议，抑或两者兼而有之，例如，中东部大西洋渔业委员会（CECAF）。其他机构的管理建议也可能与渔业发展有关，例如，拉丁美洲组织（Oldepesca）。

依据区域渔业机构的特征差异，还可以将其分为如下几类。一是对特定目标物种的机构，例如美洲热带金枪鱼委员会（IATTC）；或者对特定地理区域内的所有“剩余”目标物种的机构，例如东北大西洋渔业委员会（NEAFC）；又或者对松散定义的地理区域内的特定目标物种的机构，例如南方蓝鳍金枪鱼管理委员会（CCSBT）。二是在粮农组织框架内外设立的区域渔业机构，前者可以基于《联合国粮农组织章程》第六条进行管理，例如中东部大西洋渔业委员会；后者适用于该章程第十四条，例如印度洋金枪鱼委员会（IOTC）。两者差异主要涉及财务、任务授权和自主权问题，其中适用第十四条的机构比适用第六条的机构具有更大的自主权。三是建立的机构不同，部分区域渔业机构建立了一个国际组织，例如南极海洋生物资源养护委员会；其他区域渔业机构建立了缔约方大会（COP）或缔约方会议（MOP），例如中白令海狭鳕资源养护与管理公约（CCBSP）。四是区分海洋渔业机构和内陆水域渔业有关的机构，后者不在本研究的关注范围之内。

南极海洋生物资源养护委员会内部就该机构是否属于区域渔业管理机构进行了讨论，虽然部分人认为该委员会不是区域渔业管理机构，而是“南极条约体系”的组成部分。但是到2002年，人们开始广泛同意，该委员会具有“联合国及其附属机构范围内区域渔业管理机构的属性”。南极海洋生物资源养护委员会内部的成员之间也存在广泛的共识，即该委员会的权限原则上仅限于捕捞、转运和加油等与渔业相关的活动，以及开展科学研究，但不扩展到任何其他人类活动。除了地中海渔业总委员会（GFCM）和北大西洋鲑鱼保护组织（NASCO）外，其他区域渔业管理机构也有能力采取与水产养殖相关的具有法律约束力的保护和管理措施。

对于其他区域渔业机构也可以提出类似的论点。例如，有人可能会说，亚太渔业委员会（APFIC）“不仅仅是区域渔业机构”，因为它们不仅涉及渔业，还涉及水产养殖。同样，国际海洋考察理事会（ICES）的科学建议也可以由渔业管理机构以外的实体委托提供。此外，在通过了预期的红海和亚丁湾渔业和水产养殖管理区域合作谅解备忘录后，红海及亚丁海环境保护地区性组织（PERSGA）可以被归类为“不仅仅是一个区域渔业机构”，而且也可以被归类为“不仅仅是一个区域海洋计划”。虽然前者不会不正确，但后者更合适，因为红海及亚丁海环境保护地区性组织（PERSGA）最初是为了实施红海和亚丁湾区域海洋计划而设立的。南太平洋常设委员会（CPPS）可以用作最后一个例子，它的演变比红海及亚丁海环境保护地区性组织更复杂，因此将其归类为“不仅仅是区域渔业机构”比“不仅仅是区域海洋计划”更合适尽管不明显。

从一般意义上讲，除去内陆水域区域渔业机构外，当前全球共有41个区域渔业机构，其中有21个区域渔业管理机构，5个金枪鱼区域渔业管理组织，16个非金枪鱼区域渔业管理组织以及20个咨询性区域渔业机构，其中提供管理咨询的区域渔业机构17个，提供科学咨询的区域渔业机构3个。

二　区域渔业机构的任务

区域渔业机构的实质性任务和目标首先取决于它们所属的类型。大多数区域渔业管理组织的任务仅为捕捞、渔业相关活动（如转运和加油）以及与渔业相关的研究。但一些区域渔业管理组织和咨询性区域渔业机构也涉及水产养殖。

新旧区域渔业机构在目标之间存在着差异，一些较旧的区域渔业机构专门致力于目标物种的可持续利用和保护，而最新区域渔业机构的目标是推行渔业生态系统方法。如国际大西洋金枪鱼资源保护委员会（ICCAT）专门关注“大西洋中发现的金枪鱼和类金枪鱼种群”，而南太平洋区域渔业管理组织追求渔业生态系统方法，即该公约的目标是通过实施预防性措施的渔业管理方法和生态系统方法，以确保渔业资源的长期养护和可持续利用，并以此保护这些资源所在的海洋生态系统。其他在机构文书中明确规定了渔业生态系统方法的区域渔业机构包括：南极海洋生物资源养护委员会、西北大西洋渔业组织（NAFO）、东北大西洋渔业委员会（NEAFC）、东南大西洋渔业组织（SEAFO）、中西部太平洋渔业委员会（WCPFC）。

三　区域渔业机构的地理范围

在地域范围上，不同的区域渔业机构之间也存在较大的差异。

第一类区域渔业机构仅限于沿海国家管辖海域，即阿根廷—乌拉圭海疆联合技术委员会（CTMFM）、太平洋鲑鱼委员会（PSC）和区域渔业委员会（RECOFI）。参与国或实体（如欧盟和中国台北）通常作为沿海国或公海捕鱼国/远洋捕鱼国（区域外国家）参与区域渔业组织。参与国或实体（即欧盟和中国台北）的参与权利取决于该沿海国/实体海域内相关跨界鱼类种群的出现情况。非沿海国家的参与权可以基于《联合国海洋法公约》第116条规定的公海捕捞自由“对有关渔业的实际利益”。对于跨界和高度洄游鱼类种群，基于《联合国鱼类种群协定》第8（3）条，对于跨界和高度洄游鱼类种群，沿海国也可以在邻近公海捕捞相关跨界鱼类种群，从而发挥与公海捕捞国相同的作用。此外，参加管理跨界或高度洄游鱼类种群的区域渔业机构的沿海国可以授权参加该区域渔业机构的远洋捕鱼国在该沿海国的海域捕鱼。

第二类区域渔业机构仅限或者主要范围是公海，大多数非金枪鱼区域渔业管理组织属于这一类，即中白令海狭鳕资源养护与管理公约（CCB-SP）、西北大西洋渔业组织（NAFO）、东北大西洋渔业委员会（NEAFC）、北太平洋溯河鱼类委员会（NPAFC）、北太平洋渔业委员会（NPFC）、东南大西洋渔业组织（SEAFO）、南印度洋渔业协定（SIOFA）、南太平洋区域渔业组织（SPRFMO）。西北大西洋渔业组织和东北大西洋渔业委员会区分了“公约区”（也包括沿海国家海区）和“监管区”（位于沿海国家海区之外）。西北大西洋渔业组织和东北大西洋渔业委员会的职责首先是与其监管区域有关，但可根据相关沿海国的要求，扩展到其公约区域内的沿海国海域。

第三类区域渔业组织的范围涵盖了公海和沿海国家海域。其中包括五个金枪鱼区域渔业管理组织和一些非金枪鱼区域渔业管理组织，即南极海洋生物资源养护委员会、地中海渔业总委员会（GFCM）、国际太平洋大比目鱼委员会（IPHC）、联合委员会、北大西洋鲑鱼保护组织（NASCO）。就南极海洋生物资源养护委员会（CCAMLR）而言，针对亚南极岛屿附近的沿海国家海区存在特殊制度。就中西部太平洋渔业委员会（WCPFC）而言，一些成员认为其任务授权并不延伸至海洋内水、领海和群岛水域。此外，参加管理跨界或高度洄游鱼类种群的区域渔业机构的沿海国可以授权也参加该区域渔业机构的远洋捕鱼国在该沿海国的海域捕鱼。

第三节　大型海洋生态系统

大型海洋生态系统（LME）机制是根据美国国家海洋和大气管理局（NOAA）的研究和提议的方法。基于美国国家海洋和大气管理局提出的概念，大型海洋生态系统机制旨在对海洋和沿海环境实施从知识到管理的生态系统方法。

一　大型海洋生态系统概况

所谓大型海洋生态系统是指涵盖从河流流域和河口到大陆架向海边界和沿岸流系统向海边缘的沿海地区的海洋空间区域。它们是相对较大的区域，面积约为200000平方千米或更大，具有独特的水深测量、水文学、生产力和依赖营养的种群特征，其初级生产力通常高于公海地区。用大型海洋生态系统这一词来描述的原因在于，从生态角度来看，控制生物群落结构和功能的关键过程最好在区域内解决的概念[①]已经被用于海洋空间，利用海洋生态系统作为海洋研究和监测的独特全球单位，其直接影响所考虑区域内人口更新成功的生物和物理过程的空间维度很大。与监测大型海洋生态系统变化状态相关的理论、测量和建模基于具有多个稳态的生态系统的概念，以及与生态系统变化相关的生物地球物理模

① Kenneth Sherman, Alfred M. Duda, "Large Marine Ecosystems: An Emerging Paradigm for Fishery Sustainability", *Fisheries*, Vol. 24, Issue 12, 1999, pp. 15－26.

式的形成与扩散。[①]

在地理特征方面，一些大型海洋生态系统是半封闭的，例如黑海、波罗的海、地中海和加勒比海。同时，在大型海洋生态系统的地理范围内，可以分为若干部分或者子系统，例如，亚得里亚海是地中海大型海洋生态系统的一个子系统。而另外一些大型海洋生态系统中，是在国家的大陆架范围内定义的，例如冰岛大陆架、澳大利亚西北部大陆架和美国东北大陆架及其四个子系统，即缅因湾、乔治浅滩、新英格兰南部和大西洋中部湾。[②] 一些大陆架区域狭窄且洋流明确的大型海洋生态系统，其入海边界则仅限于受到沿海洋流影响的区域，而不是延伸到全部200海里专属经济区，这些有大型海洋生态系统的沿海洋流有洪堡洋流、加利福尼亚洋流、加那利洋流、黑潮洋流和本格拉洋流。还有一些毗邻陆地的沿海生态系统，往往是受到栖息地退化、污染和海洋资源过度开发压力的地区。[③]

在制度方面，大型海洋生态系统的参与机制通常是项目而不是组织机构，因此与区域海洋计划以及区域渔业机构相比，一般没有正式的成员资格或成为缔约方的程序。大型海洋生态系统项目汇集了沿海国家、国际机构和区域机构。大型海洋生态系统项目旨在让各国与合作伙伴参与生态系统方法，将沿海地区管理和海洋环境包括社会经济方面的活动联系起来。通过启动能力建设，大型海洋生态系统将科学应用于改善沿海和海洋生态系统管理的实际应用。在某些情况下，大型海洋生态系统会建立委员会形式的治理机构，通过大型海洋生态系统项目面向海洋环境开展大规模的评估和监测，并开始纳入政策和治理问题，朝着建立永久性制度结构的方向发展。如果建立了正式组织，例如，东亚海洋环境管理伙伴关系组织（PEMSEA），成员就包括所有相关沿海国家。

自20世纪90年代中期以来，越来越多的发展中国家向全球环境基金（GEF）寻求援助，以改善与邻国共享的大型海洋生态系统的管理。

---

① Simon A. Levin, “The Problem of Pattern and Scale in Ecology: The Robert H. MacArthur Award Lecture”, *Ecology*, Vol. 73, Issue 6, 1992, pp. 1943 - 1967.

② Kenneth Sherman, “Sustainability, Biomass Yields, and Health of Coastal Ecosystems: an Ecological Perspective”, *Marine Ecology Progress Series*, Vol. 112, 1994, pp. 277 - 301.

③ GESAMP, “State of the Marine Environment”, *GESAMP Reports and Studies*, No. 39, 1990.

1991—1994 年，经过 4 年的试点阶段后，全球环境基金正式启动，旨在在可持续发展的背景下加强合作和资助行动，解决全球环境面临的重大威胁，即生物多样性丧失、气候变化、国际水域退化、臭氧消耗以及持久性有机污染。此外，全球环境基金还讨论土地退化尤其是荒漠化和森林砍伐有关的活动。全球环境基金的项目由开发计划署、环境规划署和世界银行来实施，其他机构也有参与机会。[①] 全球环境基金作为 1992 年地球峰会上出现的唯一新资金来源，目前已经有 171 个成员国。在第一个十年，全球环境基金为 156 个发展中国家和经济转型国家的 800 个项目分配了 32 亿美元的赠款融资，并辅以 80 亿美元的额外融资。全球环境基金项目的一部分正在开展的进程，重点关注大中型经济体，以促进国家驱动对政策、法律和体制改革的承诺，以改变对沿海地区造成压力的经济部门中人类活动的方式。

全球环境基金的所有六个主体领域，包括土地退化跨领域主体，都对沿海和海洋生态系统产生了影响。1995 年，全球环境基金理事会通过的《运营战略》中明确了优先事项。其中关于国际水域重点领域的设计符合《21 世纪议程》中第 17—18 章的要求。同年，全球环境基金还将大型海洋生态系统的概念纳入其基金业务战略，作为在可持续发展框架内促进对国际水域重点区域沿海和海洋资源进行基于生态系统的管理工具。与《联合国海洋法公约》相关的联合国海洋事务非正式、不限成员名额协商进程的第二次会议中包括，承认全球环境基金通过其基于科学和生态系统的方法在解决大型海洋生态问题方面作出的贡献。

全球环境基金运营战略建议共享大型海洋生态系统的国家首先解决沿海和海洋问题，方法是联合开展战略进程，分析有关跨界问题及其根本原因的事实、科学信息，并确定跨界问题的行动优先事项，这一过程被称为跨界诊断分析（TDA），它提供了促进各级参与的有用机制。然后各国确定解决国家驱动的战略行动计划（SAP）优先事项所需的国家和区域政策、法律和机构改革及投资。战略行动计划不仅仅是一份文件，

① Sherman K. "IOC-IUCN-NOAA Large Marine Ecosystem", 15th Consultative Committee Meeting, 10, July, 2013, Paris.

描述了参与国共同商定的目标，以及各国和各个组织为实现这些目标而采取的必要行动，它还解决了区域和国家层面的财务和治理问题。跨界诊断分析和战略行动计划使得健全的科学成为政策制定的基础，并培育了一个“地理位置”，在此基础上可以开发基于生态系统的管理方法，[①]更重要的是，可以用来吸引该地理区域的利益相关者，以便他们为可持续发展作出贡献。简言之，大型海洋生态系统的基本目的是通过跨界诊断分析和战略行动计划来促进生态方法和管理，共同解决海洋和沿海开发的所有方面。目前，大多数大型海洋生态系统项目已经产生了跨界诊断分析和战略行动计划机制。

二　大型海洋生态系统的特征

首先，大型海洋生态系统是科学与政策的有机结合。从科学的角度看，通过联合监测与评估流程，包括共享大型海洋生态系统的国家进行联合巡航，经过长期的合作，促进了国家之间建立信任，并克服了报告虚假信息的障碍。更重要的是，通过相关共同体和政府切实执行这种基于生态系统的方法，并且在整个治理过程中，让特定的利益相关方参与到基于地理区域的环境治理活动中，促进海洋科学与政策制定的融合，即健全的科学能够协助特定地理范围内的政策制定，以采用基于生态系统的管理方法来吸引利益相关者。

具体而言，大型海洋生态系统中全球环境基金支持的流程促进了“边学边做”和能力建设，就像全球环境基金中其他重点领域的“赋能活动”一样。这有利于让科学界参与进来，并提供临时成果，作为刺激利益相关者参与的工具。这些进程促进了跨部门一体化，以便可以采取基于生态系统的方法来改进管理机构。这为参与沿海综合管理（ICM）的人员以及处理陆基活动和淡水流域管理的人员提供了一个框架，将其纳入优先事项制定流程。这一过程通过建立一个国家全球环境基金部际

---

① Sherman K.，Hempel G.，eds.，“The UNEP Large Marine Ecosystem Report：Aperspective on Changing Conditions in LMEs of the World’s Regional Seas”，*UNEP Regional Seas Report and Studies*，No. 182，2008.

委员会，在一个国家不同部门利益之间建立信任，然后通过建立一个多部门、政府间全球环境基金项目指导委员会，在共享大型海洋生态系统的参与国家之间建立信任。

其次，大型海洋生态系统方法的重要特点是运用五个模块战略来衡量生态系统的变化状态，并采取补救行动以恢复大型海洋生态系统内的退化条件。这五个模块侧重于测量大型海洋生态系统的一系列指标的应用：一是生产力；二是鱼类与渔业；三是污染和生态环境健康；四是社会经济；五是治理。[①] 后两个指标有时被称为大型海洋生态系统的“人文维度”。[②] 不可否认的是，人们普遍认为，其中的某些模块比其他模块受到更多的关注，尤其是社会经济和治理模块相对欠缺。[③]

再次，大型海洋生态系统的地理范围及其边界基于四个相互关联的生态标准，而非政治或经济标准，即水深测量、水文学、生产力和营养关系。依据这些标准，在大西洋、北冰洋、印度洋和太平洋沿岸边缘划定了64个不同的大型海洋生态系统。[④] 其中美国从1995年以来已经启动了10个大型海洋生态系统。在非洲、亚洲和太平洋地区、拉丁美洲和加勒比地区以及东欧，各国官员一直在与全球环境基金合作，自20世纪90年代以来，他们通过向全球环境基金和联合国工业发展组织（UNIDO）等机构寻求帮助，以恢复和保护其大型海洋生态系统的可持续利用。在过去几十年，欧洲国家对生态系统管理的实际、实用性保持谨慎态度，正如欧洲委员会议会大会的一份报告中所反映的那样，大型海洋

---

① Sherman K., Hempel G., eds., “The UNEP Large Marine Ecosystem Report: Aperspective on Changing Conditions in LMEs of the World's Regional Seas”, *UNEP Regional Seas Report and Studies*, No. 182, 2008.

② Hennessey T., Sutinen J., eds., *Sustaining Large Marine Ecosystems: The Human Dimension*, Amsterdam: Elsevier, 2005.

③ Mahon R., Fanning L., McConney P., “A Governance Perspective on the Large Marine Ecosystem Approach”, *Marine Policy*, Vol. 33, 2009, pp. 317–321; Bensted-Smith R., Kirkman H., *Comparison of Approaches to Management of Large Marine Areas*, Cambridge, UK and Conservation International, Washington DC: Publ. Fauna & Flora International, 2010.

④ Sherman K., Hempel G., eds., “The UNEP Large Marine Ecosystem Report: Aperspective on Changing Conditions in LMEs of the World's Regional Seas”, *UNEP Regional Seas Report and Studies*, No. 182, 2008.

生态系统被提出，并在过去的十年，作为海洋和沿海环境潜在合适的管理单位，尽管这一概念已经在很多出版物中进行了理论上的阐述，并在许多计划中进行了概念性的介绍，但其实际适用性仍需要由严格科学术语进行验证。① 当前，许多发达国家和发展中国家共享大型海洋生态系统，全球环境基金已经表明，它们可以共同努力，采用基于生态系统的方法来进行联合评估和管理。全球环境基金—大型海洋生态系统（GEF-LME）项目表明，基于生态系统的整体方法来管理大型海洋生态系统，包括其海岸及其相关流域的人类活动至关重要，该系统还通了一个所需的基于地点的区域，在该区域内重点关注多种效益。（现有大型海洋生态系统分布，见表2－4）

表2－4　**现有大型海洋生态系统**

序号	大型海洋生态系统
1	东白令海（East Bering Sea）
2	阿拉斯加湾（Gulf of Alaska）
3	加利福尼亚洋流（California Current）
4	加利福尼亚湾（Gulf of California）
5	墨西哥湾（Gulf of Mexico）
6	美国东南部大陆架（Southeast US Continental Shelf）
7	美国东北部大陆架（Northeast US Continental Shelf）
8	斯科舍大陆架（Scotia Shelf）
9	纽芬兰—拉布拉多大陆架（Newfoundland-Labrador Shelf）
10	太平洋岛屿—夏威夷（Insular Pacific-Hawaiian）
11	太平洋中美洲（Pacific Central-American）
12	加勒比海（Caribbean Sea）
13	洪堡洋流（Humboldt Current）
14	巴塔哥尼亚大陆架（Patagonian Shelf）
15	南巴西大陆架（South Brazil Shelf）
16	东巴西大陆架（East Brazil Shelf）

① UNEP, “Regional Oceans Governance Making Regional Seas Programmes”, *Regional Fishery Bodies and Large Marine Ecosystem Mechanisms Work Better Together*, 2016, p. 208.

续表

序号	大型海洋生态系统
17	巴西北大陆架（North Brazil Shelf）
18	加拿大东部北极—西格陵兰（Canadian Eastern Arctic-West Greenland）
19	格陵兰海（Greenland Sea）
20	巴伦支海（Barents Sea）
21	挪威海（Norwegian Sea）
22	北海（North Sea）
23	波罗的海（Baltic Sea）
24	凯尔特—比斯开大陆架（Celtic-Biscay Shelf）
25	伊比利亚沿海（Iberian Coastal）
26	地中海（Mediterranean）
27	加那利洋流（Canary Current）
28	几内亚洋流（Guinea Current）
29	本格拉洋流（Benguela Current）
30	厄加勒斯洋流（Agulhas Current）
31	索马里沿岸流（Somali Coastal Current）
32	阿拉伯海（Arabian Sea）
33	红海（Red Sea）
34	孟加拉湾（Bay of Bengal）
35	泰国湾（Gulf of Thailand）
36	南海（South China Sea）
37	苏禄—西里伯斯海（Sulu-Celebes Sea）
38	印度尼西亚海（Indonesian Sea）
39	北澳大利亚大陆架（North Australian Shelf）
40	澳大利亚东北部大陆架（Northeast Australian Shelf）
41	澳大利亚中东部大陆架（East-Central Australian Shelf）
42	澳大利亚东南部大陆架（Southeast Australian Shelf）
43	澳大利亚西南部大陆架（Southwest Australian Shelf）
44	澳大利亚中西部大陆架（West-Central Australian Shelf）
45	澳大利亚西北大陆架（Northwest Australian Shelf）

续表

序号	大型海洋生态系统
46	新西兰大陆架（New Zealand Shelf）
47	东海（East China Sea）
48	黄海（Yellow Sea）
49	黑潮洋流/日本暖流（Kuroshio Current）
50	日本海（Sea of Japan）
51	亲潮洋流/千岛寒流（Oyashio Current）
52	鄂霍次克海（Sea of Okhotsk）
53	西白令海（West Bering Sea）
54	北白令—楚科奇海（Northern Bering-Chukchi Seas）
55	波弗特海（Beaufort Sea）
56	东西伯利亚海（East Siberian Sea）
57	拉普捷夫海（Laptev Sea）
58	喀拉海（Kara Sea）
59	冰岛大陆架和海洋（Iceland Shelf and Sea）
60	法罗海台（Faroe Plateau）
61	南极（Antarctic）
62	黑海（Black Sea）
63	哈德逊湾综合体（Hudson Bay Complex）
64	北冰洋中部（Central Arctic Ocean）
65	阿留申群岛（Aleutian Islands）
66	加拿大高北极—北格陵兰（Canadian High Arctic-North Greenland）

资料来源：笔者整理相关资料自制。

最后，大型海洋生态系统是生态系统方法与实践相结合的产物。这种基于生态系统的方法，以大型海洋生态系统与各国的参与进程为中心，以建立政治和利益相关者承诺以及部际支持，为扭转海洋生态系统退化开辟道路。实际上，不同的层级在实现大型海洋生态系统的治理方面都可以发挥重要作用，无论是跨界资源还是对于虽不跨界但需要通过大型海洋生态系统级别合作来处理的资源而言，通过规模经济能够弥补国家能力的不足。[1] 国际层面将大型海洋生态系统与全球舞台联系起来，区域和次区域层面提供了跨界一体化和联系，同时，也使得国际层面的做法更适应区域现实。国家层面是通过政策和立法行动落实国际和区域建议和决定的关键，地方层面也是大部分实施工作必要的组成部分，除非个人直接根据国家政策来改变自身的行为。因此，这些层面的共同努力才能保障治理的有效性。在整个管辖范围内，各个级别之间有明显的“嵌套性”，[2] 同时也考虑到每个管辖层级的法律和政治权力的实际分配。[3]

三　大型海洋生态系统的分类与不足

大型海洋生态系统以海洋环境中的生态界限为基础，旨在包括渔业、伐木、采矿、石油和天然气开采、城市扩张等将人类活动，以及来自陆地和海洋污染的影响的科学和管理结合起来。由于这些问题也通过各种区域和部门框架，如区域海洋计划、区域渔业机构以及国际海事组织等来加以解决，因此每个大型海洋生态系统项目都必须建立临时伙伴关系，以从事跨界诊断分析、战略行动计划和其他相关活动。这种伙伴关系通常采取区域指导委员会或国家部际委员会的形式，前者包括政府、联合国和捐助机构，以及区域海洋计划，在某些情况下，还包括区域渔业机构。这些委员会确保国内层面的跨部门协调，在具体的操作中通过三种类型的方法来管理超出其初始项目周期的大型海洋生态系统。

第一类是为大型海洋生态系统创建特定的治理机制，例如，本格拉洋流大型海洋生态系统，将安哥拉、纳米比亚和南非聚集在一起，于2013年3月签署《本格拉洋流公约》，确立自2007年就存在的本格拉洋流委员会（Benguela Current Commission，BCC）作为永久性政府间组织。其任务涵盖国家管辖范围内的海洋水域以及污染和渔业等一系列问题，

---

[1] UNEP，“Regional Oceans Governance Making Regional Seas Programmes”，*Regional Fishery Bodies and Large Marine Ecosystem Mechanisms Work Better Together*，2016，p. 38.

[2] UNEP，“Regional Oceans Governance Making Regional Seas Programmes”，*Regional Fishery Bodies and Large Marine Ecosystem Mechanisms Work Better Together*，2016，p. 17.

[3] UNEP，“Regional Oceans Governance Making Regional Seas Programmes”，*Regional Fishery Bodies and Large Marine Ecosystem Mechanisms Work Better Together*，2016，p. 34.

不过，这一机制如何适应更广泛的区域治理架构，尤其是《阿比让公约》和相关区域渔业机构的治理架构，仍有待进一步确认。同样，东亚海洋环境管理伙伴关系组织（PEMSEA）最初是全球环境基金、联合国开发计划署和国际海事组织于1993年启动的一个关于海洋污染的项目，于2009年获得国际组织法人资格，地理范围涵盖了5个大型海洋生态系统。

第二类是在现有机构框架内建立大型海洋生态系统委员会，例如几内亚海事委员会（GCC）就是这种情况，该委员会基于《阿比让公约》下专门议定书的通过和生效而成立，这对渔业提出了特殊的挑战，而渔业不属于《阿比让公约》任务的一部分。

第三类是合作治理。典型的案例在地中海地区，现有的国际组织，如联合国环境规划署、世界银行被赋予与区域机构（MAP、GFCM……）合作实施两个战略行动计划（SAP-Bio和SAP-Med）的责任。拟议的西印度洋可持续生态系统联盟（WIOSEA）是在厄加勒斯和索马里洋流大型海洋生态系统项目（ASCLME）的背景下与西南印度洋渔业项目（SWIOFP）合作建立的，考虑到现有的组织和任务，该机制是另一种创新的合作治理方法。

尽管如此，国际上对于大型海洋生态系统的质疑和批评从未停止。首先，大型海洋生态系统与各国依据《联合国海洋法公约》所明确的管辖权区域之间存在明显的张力。很少有大型海洋生态系统仅限于单个国家的专属经济区或渔业区，这种大型海洋生态系统与海洋区域尤其是专属经济区之间的不一致可能会造成管辖权问题。专属经济区是政治上划定的海域，而大型海洋生态系统是生态上界定的海域，因此两者之间的边界大相径庭，特别是在高度洄游物种的情况下，大型海洋生态系统跨越了许多专属经济区边界，这使得有效管理大型海洋生态系统变得困难。“基于生态系统的制度往往会与《联合国海洋法公约Ⅲ》中仔细谈判的至少一些管辖制度发生冲突或重叠”，[①] 这就是大型海洋生态系统作为一

---

① UNEP, “Regional Oceans Governance Making Regional Seas Programmes”, *Regional Fishery Bodies and Large Marine Ecosystem Mechanisms Work Better Together*, pp. 210 – 211.

种管理概念在大会上没有得到认可的原因。1992 年的联合国环境与发展会议，在此初步会议上，提出了大型海洋生态系统概念作为《21 世纪议程》第 17 章的主要组织原则。然而，这一建议失败的主要原因是发展中国家不愿意接受对其新获得的专属经济区管辖权的限制并放弃这些国家的主权权利。[①] 此外，公海捕鱼国不想放弃对其公海船只的专属管辖权。

威廉·伯克（William T. Burke）指出，大型海洋生态系统作为一种管理概念“无意也不会解决”沿海国与公海捕鱼国之间现有的管辖权冲突，而只是“以不同且不一定有帮助的方式重申这一点”。[②] 此外，他认为，根据“未定义的（也许在任何特定意义上都无法定义，除非在特定情况下）以及必然变化的大型海洋生态系统概念”来“重新定义”沿海国管辖权的界限，会导致大型海洋生态系统管理理念引发的管辖权问题不仅对全球倡导大型海洋生态系统渔业管理方式的外交努力构成挑战，还成为一些学者质疑的另一个主要原因。这导致对于大型海洋生态系统的适用性和有效性持悲观态度。例如，道格拉斯·约翰斯顿（Douglas Johnston）认为：“基于生态系统的渔业管理可能被证明是行不通的，因为其在‘政治定义’海洋空间中扩大了机构投资”。[③] 加西亚（S. M. Garcia）和哈亚什（M. Hayashi）则总结道：“很明显，这样的系统连续和重叠的管辖权将使生态系统管理难以成为应有的广泛应用和有效的规则。”[④]

作为一种折中方案，有人建议在海洋利用管理计划中考虑生态系统的地理范围需要被定义为“以务实的方式”，基于“利益相关者的参与”

---

① UNEP, “Regional Oceans Governance Making Regional Seas Programmes”, *Regional Fishery Bodies and Large Marine Ecosystem Mechanisms Work Better Together*, p. 212.

② William T. Burke, “Extended Fisheries Jurisdiction and the New Law of the Sea”, in Brian J. Rothschild, ed., *Globle Fisheries: Perspectives for the 1980s*, Berlin-Heidelberg-New York-Tokyo: Springer-Verlag, 1983, pp. 7 – 49.

③ Douglas Johnston, “The Challenge of International Ocean Governance: Institutional, Ethical and Conceptual Dilemmas”, in Donald R. Rothwell, David L. Vander Zwaag, eds., *Towards Principled Oceans Governance: Australian and Canadian Approaches and Challenges*, London: Routledge, 2006, pp. 349 – 387.

④ S. M. Garcia, M. Hayashi, “Division of the Oceans and Ecosystem Management: A Contrastive Spatial Evolution of Marine Fisheries Governance”, *Ocean & Coastal Management*, Vol. 43, Issue 6, 2000, pp. 445 – 474.

和“已经存在的政治和行政系统的人为边界”。这种妥协是基于这样一个事实，即地理边界在许多情况下是困难的严格定义，有时定义是为了满足不同的利益。例如，生态系统通常是“大规模和特定物种的”，而渔业管理区通常被定义为“国家、省、区域和市边界内较小的规模”。此外，次区域的管理一些专家提倡采用“移动海洋学支持系统”（Mobile Oceanography Support System，MOSS）的方法进行海洋和沿海管理。国际开发署（CIDA）资助的泰国湾项目和全球环境基金资助的中美洲堡礁系统可以被视为实验性 MOSS 项目。这种方法背后的基本原理是，全球和宏观区域海洋机制在海洋管理方面“通常太大、太笨拙、太昂贵、政治分歧太大”，无法有效运作。

总之，大型海洋生态系统作为地理单元，既是基于区域的，也是基于生态的，利益相关者对整合重要的国家和多国改革以及国际机构计划的支持可以被动员起来，形成对一系列公约和计划的具有成本效益的集体反应，帮助各国了解退化的根本原因之间的联系，并将所需的变革纳入部门经济活动。通过全球环境基金的援助，大型海洋生态系统正在解决特定地点的海洋问题、邻近沿海地区的问题以及相关淡水盆地的问题。正在支持和测试联合管理机构的运作，以便将生物量和多样性恢复到可持续水平，以满足沿海人口日益增长的需求，并扭转目前因过度捕捞、栖息地丧失和氮过度富集而导致的生态系统完整性急剧下降的情况。

第四节　区域海洋机制的合作与协调

区域海洋治理中的区域海洋计划、区域渔业机构和大型海洋生态系统三种机制是不同阶段且互相独立地构思和设计的，其创建的初衷并非打造一组互补的工具，因此各机制之间的合作与协调是一项重大的挑战。不同类型的治理机制之间的关系在部分时候体现出一定的重叠甚至冲突，而其他时候则具有协调性。三种海洋治理机制之间的合作和协调可以发生在相同类型的机制之间，也可以发生在不同类型的机制之间。大多数情境下，机制间的合作和协调是广泛且多样化的。尽管当前的研究并不能穷尽所有的合作与协调内容，但是本书试图明确相关合作与协调主要类型。

一 区域海洋治理机制的内部协调

区域海洋计划之间的合作与协调，由若干正式或非正式的机制来加以保障。在正式组织和机制方面，联合国环境规划署在协调各区域海洋计划的合作方面发挥着关键作用。首先，区域海洋计划是环境规划署的一项长期方案，环境署为区域海洋计划提供协调和机构支撑；其次，环境署还为执行其管理下的区域海洋计划的公约和行动计划提供方案支持和援助；最后，环境署定期组织区域海洋计划的全球会议，使各区域有机会分享经验并采用全球战略方向。区域海洋计划之间也会达成一些正式的协议，就具体问题开展了合作，如东北大西洋和西非、中非和南部非洲区域以及东北大西洋和波罗的海区域，就相互间的协调与合作签署了谅解备忘录。在一些具体问题方面，东北大西洋环境保护公约（OS-PAR）委员会、赫尔辛基委员会和《巴塞罗那压载水交换公约》缔约方之间开展了一些联合行动。区域海洋计划之间还有一些非正式的协调合作机制，包括通过一个计划的工作人员参加另一个计划的会议来交流经验，如环境规划署优先行动计划/区域活动中心（PAP/RAC）的代表参加了2011年《内罗毕公约》举办的沿海区域管理会议，分享了《巴塞罗那公约》关于制定海岸带综合管理（ICZM）议定书的经验。

区域渔业机构之间的协调与合作，是联合国粮农组织大力促进和鼓励的。自2007年起主办了区域渔业机构秘书处网络（RSN）以及1999—2005年主办了区域渔业机构会议。区域渔业机构之间的定期会议是涉及五个金枪鱼区域渔业管理组织的所谓“神户进程”，以及北大西洋区域渔业管理组织的联席会议。同时，五个金枪鱼区域渔业管理组织也会举行会议，尽管会议的形式不太正式。区域渔业机构通常通过谅解备忘录的方式与其他区域渔业机构正式合作，就此类合作制定常设议程项目，给予彼此观察员的地位，并指派代表参加彼此的会议。在一些具体领域，区域渔业机构的协调与合作还重点关注诸如共享种群和两个公约或监管领域重叠的地区的渔业。

大型海洋生态系统之间的合作、信息交流和经验传播主要通过四种途径进行：一是由政府间海洋学委员会（Intergovernmental Oceanographic Commission，IOC）、世界自然保护联盟（IUCN）和美国国家海洋和大气管理局（NOAA）联合举办的大型海洋生态系统年度协商会议，为大型海洋生态系统机制解决共同关心的问题提供了机会；二是全球环境基金秘书处每两年一次的国际水域（IW）会议，是介绍全球环境基金与国际水域相关项目，包括大型海洋生态系统项目实施状况和结果的机会；三是 GEF IW：LEARN 网站，该平台允许包括大型海洋生态系统在内的全球环境基金国际水域项目之间的交流、学习并提供资源；四是临时区域倡议，在东北大西洋、北海、北冰洋和波罗的海，国际海洋考察理事会（ICES）关于大型海洋生态系统合作的倡议是通过大型海洋生态系统最佳实践工作组（WGLMEBP）实施的，该工作组在科学委员会的领导下运作区域海洋计划指导小组（SSGRSP），在非洲，大型海洋生态系统核心小组鼓励非洲大型海洋生态系统之间的合作和协同作用，并出版通讯以交流信息和经验。

二 区域海洋治理机制间的合作与协调

区域海洋计划与区域渔业机构之间的合作与协调“反映了渔业和环境管理之间日益增长的联系……支撑这种关系的是……适用于两者的国际文书的概念和义务”。[①] 这种协调与合作受到环境规划署和粮农组织的推动和鼓励，包括通过环境署的区域海洋全球战略方向计划。这种协调与合作长期被倡导，例如，2000 年联合国海洋和沿海地区小组委员会（SOCA）和 2001 年环境署—粮农组织联合倡议。其中环境署—粮农组织联合倡议形成了一份内容丰富的报告，提供了加强区域海洋计划与区域渔业机构之间合作与协调的各种选择。该报告回顾了 1998 年 6 月 24—26 日在海牙举行的第一次区域间计划磋商中的建议，各方“应达成协议，将渔业部门的影响和关切纳入计划”。1999 年 7 月 5—8 日在海牙举行的

---

① UNEP，*Ecosystem-based Management of Fisheries*：*Opportunities and Challenges for Coordination Between Marine Regional Fishery Bodies and Regional Seas Conventions*，*UNEP Regional Seas Reports and Studies No. 175*，Nairobi，2001.

第二次区域海洋公约和行动计划全球会议，审议了如何通过“将环境考虑因素纳入渔业部门”来“更有效地解决渔业可持续管理问题”。一些区域海洋计划和区域渔业机构已经通过谅解备忘录的方式正式确立了合作，例如《内罗毕公约》和西南印度洋渔业委员会（SWIOFC）正式确定了合作，制定了常设合作议程项目，给予彼此观察员的地位，并派出指定代表参加彼此的会议。“南极条约体系”各组成部分之间也在持续进行合作与协调工作，南极条约协商会议（ATCM）、环境保护委员会（CEP）和南极海洋生物资源养护委员会在其中扮演尤其重要的角色。这些机制作为“南极条约体系”的组成部分，其任务各不相同，密切合作与协调仍然至关重要，这一点在南极海洋生物资源养护委员会努力建立海洋保护区代表性网络的过程中，已经得到明显的体现。

区域海洋计划与大型海洋生态系统之间的合作与协调也受到联合国环境规划署的促进和鼓励，作为全球环境基金的执行机构之一，环境署可以通过区域海洋计划的全球战略方向来推动合作与协调工作。尽管全球环境基金并非执行海洋公约的金融工具，但它自行制定了重点领域的完善战略。谢尔曼（K. Sherman）和亨佩尔（G. Hempel）认为，环境署区域海洋计划与大型海洋生态系统评估和管理的联系已经建立了一种新的伙伴关系，将全球区域海洋计划（RSP）的沿海和海洋活动联系起来，由联合国环境规划署（UNEP）协调，采用大型海洋生态系统（LME）的方法来评估和管理海洋生物资源和环境。该联合倡议协助发展中国家利用大海洋生态系统作为将区域海洋计划转化为具体行动的业务单位。[1]在全球环境基金提供的超过10亿美元的财政赠款以及世界银行与其他联合国机构以及政府和工业捐助者合作的投资基金的大力支持下，非洲、亚洲、太平洋、拉丁美洲和加勒比地区的国家及加勒比海地区和东欧目前正在开展大型海洋生态系统评估和管理项目，以采取行动恢复和维持沿海水域的海洋生物资源。然而，区域海洋计划和大海洋生态系统之间

---

① Sherman K., Hempel G., eds., “The UNEP Large Marine Ecosystem Report: Aperspective on Changing Conditions in LMEs of the World’s Regional Seas”, *UNEP Regional Seas Report and Studies*, No. 182, 2008, p. 141.

的合作存在很大的不确定性，其中地中海通过综合方法协调两种治理机制，而几内亚洋流大型海洋生态系统（GCLME）则通过一项议定书，推动加强与《阿比让公约》机制的合作。另外一些例子包括本格拉洋流委员会（BCC），其与区域海洋计划和区域渔业机构的合作更加具有不确定性。

区域渔业机构与大型海洋生态系统的协调与合作，比区域海洋计划和大型海洋生态系统之间更为有限。在法律层面，一些大型海洋生态系统主要由沿海国家海洋组织组成，而大多数区域渔业机构的地理范围虽然也涵盖沿海地区，但是大多数非金枪鱼区域渔业管理组织的任务只涵盖或主要涵盖公海。在实际内容层面，大多数大型海洋生态系统是由环境问题驱动的，因此区域渔业机构和国家渔业当局并不总是积极参与大型海洋生态系统的讨论和决策，尽管渔业往往是后者的主要问题。总体而言，大型海洋生态系统主要面向一些特殊举措，例如，职责范围涵盖渔业的本格拉洋流委员会。尽管如此，大型海洋生态系统机制和区域渔业机构之间仍存在一些有限但切实的合作，让区域渔业机构作为合作伙伴参与大型海洋生态系统项目的协调过程。例如，波罗的海渔业委员会（不在运作）参与了波罗的海区域项目，地中海渔业总委员会（GFCM）参与了全球环境基金大型海洋生态系统项目。此外，一些大型海洋生态系统建立了支持区域渔业机构的项目。例如，全球环境基金的南海大型海洋生态系统项目在东南亚渔业发展中心（SEAFDEC）决定下建立区域渔业保护区以进行跨境渔业管理方面的活动。中西部太平洋渔业委员会（WCPFC）成立后，全球环境基金资助了太平洋岛屿海洋渔业管理项目（OFMP），旨在加强小岛屿执行渔业管理规则，特别是加强中西部太平洋渔业委员会决定的能力。该项目完全符合全球环境基金作为《里约公约》金融工具的角色，即帮助发展中国家履行其在环境保护和可持续利用生物资源方面的国际义务。不仅如此，粮农组织目前正在共同实施孟加拉湾和加那利洋流两个大型海洋生态系统项目，并且正在或已经以不同的身份参与其他大型海洋生态系统项目。

三　区域海洋治理机制合作与协调的趋势

除了区域不同治理机制之间的合作与协调外，区域和全球海洋治理机制之间也存在着不同程度的合作与协调。鉴于《联合国海洋法公约》及其《实施协定》赋予某些全球机构（例如国际海事组织和国际海底管理局）的首要地位，在其区域内推行生态系统方法的区域海洋治理机制需要与这些全球机构进行合作与协调，以维护后者的主导地位。如《保护东北大西洋海洋环境公约》（OSPAR）委员会与国际海事组织和国际海底管理局之间通过了谅解备忘录。由于《保护东北大西洋海洋环境公约》委员会努力将《保护东北大西洋海洋环境公约》海洋保护区网络扩展到东北大西洋的国家管辖区域以外，这种合作与协调的必要性变得更加显而易见。这些努力促成了“马德拉进程”，并通过了“主管当局之间关于东北大西洋国家管辖范围以外选定区域管理合作与协调的集体安排”。区域和全球机构之间合作的另一个例子是马尾藻海联盟，该联盟鼓励各个国家以及主管区域和全球国际组织进行合作，除其他外，在马尾藻海建立一个或多个跨部门海洋保护区。

尽管缺乏一般性义务或合作框架，区域海洋治理机制正在加大力度确保各自活动之间的协调。区域海洋计划和区域渔业机构通过谅解备忘录（MoU）和其他文书建立了伙伴关系。大型海洋生态系统机制进入这个“拥挤的治理舞台”，旨在支持正在进行的努力。一些区域海洋计划和区域渔业机构已设法利用全球环境基金—大型海洋生态系统（GEF-LME）项目加强其活动。尽管如此，如果要充分利用协同效应，就必须明确解决它们在治理格局中的地位问题。在考虑区域渔业机构和区域海洋计划之间的协调时应记住，这些机制通常是薄弱的。它们缺乏有效执行任务的资源，而在具体执行区域一级商定的措施方面，国家仍然是关键行为者。因此，虽然合作与协调是重大问题，但绝不能掩盖和加强个别机制的基本需要。

总之，区域海洋治理机制非常适合支持协调管理方法，将来自不同团体和部门、在各个层面开展活动的海洋行为者聚集在一起，共同确定优先事项和共同问题，并商定协调一致的应对措施。这一关键作用通过及时响应不断变化的优先事项和情况来促进适应性管理方法。区域海洋秘书处通过建立伙伴关系和谅解备忘录等一系列行动，支持各国的协调努力，制定和实施与可持续管理有关的准则和协议，开展科学计划来识别、评估和监测活动，向海洋和沿海用户提供培训以支持可持续利用。区域海洋秘书处使用了多种工具和方法来增强海洋资源的可持续性，包括：土地利用综合规划和管理、沿海地区和流域综合管理、海洋空间规划、环境影响评估和战略环境评估、基于生态系统的管理、对生态系统服务和损害的经济评估。[①] 此外，2016 年，联合国环境大会成员国认识到区域海洋在实现海洋可持续利用方面的根本重要性，并呼吁加强部门间协调，支持生态系统方法的综合管理和应用。区域海洋在加强可持续海洋管理方面取得的成就包括行动伙伴关系，在许多区域，区域海洋秘书处与区域渔业等不同部门的主要组织建立了伙伴关系机构、研究小组和国际海事组织。例如，保护红海和亚丁湾环境区域组织（PERSGA）秘书处成立了一个工作组，与各组织合作制定波斯湾和阿曼湾的区域生态系统管理战略。2018 年，区域海洋环境保护组织（ROPME）秘书处与区域渔业委员会签署了一份谅解备忘录，为联合项目和知识交流提供了基础，并表明国家层面对跨部门合作价值的认可。合作以在覆盖波斯湾和阿曼湾的 ROPME 海域实现基于生态系统的管理。此外，一些区域海洋已在联合国海洋会议下自愿承诺与其他主管机构建立或加强伙伴关系，以支持协调行动。例如，地中海行动计划与联合国粮食及农业组织地中海渔业总委员会（GFCM）之间的伙伴关系；东北大西洋海洋环境保护公约委员会（OSPAR）和东北大西洋渔业委员会（NEAFC）之间；以及加勒比环境计划（CEP）和东北大西洋海洋环境保护公约委员会之间的合作。

这种合作往往采用无拘束力的准则或行为守则等形式，通过制定准则和行为守则，区域海洋通过提高缔约方与可持续海洋和沿海管理相关

① Schaubroeck T.，“A Need for Equal Consideration of Ecosystem Disservices and Services When Valuing Nature：Countering Arguments Against Disservices”，*Ecosystem Services*，Vol. 26，2017，pp. 95 –97.

的技术知识、意识和技能来为缔约方提供支持。例如，在西北太平洋，《西北太平洋行动计划》（NOWPAP）污染监测区域活动中心成立了沿海地区和河流流域综合管理工作组。在审查该地区现有的海洋空间规划和基于生态系统的管理方法后，《西北太平洋行动计划》和东亚海洋环境管理伙伴关系（PEMSEA）制定了沿海综合规划和管理的区域指南。《西北太平洋行动计划》和东亚海洋环境管理伙伴关系继续联合开展能力建设以及沿海地区综合管理和海洋空间规划培训，增进各方对沿海等区域综合管理的了解。

第三章
区域海洋治理的规则供给模式

区域海洋的覆盖范围日益广泛，同时经过几十年的实践，不同的区域海洋机制在海洋治理规则的制定中越来越多元化，这与海洋治理规则本身的现状有关，也源于实践过程中复杂的互动与博弈。

第一节　规则概念及其分类

全球治理是一种以规则为基础的治理，一些正式和非正式规则构成的制度网络成为全球治理的主要依托，从本质上讲，全球治理是规则治理，规则是国际治理的基本要素，国际制度和国际法规则能够有助于在全球治理中克服因国际公共产品缺失所导致的治理失灵状况，从而促进公共产品的供给。因此，参与全球治理主要是指参与国际规则的制定和实施。在当今时代下，在全球治理领域，国家之间的博弈日益表现为规则制定权的竞争。①

具体到区域治理层面，尽管关于区域治理与全球治理的关系存在不同的观点，但是主流学者都强调了区域治理中规则治理的重要性。索德伯姆认为，区域治理是人类活动在区域层面的“权威空间”（Spheres of Authority）形成的正式或非正式、公共或私人的规则体系。② 加里·戈

① 徐秀丽：《规则内化与规则外溢——中美参与全球治理的内在逻辑》，《世界经济与政治》2017年第9期。

② Fredrik Soderbaum，“Modes of Regional Governance in Africa：Neoliberalism，Sovereignty Boosting，and Shadow Networks”，*Golbal Governance*，Vol. 10，No. 4，2004，p. 422；James Rosenau，*Along the Domestic-Foreign Frontier：Exploring Governance in a Turbulent World*，Cambridge：Cambridge University Press，1997，p. 145.

茨、凯斯·鲍尔斯等认为，区域治理是由具有法律拘束力的文件构成的，这些文件包括了规则、规范和原则等，其组织性在于有特定的管理机构、决策机构和争端解决机制。① 国内部分学者认为，区域治理的基本内涵为："在具有某种政治安全的地区内，通过创建公共机构、形成公共权威、制定管理规则，以维持地区秩序，满足和增进地区共同利益所开展的活动和过程，它是地区内各种行为体共同管理地区各种事务的诸种方式的总和。"② 区域治理依赖规则和制度，通过一套规则制度体系的建立来协调和约束各主体的行为，制度有正式制度和非正式制度，其强制力有所差别，但都是地区治理过程中实现地区有序的行为依据。③

一　对于国际规则的界定

尽管全球和区域治理都依赖于规则的制定与实施，但是对于规则概念本身的争议从未停止过。一般而言，规则的定义可以分为狭义和广义之分，狭义的规则是指在程序上清晰完备地对行为体有实质性约束力和惩戒机制的规则，也往往被称为正式性规则，包括程序性规则和实质性规则两大类。而广义的规则常常包含制度、机制、规范、习惯等方面，或者用于表述这些概念的核心要义，不仅如此，广义的规则概念还包含软法规则、潜规则等非正式规则。④

对于国际规则的概念，包括赫德利·布尔（Hedley Bull）提出了国际规则的指令性特征，并明确了国际规则从操作性规则—既定惯例—道理原则—法律文件的演进过程。⑤ 斯蒂芬·克拉斯纳（Stephen Krasner）在研究国际机制的基础上对原则、规则、规范、决策程序等概念进行了区分，

---

① Gary Goertz and Kathy Powers, "Regional Governance: The Evolution of a New Institution Form", *WZB Discussion Paper*, 2014, https://www.econstor.eu/bitstream/10419/103311/1/799294500.pdf, p. 1.

② 周玉渊：《地区治理的法制化——以欧盟和东盟制宪为例》，《世界经济与政治》2009年第3期。

③ 吴昕春：《论地区一体化进程中的地区治理》，《现代国际关系》2002年第6期。

④ 参见李明月《国内规则与国际规则的互动研究》，中国社会科学出版社2019年版，第34—42页。

⑤ ［英］赫德利·布尔：《无政府社会：世界政治中的秩序研究》，张小明译，上海人民出版社2015年版，第50—66页。

指出规则对行为体具有“令行禁止”的功能。[①] 而罗伯特·基欧汉（Robert Keohane）则强调了规则与原则、规范的密不可分，共同赋予国际机制以合法性。[②] 潘忠岐等则强调了国际规则应该具有约束力，针对的对象除了国际行为外，还包括更为广泛的国际互动。[③]

尼古拉斯·格林伍德·奥努夫（Nicholas Greenwood Onuf）则进一步研究了国际规则的分类问题，认为除了指令性规则外，国际规则还包括指导性规则和承诺性规则，其中，指导性规则是为了指引行为体为达成目的所应当采取的行为方式，而承诺性规则则是指互惠的条约性规则。[④] 还有部分学者对国际规则作出了更为宽泛的界定，除了指令性和指导性规则外，还包括成文或不成文的制度性安排等。[⑤]

二　国际规则与国际法的关系

关于国际规则界定的另一个难题是国际规则与国际法之间的关系问题。国际关系学界和国际法学界在这一问题上往往缺乏必要的沟通与共识，在概念界定和研究倾向上也存在较大的差异。

国际规则往往被认为是广泛适用于国家和国家之间、国家和区域之间以及国家和地区之间的世界所有组织成员共同遵守的法规条例和规章制度的总和。这些规则主要涵盖经济、政治、人口、语言、文化、卫生、体育、环境、气候、运输等领域。国际规则的目的是维护国际秩序，促进国际合作，解决国际争端，以及推动全球治理。国际规则可以包括国际公约、条约、协议、习惯法以及国际组织的规章制度等。而国际法是与国内法相对应的法律体系，由国际公法、国际私法和国际经济法三大

---

① Stephen Krasner, “Structural Causes and Regime Consequences: Regimes as Intervening Variables”, *International Organization*, Vol. 36, No. 2, Spring 1982, pp. 185 – 205; Stephen Krasner, ed., *International Regimes*, New York: Cornell University Press, 1986, p. 2.

② Robert Keohane, *After Hegemony: Cooperation and Discord in the World Political Economy*, Princeton: Princeton University Press, 1984, pp. 58 – 59.

③ 潘忠岐等：《中国与国际规则的制定》，上海人民出版社 2019 年版，第 1 页。

④ Nicholas Greenwood Onuf, *World of Our Making: Rules and Rule in Social Theory and International Relations*, Columbia: University of South Carolina Press, 1989, pp. 96 – 120.

⑤ 潘忠岐：《广义国际规则的形成、创制与变革》，《国际关系研究》2016 年第 5 期。

分支构成。国际法是调整国际法主体（如国家和政府间国际组织）之间关系的有拘束力的原则和规范。它规定了国际法主体之间的权利和义务，以及国家在国际上一般的权利和义务。国际法的主要来源包括国际条约、国际习惯法、国际法的一般原则、司法决策和学术著作等。一般而言，国际规则是一个更广泛的概念，它包括了国际法在内的所有国际层面的规则和制度。而国际法则是这些规则中的法律部分，它具有法律约束力，主要通过国际条约和习惯法等形式体现。两者共同构成了国际社会中用于指导国家行为和解决国际问题的规则体系。尽管如此，就其本质而言，国际规则与国际法常常是可以通约的概念。①

三 国际法规则的分类

长期以来，国际法学界对于国际法的分类是基于《联合国宪章》框架下的规则体系，尤其是《国际法院规约》第38条第1款中关于国际法的形式渊源的规定，将国际法分为国际条约、国际习惯和一般国际法原则三大类，国际司法机构的判例及各国权威公法学家学说被认为是国际法的补助资料。

根据《维也纳条约法公约》的规定，国际条约是指“国家间所缔结而以国际法为准之国际书面协定，不论其载于一项单独文书或两项以上相互有关之文书内，亦不论其特定名称如何”。② 一般而言，由于国家主权的存在，国际条约规则对于一国产生约束力的前提是该国的允许（国际强行法规则除外），然而从国际义务的角度看，条约义务的真正来源是“条约必须遵守”（Pacta sunt servanda）这一基本国际法原则。③ 从形式上看，国际条约可以分为造法性条约（Law-Making Treaties）和契约性条约（Contractual Treaty）。广义上或者不严格意义上的国际条约往往也被称为

---

① Robert J. Beck, “International Law and International Relations: The Prospects for Interdisciplinary Collaboration”, in Robert J. Beck, ed., *International Rules: Approaches from International Law and International Relations*, New York: Oxford University Press, 1996.

② Richard D. Kearney and Robert E. Dalton, “The Treaty on Treaties”, *American Journal of International Law*, Vol. 64, No. 3, 1970, pp. 495 – 559.

③ I. I. Lukashuk, “The Principle Pacta Sunt Servanda and the Nature of Obligation Under International Law”, *American Journal of International Law*, Vol. 83, No. 3, 1989, pp. 513 – 518.

国际协议。[①] 按照形式和实质内容划分，国际协议可以分为正式协议和非正式协议两类，前者往往包含实质性义务并具有法律约束力，[②] 后者则缺乏完备条约的形式或实质要件，涵盖从简单的口头承诺到详细的协定等不同情形。[③]

与国际条约作为成文性的国际法律规则不同，国际习惯或习惯国际法往往并非由于国家或国际组织通过协商谈判等立法进程制定，而是源于国际社会“自我定序的经验”（Experience of Self-ordering）。[④] 国际习惯的构成一般被认定为两大要件：国家实践与法律确信。[⑤] 但是无论是国家实践还是法律确信本身都存在较大的不确定性。一般情况下，国际法院能够将国际习惯确定为“可被接受为法律的一般实践”，然而在大多数情况下，国际法院“在适用习惯法方面比在定义习惯法做得更好”。[⑥]

由于国际社会的无政府属性，国际规则相对于国内规则具有其独特性，主要体现在约束力的相对薄弱与强制执行力的缺乏。而更广泛意义上的国际规则除了正式的国际法规则外，还包括国际软法规则。国际软法一般被定义为一种无法律约束力而对国家行为有影响和塑造作用的标准、原则与规则，区别于具有法律约束力的一般国际习惯和双边或多边条约的传统国际公法范畴。[⑦] 广义上讲，治理不仅仅是正式的机构和法

---

① Michael Brandon, “Analysis of the Terms ‘Treaty’ and ‘International Agreement’ for Purposes of Registration Under Article 102 of the United Nations Charter”, *American Journal of International Law*, Vol. 47, Issue 1, 1953, pp. 49 – 69.

② Kal Raustiala, “Form and Substance in International Agreements”, *American Journal of International Law*, Vol. 99, Issue 3, 2005, pp. 581 – 614.

③ Charles Lipson, “Why are Some International Agreements Informal?”, *International Organization*, Vol. 45, Issue 4, 1991, pp. 495 – 538.

④ Philip Allott, “The Concept of International Law”, *European Journal of International Law*, Vol. 10, Issue 1, 1999, pp. 31 – 50.

⑤ Josef L. Kunz, “The Nature of Customary International Law”, *American Journal of International Law*, Vol. 47, Issue 4, 1953, pp. 662 – 669.

⑥ Anthony D’Amato, “Trashing Customary International Law”, *American Journal of International Law*, Vol. 81, Issue 1, 1987, pp. 101 – 105.

⑦ Kern Alexander, Rahul Dhumale, John Eatwell, “International Soft Law and the Formation of Binding International Financial Regulation”, in Kern Alexander et al., *Global Governance of Financial Systems: The International Regulation of Systemic Risk*, Oxford: Oxford University Press, 2005, pp. 134 – 154.

律，它还包括行为者（例如国家、非国家行为者——包括企业——和国际组织）以及他们如何影响和实施调解人类与资源互动的规则。[①]

第二节 全球性海洋治理规则体系

全球海洋空间目前受到超过576项双边和多边协议的监管，这些协议分布在多个授权进行监测和实施的国际、区域和国家组织。[②]《联合国海洋法公约》作为“海洋宪章”为海洋治理奠定了基本的全球性框架，同时为海洋环境保护、海洋资源利用、养护和管理等国际文书提供一般性的规定。不仅如此，《联合国海洋法公约》及其实施协议都承认现有全球或区域文书和机构的权限，规定各国有义务通过它们进行合作并就法规达成一致。作为一项“伞式公约”（Umbrella Convention）[③]，《海洋法公约》大部分条款可以通过其他国际协议、法规或标准中的具体操作规定来实施，包括IMO条约中包含的规则和标准、IMO大会、IMO海上安全委员会（MSC）和IMO海洋环境保护委员会（MEPC）通过的建议等。

一 海洋环境治理的全球法律和制度框架

《联合国海洋法公约》第十二部分是保护和保全海洋环境的全球法律制度的基石（见上文），并规定各国拥有根据其政策和义务开发其自然资源的主权，保护和维护海洋环境。与之相关的全球性法律文书还包括：

陆源污染方面，专门针对海洋环境的实质性规则（Substantive Rules）

---

① Michael D. McGinnis, “Networks of Adjacent Action Situations in Polycentric Governance”, *Policy Study Journal*, Vol. 39, 2011, pp. 51 – 78; Young O. R., “Political Leadership and Regime Formation: on the Development of Institutions in International Society”, *International Orgnization*, Vol. 45, 1991, pp. 281 – 308.

② IOC-UNESCO, “Ocean Governance and Institutional Challenges”, 2020, http://www.unesco.org/new/en/natural-sciences/ioc-oceans/focus-areas/rio-20-ocean/ocean-governance/.

③ 一种总括性公约，既明确各方的权利和义务，又保留应对不断变化所需的灵活性，规定了适用于未来更具体情形的一般原则。

在联合国环境规划署的无法律约束力的《保护海洋环境免受陆上活动影响全球行动纲领》（Global Programme of Action for the Protection of the Marine Environment from Land-based Activities，GPA）中所制定。关于陆上污染的更一般性文书包括尚未生效的《全球水道公约》（Global Watercourses Convention）[①] 和关于持久性有机污染物的《斯德哥尔摩公约》（POPs Convention）。

海底活动造成的污染方面，在全球范围内，没有关于国家管辖范围内海底活动造成的污染的具有法律约束力或不具有法律约束力的（政府间）文书，国际海底区域（有时简称“区域”）活动造成的污染方面，现存的唯一全球文书是国际海底管理局的《采矿法》。

倾倒造成的污染方面，只有一项全球性文书存在，即国际海事组织制定的《国际防止船舶造成污染公约》（MARPOL），这一国际公约是一项“被动”的条约，因为国际海事组织承认，该公约并无主动减少漏油的能力，其有效性源于两大方面：其一，在 1983 年生效之前油轮行业就已经普遍采用公约中的要求和标准；其二，该公约的修正案都是在严重的油污染事件激起公众强烈抗议后发生的，成员担心由于重大漏油事件所导致的公众舆论压力等政治风险，及其所造成的公司损失和不良声誉。尽管具有被动性，但该公约有效地促进了油轮行业的重大变化，并大大减少了世界范围内的溢油事件数量。[②]《1972 年防止倾倒废物及其他物质污染海洋公约》（简称《伦敦公约》）是另一项致力于保护海洋环境免受人类活动影响的全球公约。[③] 该公约与 1972 年斯德哥尔摩联合国环境会议一起，构成了真正将环境置于中心舞台并对人类对海洋造成的危害承担责任的第一步。[④] 1996 年签署 2006 年生效的《伦敦公约》议定书，对

---

① UNGA Res. 51/229，Convention on the Non-Navigational Uses of International Watercourses，New York，21，May，1997.

② Gini Mattson，“MARPOL 73/78 and Annex I：An Assessment of its Effectiveness”，*Journal of International Wildlife Law & Policy*，Vol. 9，Issue 2，2006.

③ 该公约 1975 年起生效，其目标是促进有效控制所有海洋污染源，并采取一切可行步骤防止倾倒废物和其他物质对海洋造成污染，目前，87 个国家是该公约的缔约方。

④ IMO，“Convention on the Prevention of Marine Pollution by Dumping of Wastes and Other Matter”，https：//www. imo. org/en/OurWork/Environment/Pages/London-Convention-Protocol. aspx.

其进行了较大幅度的修改，导致在海洋倾倒污染领域实际上形成了看似相同实则相异的全球海洋环境条约。[①]《海洋法公约》第210条要求各国制定法律法规来预防和控制污染。并规定国家法律、法规和措施在预防、减少和控制此类污染方面的效力不得低于全球规则和标准。作为海洋环境治理的重要全球性规则，《伦敦公约》与其议定书两者究竟何者构成《海洋法公约》所规定的“全球规则和标准”，存在较大的争议。[②]

船舶污染方面的监管活动主要发生在国际海事组织的全球层面。相关文书包括《国际防止船舶造成污染公约》（MARPOL）、《国际控制船舶有害防污底系统公约》（AFS公约）、《国际油污防备、响应与合作公约》（OPRC）、《船舶回收公约》（Ship Recycling Convention，SRC）和关于污染损害责任和赔偿的各种文书，以及适用于特定区域的各种标准，例如《国际防止船舶造成污染公约》各附件下的特殊区域以及适用于“特别敏感海域”（PSSA）的相关保护措施。

来自或通过大气造成的海洋污染方面，可参考的规则包括1996年议定书修改的《伦敦公约》对海上焚烧的全球规定，以及《国际防止船舶造成污染公约》附件六对船源空气污染的规定。关于陆地上的活动，可以参考《联合国气候变化框架公约》（UNFCCC）及其1997年的《京都议定书》，以及关于臭氧的《维也纳公约》及其《蒙特利尔议定书》。

另外，难以归入这些海洋污染源但与区域实施相关的针对特定问题的文书还包括《巴塞尔公约》（Basel Convention）。

二 全球渔业治理的法律与制度

关于海洋捕捞渔业的全球文书主要是在联合国大会和粮农组织的支持下制定的。《联合国海洋法公约》在沿海国探索和开发其自然资源特

---

① Vander Zwaag D.， “Ocean Dumping and Fertilization in the Antarctic: Tangled Legal Currents, Sea of Challenges”, in Berkman P. A., Lang M. A., Walton D. W. H., Young O. R., eds., *Science Diplomacy: Antarctica, Science, and the Governance of International Spaces*, Washington, DC: Smithsonian Institution Scholarly Press, 2011, pp. 245 – 52.

② Gi Hoon Hong, Young Joo Lee, “Transitional Measures to Combine Two Global Ocean Dumping Treaties into a Single Treaty”, *Marine Policy*, Vol. 55, 2015, pp. 47 – 56.

别是专属经济区内生物资源的主权权利方面规定，沿海国有义务确保包括渔业资源在内的生物资源不因过度开发而受到威胁。考虑到现有的最佳科学证据，以促进对此类资源的最佳利用。为此，沿海国有权通过登船检查、逮捕、司法程序等措施，在专属经济区内对外国渔船实施本国的渔业法律法规。保护措施旨在将收获的物种种群维持或恢复到能够产生最大可持续产量的水平，并符合相关环境和经济因素的要求。根据《联合国海洋法公约》，沿海国家有责任确保专属经济区水域生物资源的长期可持续性。根据公约第五部分规定的权利和义务，沿海国有义务确定其专属经济区内生物资源的总允许捕捞量（第61条）及其捕捞这些资源的能力（第62条）。当沿海国没有能力捕捞其专属经济区生物资源的总允许捕捞量时，需要通过协议或其他安排让其他国家获得允许捕捞量的剩余部分，特别是考虑到内陆国家的权利（第69条）和地理不利国家的权利（第70条），以及与发展中国家有关的权利（第62条）。在允许其他国家进入其专属经济区时，沿海国家必须考虑所有相关因素，包括该地区的生物资源对其经济和其他国家利益的重要性（第62条）。

此外，在专属经济区捕鱼的其他国家的国民必须遵守沿海国家法律法规规定的保护措施。这些法律和条例必须与《联合国海洋法公约》相一致，此外，可能还涉及规范捕鱼季节和区域、渔具的类型、尺寸和数量，以及可能使用的渔船类型、尺寸和数量（第62条）等。《联合国海洋法公约》还要求各国为各自国民采取或与其他国家合作采取可能必要的措施，以养护公海生物资源（第117条），并在养护和管理方面相互共享公海生物资源（第118条）。跨界鱼类种群合作的义务也包含在《联合国海洋法公约》的其他条款中，特别是第63—64条和第66—67条。

关于海洋哺乳动物，《联合国海洋法公约》第65条规定：各国应合作保护海洋哺乳动物，特别是鲸类动物，应通过适当的国际组织对其进行保护和管理。第65条包含一些错综复杂的内容，但这里的主要相关点是，虽然它不要求在区域层面进行合作，但也不禁止合作。尽管国际捕鲸委员会在《联合国海洋法公约》通过之前几十年就已成立，但第65条并未规定“适当的国际组织”必须是全球性组织，（国际组织一词后的）复数的使用表明除国际捕鲸委员会之外的其他组织可能具有管辖权。

《联合国鱼类种群协定》（UNFSA）旨在通过为跨界鱼类种群和高度洄游鱼类种群的养护和管理制定更详细的法律框架，以落实联合国海洋法公约的相关规定。该协议还详细阐述了《公约》确立的基本原则，即各国应合作采取必要措施保护这些资源。作为唯一适用于跨界和高度洄游鱼类种群的国际性条约，《联合国鱼类种群协定》要求此类种群的保护和管理必须基于预防方法和现有的最佳科学证据。同时，该协定还纳入了新的原则、规范和规则，这些原则、规范和规则构成了公约相关条款的逐步发展，旨在应对影响公海渔业的新挑战。该协定规定，其一般性原则、预防方法的应用及其关于保护和管理措施相容性的规定也适用于国家管辖范围内的地区，对国家管辖范围内的区域和在公海建立的区域采取的养护和管理措施必须相互兼容。该协定充分考虑了发展中国家在跨界鱼类种群和高度洄游鱼类种群保护和管理方面的特殊要求，包括发展本国渔业和参与公海跨界和高度洄游鱼类渔业的特殊要求。此外，该协定还规定了在公海遵守和执行措施的机制。《生物多样性公约》确定如何实施条款的责任由签署国承担，因此可以考虑每个国家的具体情况。[①]

联合国粮农组织特别是通过其渔业委员会（COFI）——通过了范围广泛的渔业文书，既有法律约束力的，也有非法律约束力的。两份具有法律约束力的文书是《合规协议》和《港口国措施协议》。《合规协议》解决了换旗问题和船旗国责任的必要性。2016 年 6 月生效的《港口国措施协定》为港口国打击非法、不报告和不管制（IUU）捕鱼而采取的措施确立了全球最低标准。粮农组织的无法律约束力文书中最突出的是《负责任渔业行为守则》（CCRF），它对《联合国海洋法公约》、合规协议和《联合国鱼类种群协定》进行了补充，对广泛的渔业管理问题（包括水产养殖发展）提供了更实用的指导。《负责任渔业行为守则》得到负责任渔业技术指南、减少捕鱼作业中海龟死亡率的指南（2009 年）和四项国际行动计划（IPOA）的补充，分别是：减少延绳钓渔业中海鸟的意外捕获（1999 年）、捕鱼能力管理（1999 年）、鲨鱼的管理和保护

---

① Global Biodiversity Outlook, 2001, http: //58. 82. 155. 201/chm-thaiNew/doc/Publication/publication4/pc10/GBO1_ en. pdf, p. 278.

(1999 年) 以及 IUU 捕鱼 (2001 年)。粮农组织其他主要的不具有法律约束力的渔业文书包括海洋捕捞渔业鱼类和渔业产品生态标签国际准则 (2005 年)、公海深海渔业国际准则 (2008 年)、关于全球渔船记录 (2010 年)、兼捕管理和减少丢弃物国际准则 (2010 年)、船旗国绩效自愿准则 (2013 年) 以及粮食安全和消除贫困背景下确保可持续小规模渔业的自愿准则 (2014 年)。

唯一的其他全球性文书是独立的《国际捕鲸管制公约》(ICRW),旨在保护和管理大型鲸鱼。国际捕鲸委员会 (IWC) 为此目的通过了目前有效的商业捕鲸禁令。除了《联合国海洋法公约》和《联合国渔业协定》(UNFSA) 之外,联合国大会还通过决议为国际渔业法作出了贡献,通过这些决议,促进了大规模远洋流网捕鱼 (Large-scale Pelagic Driftnet Fishing) 的逐步淘汰,并对公海底层渔业 (Bottom-fisheries on the High Seas) 实施了创新限制等。这两项举措的主要目的是保护非目标物种 (Non-target Species) 和脆弱的海洋生态系统 (Vulnerable Marine Ecosystems, VMEs)。

三 保护海洋生物多样性的全球法律制度

《联合国海洋法公约》及其实施协议中有关保护和保全海洋环境和渔业的规定得到了大量全球文书和机构的补充,这些文书和机构旨在保护一般海洋生物多样性、保护特定海洋物种和生态,并解决对海洋生物多样性的具体威胁。1992 年《生物多样性公约》(CBD) 及其卡塔赫纳和名古屋议定书是总体上保护生物多样性的主要全球文书。通过“保护生物多样性、可持续利用其组成部分以及公平公正地分享利用遗传资源所产生的惠益”来阻止和扭转生物多样性丧失的总体框架。该公约认识到生物多样性丧失主要是农业、林业、渔业、供水、交通、城市发展和能源等经济活动的次要后果,处理这些因素是一项关键义务。该公约没有为每个国家设定具体目标,因为其规定是总体目标,即努力实现与各个国家相关的 20 项爱知目标的组成部分。

《生物多样性公约》第 22 条第 2 款规定,缔约方在海洋环境方面的实施应符合各国在海洋法下的权利和义务。第 4 条规定《生物多样性公约》完全适用于沿海国家海域，但在这些区域之外仅适用该公约关于在国家管辖或控制下开展的过程和活动的规定。保护生物多样性是其规定的三个目标之一，在《生物多样性公约》第1条中，将以多种方式进行，例如，通过合作、识别和监测、就地和迁地保护以及环境影响评估（EIA）等。《卡塔赫纳议定书》旨在保护生物多样性免受现代生物技术产生的改性活生物体（Living Modified Organism）带来的潜在风险。《名古屋议定书》旨在提供一个具有法律约束力的框架，以实施《生物多样性公约》关于获取遗传资源和公平公正地利用由此产生的惠益的规定。

作为一项框架公约，《生物多样性公约》努力使其适应具体问题并确定优先事项。为此，缔约方会议在其科学、技术和工艺咨询附属机构（SBSTTA）的协助下，迄今已通过了7个主题方案以及19个跨领域问题，这些问题已被纳入主题方案。通过缔约方会议通过的决定巩固了这些方面的进展。一个主题计划，即“海洋和沿海生物多样性”——与本书以及大多数（如果不是全部）跨领域问题特别相关。其中一个计划是建立“保护区”，它在《生物多样性公约》确定具有重要生态或生物意义的区域方面的工作中具有极其重要的作用。

涉及特定物种和栖息地的保护，主要的全球文书有《濒危野生动植物物种国际贸易公约》（CITES）、《保护迁徙野生动物物种公约》（CMS）、《国际重要湿地特别是水禽栖息地公约》（简称《拉姆萨尔公约》）和《世界遗产公约》。《濒危野生动植物物种国际贸易公约》三个附录中所列物种的国际贸易受到不同的限制。《保护迁徙野生动物物种公约》的缔约方必须保护两个附录中列出的物种，并且必须为此目的采取各种措施，包括物种栖息地方面的措施。

最后，关于对海洋生物多样性的具体威胁，应提及与有意或无意引入外来物种有关的各种全球文书。除了《联合国海洋法公约》第196（1）条——在第2.3.2小节中简要提及——《生物多样性公约》第8（h）条要求缔约方“防止引入、控制或根除那些威胁生态系统、栖息地或物种的外来物种”。外来入侵物种是《生物多样性公约》下的交叉问题之一，并最终导致了一些生物多样性大会的决定。也存在一些部门性的努力，例如粮农组织关于“捕捞渔业和物种引进的预防方法”的技术准则（1996 年）和国际海洋勘探理事会（ICES）《引进和转让海洋生物实务守则》（2005 年）。关于国际航运，国际海事组织 2004 年的《压载水管理公约》旨在通过规范压载水和沉积物的交换或处理来最大限度地减少有害水生生物和病原体的转移。

除了正式的协议外，全球范围内还存在大量的习惯国际法或软法性规则，为海洋治理提供了多元化的规则供给。其中较为重要的包括 1972 年《斯德哥尔摩宣言》、1992 年《里约宣言》、《里约 +20 宣言》（“我们想要的未来”）、《21 世纪议程》、《约翰内斯堡实施计划》以及联合国可持续发展目标 14（SDGs14）等。

第三节 区域海洋治理规则供给现状

与全球性海洋治理规则相比，区域性海洋治理规则由于涉及的地区和领域较多，呈现出更为明显的分散化甚至碎片化的倾向。无论是环境规划署下的“区域海洋计划”、区域渔业机构还是大型海洋生态系统，都有其特定的区域性规则供给。

一 区域海洋计划的规则供给

由于区域海洋计划的治理主要针对的是海洋环境的保护，除了国际海洋环境条约对于区域海洋计划的参考与引导外，一些国际环境法的基本“规范”始终贯穿于区域海洋计划的规则创制过程中。

一是“不损害”或防止跨境损害。是指各国有义务确保其管辖或控制范围内的活动不会对其他国家的环境造成重大损害。换言之，各国必须确保其开展的活动，或者其允许、批准的活动，以对环境无害的方式进行，并采取适当的预防措施，以确保这些活动所造成的环境危害最大限度地减少——特别是如果这种损害可能是跨境的。应该强调的是，这一义务是行为性的，而不是效果性的；它并不禁止严格或绝对意义上的有害影响，即国家只有在控制活动时未能尽职尽责的情况下才对跨界损害承担责任。二是环境影响评估（EIA），涉及在一项活动进行之前确定其潜在环境影响的做法。近年来作为一种全球惯例而盛行，已将其地位提升为国际法习惯规则。[①] 三是预防方法。其核心是主张在面对不确定性时保持谨慎。更准确地说，它排除了以缺乏科学确定性为理由而采取具有成本效益的环境保护措施不采取行动的情况。即使环境威胁的程度和影响的科学确定性受到质疑，也应该得到有效解决。更现代的解释则更进一步，要求应推迟潜在有害活动，直到有充分可靠的科学证据证明其行为所造成的潜在环境危害可以令人信服地避免或管理。[②] 四是基于生态系统的方法。从本质上讲，基于生态系统的方法侧重于"生态系统本身的保护，包括生物有机体群落的结构、过程和功能，以及它们之间和它们与特定海洋中的非生物成分之间的相互作用"。[③] 采用这种方法使决策者能够在决定是否允许某项特定活动时考虑海上人类活动对海洋生态系统的累积影响。基于生态系统的方法与预防方法密切相关，并且两者相辅相成。[④] 五是污染者付费原则。该原则要求对环境造成损害的活动的经营者作出必要的赔偿以解决这种损害。实际上，这意味着活动的经营者有责任采取恢复措施或补偿对环境所造成的损害。这不应被视为获得污染或消耗资源许可的考虑因素，而应被视为将这些环境成本内部化的基础（否则将被视为外部性），以确保不会以牺牲环境为代价来获取利润。[⑤]

从规则框架的角度看，现有的18个区域海洋计划中，通常都有一个指导性的总体规则架构，作为区域海洋治理合作的基础。其中15个区域

---

① Birnie P., Boyle A. and Redgwell C., *International Law and the Environment*, 3rd edn., Oxford: Oxford University Press, 2009.

② Marr S., *The Precautionary Principle and the Law of the Sea: Modern Decision-making in International Law*, Leiden: Brill, 2003; Jaeckel A., *The International Seabed Authority and the Precautionary Principle: Balancing Deep Seabed Mineral Mining and Marine Environmental Protection*, Leiden: Brill, 2017.

③ Singh P., Jaeckel A., "Future Prospects of Marine Environmental Governance", in Solomon M., Markus T., eds., *Handbook on Marine Environment Protection*, Heidelberg: Springer, 2018, p. 624.

④ Trouwborst A., "The Precautionary Principle and the Ecosystem Approach in International Law: Differences, Similarities and Linkages", *Review of European, Community and International Environmental Law*, Vol. 18, No. 1, 2009, pp. 26-37.

⑤ Beder S., *Environmental Principles and Policies: An Interdisciplinary Introduction*, London: Earthscan, 2006.

制定了框架性公约，这些公约具有法律约束力，并辅之以针对具体问题的议定书或附件。作为行动的基础，这类公约通常会提供一般条款和条件以及供各国遵循的总体方向。无论这些原则多么重要，它们仍然不够充分和不够精确，无法导致采取果断行动，因此各方必须在各个领域谈判达成具体的协议。

自20世纪70年代区域海洋计划实施以来，区域性公约或议定书的主题呈现出不断扩大的趋势。20世纪70年代到80年代中期，组织区域合作打击船舶石油和其他有害物质污染以及减少陆源和活动造成的污染的法律文书开始陆续出现，例如：地中海（1976）；西非、中非和南部非洲（1981）；红海和亚丁湾（1982）；加勒比海（1983）；西印度群岛（1985）。20世纪80—90年代，这种动力逐渐扩大到包括生物多样性保护，特别是通过建立海洋保护区，例如：西印度洋（1985）；东南太平洋（1989）；加勒比海（1990）。进入21世纪，区域海洋协议开始以仍然有限的方式，采取超出保护海洋环境和生物多样性的目标，包括社会经济发展。朝着这个新方向迈出的第一步是2008年通过了地中海沿岸区综合管理协议（ICZM），西印度洋国家目前正在谈判一项沿岸区综合管理协议。[①] 18个区域海洋计划中，有15个有行动计划，这些行动计划尽管不一定具有法律约束力，但是在许多方面与公约有类似之处。其中北极、东亚海域、西北太平洋和南亚海域计划从未通过具有约束力的公约，另外两个地区在这方面也落后了——巴拿马是唯一批准《东北太平洋公约》和西非《阿比让公约》的国家，该地区22个国家中只有14个国家批准了该议定书。只有黑海、地中海、波斯/阿拉伯湾—ROPME海区和东南太平洋地区有陆源污染议定书，而大加勒比地区的陆地污染议定书尚未生效。

由于规则供给相对充分，许多观察家认为地中海、红海—亚丁湾和东北太平洋计划以及东北大西洋的区域海洋计划都是成功的。其中地中海作为最早的区域海洋计划，引人关注的重要原因在于其谈判并支持了

① Rochette J. , Billé R. , “ICZM Protocols to Regional Seas Conventions: What? Why? How?”, *Marine Policy*, Vol. 36, 2012, pp. 977 –984.

几项重要协议：《巴塞罗那公约》《地中海倾倒议定书》《船舶污染议定书》《陆地污染议定书》《基于污染的议定书》《特别保护区和生物多样性议定书》《防止大陆架勘探污染议定书》《危险废物转移议定书》《沿海综合管理议定书》和《危险废弃物议定书》等，构成了一套较为完整的治理规则体系。总体而言，在规则供给方面，每个区域计划都是个性化的，以解决成员国的具体优先事项。[①]

二 区域渔业规则

2001 年，《联合国鱼类种群协定》（UNFSA）生效，该协定是渔业治理领域的一项重要协议，与《联合国海洋法公约》直接相关。《联合国鱼类种群协定》旨在保护和管理跨界鱼类种群和高度洄游鱼类。该协定第 8 条规定各国有义务直接或通过次区域或区域渔业管理组织相互合作，此外，该协定也为各国应用保护原则奠定了重要的基础，例如预防性方法的使用。更重要的是，该协定强化了区域渔业管理组织的作用。另外两项最重要的全球性文书也强调了区域渔业管理组织在预防性方法和生态系统方法中的管理作用，一项是具有法律约束力的《联合国渔业安全协议》，另一项是自愿性的软法文书《粮农组织行为守则》。它们要求区域渔业管理组织以可持续的方式管理渔业。其他国际环境协定，例如，联合国可持续发展目标（SDG）不具有约束力，但仍可能对区域渔业管理组织产生影响。另一项可能影响区域渔业管理组织的国际环境协议是拟议的国家管辖范围以外生物多样性协议（BBNJ）。预防性方法和生态系统方法是可持续治理的重要方面。

对于过度捕捞、物种枯竭、丢弃浪费、附带捕获以及非法、不受管制、未报告的捕捞活动特别是违反区域性“渔业组织”采取的养护和管理措施，成为一个严重的问题。目前的一些管理措施，例如禁渔期、禁区、法定最小网目尺寸和双渔获资源的使用并不能满足对于海洋渔业治

---

① Jon M. Van Dyke, “Whither The UNEP Regional Seas Programmes?”, in Harry N. Scheiber and Jin-Hyun Paik, eds., *Regions, Institutions, and Law of the Sea*, Leiden: Martinus Nijhoff, 2013, pp. 89 – 110.

理的需要，一些普遍性的国际海洋法规则正在制定和完善，但是针对海洋渔业的治理问题，往往没有“万能药”。根本的解决办法在于建立有效的全球管理制度，通过公海和区域方式来管理世界渔业。就渔业管理而言，强制管理的实施与合规性之间存在关系：如鼓励遵守监管可通过诱导或威慑性的渔业措施；加强国家责任，扩大对于国家管辖区域外的管辖权；由船旗国船只进行捕捞作业；建立和完善检查和扣押公海渔船的规则和程序；诉诸港口国控制，包括检查和禁止入港等。

渔业管理与科学研究、公海自由和沿海政府的资源保护相关，因此，当代海洋法赋予沿海国保护和养护近岸海域生物资源的重大责任。1982年《联合国海洋法公约》通过设立新的海洋区域——专属经济区的方式，对各国的专属渔业权利以及监管、开发和管理其中所有生物和非生物资源的专属权利进行了明确。沿海国在管理和保护其专属经济区内的生物资源方面负有两项首要责任：其一，沿海国有义务通过适当的保护和管理措施，确保其专属经济区内的生物资源不会因过度开发而受到威胁，因而沿海国有义务将收获的渔获量维持或恢复到产生“最大可持续产量”① 的水平（第61条第2款）；重要的是，海洋生态系统的保护直接取决于沿海国维持本土生物资源最大可持续产量的能力，对于与当地种群相关的采伐、该地区的采伐模式以及采伐所采用的技术的溢出影响而言，尤其如此。其二，沿海国保护专属经济区海洋生态系统的第二个主要责任是促进实现该区域内生物资源“最佳利用”的目标。

第一个区域渔业管理组织是美洲热带金枪鱼委员会（IATTC），该委员会成立于1949年。截至目前，共有超过13个区域渔业管理组织，它们有能力制定对其成员国具有法律拘束力并管理公海地区渔业的措施，当然这些规则与措施须与其职责相关。一般而言，区域渔业管理组织被视为包括《联合国海洋法公约》在内的全球性协议与各国特殊的渔业及其他利益之间的重要衔接机构。每个区域渔业管理组织管理一个特定的

---

① “最大可持续产量”的概念是指在不耗尽生物资源存量的情况下可获取该资源最大吨位的采伐水平。该概念的关键谬误包括能够科学地确定沿海国专属经济区内所有物种的阈值，以及能够一致、全面地将“最大可持续产量”阈值应用于所有国内（和外国）渔船。

地理区域或物种。这些区域渔业组织一般可以分为管理非高度洄游和跨界物种的区域渔业管理组织，以及管理金枪鱼和类金枪鱼物种的五个金枪鱼区域渔业管理组织。区域渔业管理组织也包括南极海洋生物资源养护委员会（CCAMLR），它不是典型的区域渔业管理组织，而是一个负有渔业责任的养护组织。

在涉及预防方法和生态系统方法等重要的海洋治理方法的规则安排上，区域渔业管理组织之间存在一定的差异。在《联合国鱼类种群协定》谈判后生效的区域渔业管理组织常常在其公约文本中纳入预防方法和生态系统方法的相关条款，例如南太平洋区域管理组织（SPRFMO）和北太平洋渔业委员会（NPFC）。而较早的区域渔业管理组织的公约则往往与《联合国鱼类种群协定》不相容，其文本中缺乏预防性方法或生态系统考虑等重要特征。尽管如此，一些相较南太平洋区域管理组织和北太平洋渔业委员会更早的区域渔业管理组织正在寻求通过不同的方式来适应相关的全球性规范和方法。其中，部分区域渔业管理组织通过重新制定公约的方式来实现这一目的。例如美洲热带金枪鱼委员会和地中海渔业综合委员会（GFCM）。另一部分区域渔业组织则通过重新解释公约的方式，例如中西部太平洋渔业委员会（WCPFC），在其条约解释中明确表示有权采取海洋环境保护的措施，尽管在其原始公约文本中并没有对此具体说明。区域渔业组织正在努力调整，通过对预防性方法和生态系统方法的引入来强化可持续治理。尽管如此，胡安·乔丹等的研究表明，金枪鱼区域渔业管理组织将生态系统方法纳入其管理方面取得了显著进展，尽管如此，其研究也表明，尽管这些组织整合了生态系统方法，但做得并不好。例如，大多数组织没有适当的实施计划，而且这些计划都是临时的和短期的。[1]

三　大型海洋生态系统的规则供给

全球环境基金处理国际水域问题的方式与气候变化、生物多样性、

---

① M. J. Juan-Jorda, H. Murua, "Report Card on Ecosystem-based Fisheries Management in Tuna Regional Fisheries Management Organizations", *Fish and Fisheries*, Vol. 19, Issue 2, 2017, pp. 321 - 339.

荒漠化治理、有机污染物治理等领域不同，对于后面这些领域，全球环境基金的主要目标是支持各国在国家政策和战略中履行《联合国气候变化框架公约》《生物多样性公约》《联合国防治荒漠化公约》（UNCCD）或《持久性有机污染物公约》等全球公约的方式不同。从形式上看，全球环境基金并不是执行海洋公约的金融工具。全球环境基金的第四次评估报告对此说得非常清楚：“由于全球环境基金没有遵循国际水域公约的指导，因此它自行制定了重点领域完整战略。在全球环境基金的其他重点领域，主要目标是支持各国在国家政策和战略中履行公约的义务，在国际水域中，总体战略中重要的第一步是 TDA 和 SAP 为以下目标奠定基础：在各国政府之间达成具有约束力的协议，以解决它们共享的跨界水系统中的紧迫问题。”

值得注意的是，这里没有提及现有的具有约束力的协议，特别是区域海洋公约及其议定书。在 SAP 实施方面，全球环境基金国际水域战略在目标 1 下规定了以下内容：“全球环境基金将支持进一步制定和实施商定 SAP 中确定的区域政策和措施，通过协作行动将促进现有联合法律和政策的可持续运作，或帮助建立新的体制框架。”全球环境基金资助的大型海洋生态系统项目必须应对所涉国家的法律和政治现实，这些国家也是现有区域海洋公约（例如《巴塞罗那公约》或《阿比让公约》）或没有具有法律约束力文书的行动计划（如东亚海域协调机构）的参与方。

制定 SAP 的过程有助于制定国家驱动的、政治上商定的方式，以承诺采取行动，解决和鼓励适应性管理的框架中的优先事项。事实证明，这种共同的承诺和行动愿景对于全球环境基金项目至关重要，这些项目已经完成了确保不同经济部门的政策、法律和机构改革承诺的进程。最终，全球环境基金可能会资助一个实施项目，以协助各国解决国家驱动的改革和投资优先事项。现有的国际协议未能实现联合国环境与发展会议海洋进程的目标。它们是围绕污染、GPA、污水、废物处理、渔业、生物多样性或全球气候变化等部门的主题设计的，未能将国际和地方问题以适用于该大型海洋生态系统和特定优先事项的跨部门战略方法联系起来。它们仍然是主题性的，并鼓励重点关注机构发展。为了弥补这一差距，全球环境基金、其联合国伙伴机构以及其他组织，包括自然保护联盟、联合国教科文组织国际奥委会和美国国家海洋和大气管理局，共同解决这些问题。

一些区域作出了尝试，例如黄海大型海洋生态系统计划利用东亚海环境管理伙伴关系组织（PEMSEA）建立的政策和制度框架，根据一项不具法律约束力的协议，为黄海大海洋生态系统项目（YSLME）建立了一个委员会；在南亚，孟加拉湾大型海洋生态系统项目（BOBLME）一直积极制定渔业管理计划，并与区域渔业管理咨询委员会（RFMAC）合作，解释信息并提供基于生态系统的渔业管理建议。本格拉海流委员会是一项非凡的成就，它目前正在制定跨界渔业管理计划，并注意到其与相关实体的正式关系。本格拉海流委员会与邻近的近海区域渔业管理组织与其位于同一地点的东南大西洋渔业组织（SEAFO）有着密切的工作关系。在非洲印度洋一侧，厄加勒斯海流和索马里海流大型海洋生态系统在建立大型海洋生态系统委员会方面遇到了相当大的政治担忧，因为已经存在许多负责处理各个组成部分的机构，在其战略行动计划中提出了“西印度洋合作伙伴联盟，以实施大型海洋生态系统管理战略行动计划”，该联盟有潜力在未来发展成为一个其行动导致管理的机构。

渔业是大型海洋生态系统商品和服务极其重要的组成部分，如果大型海洋生态系统的努力要取得成功，就必须在可持续性的基础上对其进行管理。几内亚海流大型海洋生态系统（GCLME）粗略地描绘了LME的治理状况后，值得更详细地研究GCLME面临的情况。有许多区域渔业机构和区域渔业管理组织影响着大型海洋生态系统。它们是ICCAT、SEAFO、CSRP、COMAFAT、CEACAF、几内亚湾中西部渔业委员会（FCWC）和几内亚湾区域渔业委员会（COREP）。只有前两个是区域渔业管理机构。还有一些区域经济机构（REB）也参与其中，首先是非洲联盟（AU）及其非洲发展新伙伴关系（NEPAD）。从积极的一面来看，IGCC与RFB签署的谅解备忘录强烈表明了GCLME地区向前发展的愿望。要解决的问题是：是否有其他地区也面临着同样的问题并成功地控制了渔业并扭转了局面。

几内亚临时海流委员会（IGCC）与区域渔业机构成功签署谅解备忘录是非常积极的一步。监测、控制和监视（MCS）是渔业管理的重要组成部分，然而必须在大型海洋生态系统范围内才能有效，并且当大型海洋生态系统邻近地区的资源需要收获时，很难在某一地区获得接受。大型海洋生态系统的实体作为倡导者可以成为基于生态系统的管理行动的催化剂，并将所有这些结合在一起的“黏合剂”。它也可能是处理渔业和气候变化、渔业和海洋分区等战略问题的地方，而各国征求建议书则专注于战术问题，例如每年调整渔民分配的问题。

第四节　区域海洋治理规则供给面临的困境

一　治理规则缺位

所谓法律缺位往往是指就相关问题没有具体的法律依据，尤其是无成文法规则或原则对相关问题进行法律规制，而需要通过行为体的主观意识加以裁定和处理的情形。从一般操作层面区分，法律缺位可以划分为法律空白（Vacuum of Law）与法律缺失（Loophole in Law）两大类型[①]。前者主要是由于缺乏相关的法律规则导致治理无既定的规则可依，而后者主要是由于规则的模糊性导致治理上的漏洞。这种规则的缺位广泛地存在于区域海洋治理中，导致治理对于规则的需求与供给存在较为紧张的矛盾。

（一）规则模糊

《联合国海洋法公约》的许多规则和其他相关条款都是在立法条约中规定的。与契约性条约的规定更为详细相比，造法条约的规定较为笼统、模糊。由于不同的解释，常常会导致各方产生争议。事实上，《联合国海洋法公约》并未明确规定海域和岛礁等地物的历史权利。例如，《联合国海洋法公约》第 10 条、第 15 条和第 298 条没有明确定义“历

---

① 前者往往指已经存在相关法律规则却不够完善，后者则指应当有相关的法律规则却由于种种原因而呈现空白的状况。参见金梦《立法性决定的界定与效力》，《中国法学》2018 年第 3 期；Willem van Genugten, Rob van Gestel, Mare Groenhuijsen and Rianne Letschert, “Loopholes, Risks and Ambivalences in International Lawmaking: The Case of a Framework Convention on Victims' Rights”, *Netherlands Yearbook of International Law*, Vol. 37, 2006, pp. 109 – 154; Peter W. Singer, “War, Profits, and the Vacuum of Law: Privatized Military Firms and International Law”, *Columbia Journal of Transnational Law*, Vol. 42, No. 2, 2004, pp. 521 – 550。

史性海湾”“历史性水域”或“历史性所有权”。此外，第121条（第八部分）具体涉及“岛屿制度”，但未能清除“岛屿”或“珊瑚礁”定义上的阴云，更不用说“维持人类居住或其自身经济生活”的具体标准了。国际律师会对第121条有不同的解释，例如，乔恩·范·戴克（Jon M. Van Dyke）等认为，《公约》第121条应以严格的方式解释，即不能维持50人以上居住和经济生活的岩石不应设立专属经济区（“专属经济区”）或大陆架。[①] 相反，乔纳森·查尼（Jonathan Charney）主张广义解释，认为如果只有岩石能够维持“人类居住”或“自己的经济生活”，那么它们就应该拥有自己的专属经济区或大陆架。[②] 其次，立法条约的许多条款是一揽子协议的结果，采用模糊性、笼统性的规定，以求各方一致同意，平衡利益冲突。例如，在第三次联合国海洋法会议上，许多国家同意外国军舰和军用飞机可以通过属于沿海国的海峡，但这些权利的条件是与“区域”内的勘探和开发制度达成一致。显然，上述规定是一般原则，并不能解决上述规定之间的矛盾。

这种模糊也体现在对于规则的解释和适用上。例如《保护东北大西洋环境公约》在国家管辖区域外建立海洋保护区时动态地运用预防原则和预防措施，“预防原则”植根于与解释相关的序言部分以及《保护东北大西洋环境公约》第2（2）条和第3（1）（b）（ii）条中的执行部分，其中后一条规定了委员会具有法律约束力的义务，即制定符合国际法的手段，针对东北大西洋海域内的特定区域或地点采取预防措施。在关于建立查理—吉布斯北公海海洋保护区的OSPAR COP 2012/1号决定中，该决定被《保护东北大西洋环境公约》缔约国承认具有约束力，但在更大的国际法范围内被认为对公约之外不具有约束力，海洋保护区被定义为“预防措施”，以便实施措施与条约中包含的具有约束力的法律义务相一致。这种对通过预防措施定义的监管—实施梯度的高度简化的解释只是为了揭示一个更复杂的原则驱动的法律—制度互动网络中的一

---

① Jon M. Van Dyke, Robert A. Brooks, “Uninhabited Islands: Their Impact on the Ownership of the Oceans' Resources”, *Ocean Development & International Law*, Vol. 12, 1983, pp. 265 – 300.

② Jonathan I. Charney, “Rocks That Cannot Sustain Human Habitation”, *American Journal of International Law*, Vol. 93, Issue 4, 1999, pp. 863 – 878.

个“节点”——最突出的是涉及与保护海洋环境相关的责任。生态系统方法和合作的基本义务——在《保护东北大西洋环境公约》下用于在ABNJ建立海洋保护区。这些源自缔约方会议决定的措施可以再次与履行《联合国海洋法公约》第197条所载区域合作约束性义务的“建议做法”产生共鸣，从而阐明可以在区域之间横向和区域之间纵向“扩大”的合作和协调路径。在此法律框架内进行区域和全球层面的治理。因此，这种交叉融合过程显然可以被视为加强耦合和互连的工具，而这种耦合和互连是在对国家管辖区域外问题采取区域性方法时所需要的，即使它们在法律上并不直接适用于所有参与者。

规则模糊也体现在条约与制度复杂的互动之上，奥兰·扬认为，一项条约往往对另一项条约产生影响。然而，这种影响往往是不确定的。高度专业化的条约之间的大量交叉以及不同的内部和机构间的相互作用是必要的以实现《联合国海洋法公约》序言中设想的综合成果。此外，提及“可持续利用”需要更广泛地反思实现可持续发展的战略，例如《里约宣言》和《21世纪议程》中所规定的战略。这些文书明确呼吁“在各个层面采取行动”——国际、区域、国家和地方——实现可持续发展，与《联合国海洋法公约》第197条的合作条款直接呼应，该条款为通过区域机构进行多层次治理方法开辟了条约。区域环境保护框架与具有部门责任的全球和区域机构之间更强的纵向和横向联系也被认为是国家管辖区域外制度的重要因素，这给协调与合作任务带来了进一步的复杂性。由于合作和协调是法律和治理的任务，因此需要在两者的交汇点上运作机制。由于原则在监管实施梯度上发挥作用，因此它们可能经过了独特设计，通过为部门活动、条约之间的共同点提供统一的最低标准，并在构建国家管辖区域外的新制度。这种过程在其早期阶段的证据已经显而易见。条约、制度进程和多层次治理之间的相互作用、缔约方会议的作用被描述为条约法的演进发展与实施该法律所追求的治理活动之间的“桥梁”功能。

例如，在条约与缔约方会议的决定和决议之间还可以看到更多形式的基于原则的相互促进，虽然它们本身不具有法律约束力，但包含了缔约方履行条约义务的建议的方法。这些建议的方法与具有约束力的义务直接产生共鸣，以至于它们的法律地位在实践中仅具有次要意义。许多评论家认为本书中描述的条约、机构和制度的复杂性是一个深刻的分裂案例。当然，这是完全正确的——但针对的是公海制度，自专属经济区和大陆架制度引入以来，公海制度已经处于逐渐被侵蚀的状态。相反，这里描述的是向国家管辖区域外制度及其新兴要素的过渡过程——无论它可能多么混乱。这一正在进行的过程也得到了高度的政治支持，正如里约二十二周年成果文件所描述的那样，其中“国家管辖范围以外的地区”被明确命名为治理行动的一个有凝聚力的领域——这可以说是《里约+20》中规定的合作义务的结果。在《生物多样性公约》第五条中国际法委员会在其关于国际法不成体系的报告中认识到需要走向“制度法”，并指出“条约链或条约组，包括框架条约和实施条约之间的关系”在国际法中变得越来越重要。

（二）治理规则空白

目前，在海洋区域计划中，仍然有一些计划并未形成完整的规则框架，尤其是北极、东亚、西北太平洋和南亚等海域，即在涉及海洋环境保护的诸多领域法律规范，缺乏总体的规则框架，例如陆源污染、海洋酸化等。以北极为例，尽管关于北极是否存在治理该区域的规则存在争议：第一种观点认为，北极地区的治理的重大缺陷在于几乎没有治理该地区的规则；第二种观点认为，北极有规则和机构，例如北极理事会和各种多边国际协议，但这些不足以应对该地区面临的巨大挑战，特别是气候变化的巨大影响；第三种观点认为，需要制定一项总体性的国际条约；第四种观点认为，该地区已经有足够的规则和机构，重要的是让这些不同的机构以协调一致的方式开展工作。尽管存在争议，但是基本的共同点在于，认为北极地区缺乏总体的规则框架，导致该地区的治理出现“碎片化”，而且，在一些重要领域，包括气候变化等，北极缺乏相应的规则来进行有效的治理和应对。为此，一种建议认为，北极地区应该设立类似于“北冰洋区域海洋计划”（RSP）的规则框架，通过“区域海洋计划”来改善北极的治理，协调和加强科学研究，并管理日益增加的人类活动，包括促进安全可靠的海上作业，更重要的是，该“区域海洋计划”可以对北冰洋地区不断增长的硬法和软法规则进行合理化的组织。[①] 而在区域渔业的治理中，具有制定和执行规则能力的区域渔业管理组织仍然偏少，大量的区域渔业组织仅仅具有咨询职能。

规则空白最严重的是大型海洋生态系统，尽管其已经成为一种被普遍运用的区域海洋治理机制，然而专门有关这一机制的国际协议仍然处于空白状态。其原因在于，国际海洋法并不涉及整个生态系统，它侧重于特定国家公民的特定活动。因此，直到现在，国际法对海洋生态的保护和管理还没有提出多少要求。民族国家没有被迫为自己的国民和自己的水域制定标准。很少有规则管辖不属于国家明确权限范围的活动，现有规则是各国自愿协议的结果。大型海洋生态系统大部分取决于各个国家的自愿协议，这要求它们相信这种管理符合本国的最大利益。所以关于大型海洋系统的规则供给困境在于：污染和生物资源管理问题尚未得到法律的全面解决，民族国家有自己的规则，多边协议则侧重于特定问题或物种，政治领导人很少关注总体生态系统管理，因此很少有法律来规定此类管理。

潜在的好消息在于，国际法并不排除此类管理，国际法的发展也不排除导致未来生态系统管理规则的可能。虽然对生态系统的综合管理几乎没有法律障碍，但也没有太多的法律激励措施。尽管 1982 年《公约》的法律性质和条款仍然基本上侧重于特定物种的管理制度，并将海洋污染控制规则与生物资源养护和管理规则分开，且民族国家致力于捍卫领土主权独立和权利，但是一旦当这些国家看到建立此类规则的共同利益时，越来越多的国家会将总体生态系统的方法应用于其自己的管理制度以及与其他国家共同控制的制度，这意味着总体生态系统管理就越会成为首选的法治选择，从而成为习惯法。对于习惯国际法创设新规则的实践可以表明，大型海洋生态系统所需的法律框架的建立，必须认真培育应用和接受对人类海洋行为采取此类综合应对措施的机会和实践，而且，这种方法的法律选择实际上可能是无限的。一种可能的路径是先对大型海洋生态系统的管辖进行划分，例如对仅存在于单一民族国家领土内的

---

① Timo Koivurova, “How to Improve Arctic International Governance”, *UC Irvine Law Review*, Vol. 6, Issue 1, 2016, pp. 83 – 98.

整个生态系统的控制；对跨越两个或两个以上国家领土的生态系统的控制；对仅存在于国际水域内的生态系统的控制；对存在于一个或多个国家领土和国际水域的生态系统的控制。通过逐步实践促进国际社会形成一些设定最低限度限制的国际惯例，当然其核心在于塑造其他国家自愿默许或采取行动的政治意愿。

（三）规则缺位的后果

国际规则和文书网络的发展导致了碎片化，这些规则和文书出于所有实际目的——包括出于解释目的——都被视为单一“整体”；然而，他们一般将其称为政权间关系的复杂替代方案是“目前的法律黑洞”，需要确定原则以促进政权之间的互动。这种文字游戏非常明确地指向一体化，这不仅是《联合国海洋法公约》的指导原则之一，也是其实施海洋法的关键途径之一。然而，尽管在序言中提到了这一点，但尚不清楚对综合方法的呼吁是否被理解为与法律要求相关，或者仅仅是作为一项政策目标。这指出了一体化作为一项原则的多重功能，并清楚地说明了后续治理过程中连贯性和一致性的必要性，从而说明了一体化方法在抵消法律与治理之间潜在的分裂方面的特殊相关性。与此同时，不应忘记，治理进程本能地在条约和机构之间建立起法律制度有效性所必需的联系，无论其法律形式如何，并且必须注意指导它们所追求的目标。对原则和它们所培育的“变革路径、系统轨迹和自组织过程”的反思对于这一努力至关重要。无论从“实施差距”还是“监管差距”的角度看待，认识到这项工作的最终目的是制定促进保护和可持续利用的法律——无论它是作为一项实施协议、一个更具凝聚力的交叉条约和习惯国际法网络，还是两者兼而有之——原则旨在指导这种从治理到法律的演变。①

总之，一方面，关于包括区域海洋治理在内的领域存在规则空白的问题；另一方面，尽管已经存在大量的规则，不同的规则之间存在一些“缝隙”或者解释与适用方面的衔接不当问题，而且积重难返，成为影

① Katherine Houghton, “Identifying New Pathways for Ocean Governance: The Role of Legal Principles in Areas Beyond National Jurisdiction”, *Marine Policy*, Vol. 49, 2014, pp. 118 – 126.

响区域海洋治理规则完善与有效的制约因素。

二 治理规则冲突

迈克尔·祖恩（Michael Zürn）认为，在全球层面处理海洋治理的国际机构越多，不同国际法规与国家法规之间的冲突就越多，这种差异只有超国家仲裁机构才能解决。同时，联合国等国际机构的运作不符合民主标准，因为缺乏公认的决策者，他们可能会对错误的决定负责。[①] 包括国际法在内的国际规则的冲突在国际社会中是一种较为普遍的现象，尽管联合国试图构建相对完整的国际法律体系，但是由于国际社会是一种平权社会，部门性、区域性甚至双边条约规则构成了相处冲突、彼此矛盾的规则体系，这种现象被联合国国际法委员会称为“国际法的碎片化”。这种碎片化既源于国际法规则体系所固有的结构性特征，也随着国际法规则的多样化与扩展而得以凸显。[②]

当存在多个条约时，主要条约法就会出现碎片化，从而产生可能适用于特定情况的多套国际法规。由于适用于该地区的条约数量众多，这在海洋治理领域尤其危险。虽然《联合国海洋法公约》最初关注的是规范航行和渔业，但海洋治理的主题已经扩展到不仅涵盖人类活动对海洋环境的有害影响，而且涵盖范围广泛的其他主题。这导致了条约、条约机构和软法律文书的通过，关注海洋治理的文书、机构、程序和规则似乎太多，治理的有效性和效率可能受到阻碍。在缺乏普遍立法机构或具有全面授权的行政机构的情况下，大多数国际条约彼此平行存在，并且在没有考虑到与其他协定的潜在冲突的情况下得到进一步发展，无论是在谈判期间还是在它们存在的后期。就这些协议的重叠而言，这种重叠既可以表现为针对特定问题的双倍努力，也可以表现为各个协议的目标、计划或手段之间的矛盾或冲突。

国际环境法中存在大量平行的、实质上或部分重叠和冲突的协议，

---

① Michael Zürn, “Global Governance and Legitimacy Problems”, *Government and Opposition*, Vol. 39, Issue 2, 2004, pp. 260 – 287.

② 参见古祖雪《现代国际法的多样化、碎片化与有序化》，《法学研究》2007 年第 1 期。

这种现象因谈判更具约束力的文书的做法而加剧，被一些学者称为“条约拥挤”。[①] 这可能会削弱国际环境法的效力，因为可能会浪费稀缺的财政、行政或技术资源。如果协定之间的冲突导致对其解释的不确定性，并因此导致它们的实施和整体应用变得更加困难。一般来说，环境协定之间的重叠和冲突都需要一种系统的方法来协调和解决，以提供更大的一致性，并相应地提高国际环境法的低效率。简而言之，过多的法律规则和制度导致可能出现的冲突和不一致以及重复工作，并未能实现使命的协同作用和一致性。

这种规则的冲突与“条约拥堵”等现象在海洋治理中体现得非常显著。不同的全球和区域实体制定了软法和硬法，但决策的主要场所始终是民族国家。因此，法律的形成过程是高度分散和互动的，它不会直线发生。随着区域协议的激增，差距和不一致比比皆是，合规控制成为一个普遍存在的问题。诺尔坎珀（Nollkaemper）在其对跨界污染国际制度的综合评价中指出了这一点：跨界污染制度突出地说明了国际规则的发展是一个反复试验的过程。为限制各州的自由裁量权而制定的规则有时显得足够，在其他情况下很快就会被修改、补充或替换，而在还有一些情况下，这些规则实际上变得毫无意义。结果是规范和制度的复杂叠加或并置。不可避免地，规则的不断发展会导致危及制度一致性的地步，这种一致性被定义为国际制度要素在内部一致的程度。[②]

生态系统管理有可能产生高度多样化的制度，每个制度都主要基于与生态系统相关的特定变量而不是基于法律或生态学的普遍原则。除了上述问题之外，另一个主要问题大型海洋生态系统管理的主要特点是与现有的海洋管理机制存在重叠或冲突。大型海洋生态系统不可避免地与一些国际组织或机构的现有管理领域重叠，例如环境署区域海洋计划以及粮农组织和非粮农组织的区域渔业机构。几乎每个区域的海域都或多

---

① Dalal Al-Abdulrazzak et al.，“Opportunities for Improving Global Marine Conservation through Multilateral Treaties”，*Marine Policy*，Vol. 86，2017，pp. 247 –252.

② André Nollkaemper，*The Legal Regime for Transboundary Water Pollution*：*Between Discretionand Constraint*，Dordrecht：Martinus Nijhoff/Graham and Trotman，1993，p. 307.

或少地受到各种国际协定和计划的覆盖，并由不同的政府间机构管理。然而，功能和目标重叠甚至相互冲突的区域计划和机构的涌现也带来了问题。一些区域计划和机构之间的重复和竞争是主要问题之一，这可能导致管理资源浪费和海洋管理效率低下。对现有区域海洋计划和机构的调查揭示了海洋管理任务和工具的地理和功能重叠。区域海洋存在三种主要是平行的治理机制：区域海洋计划、区域渔业机构和大型海洋生态系统。除了这些计划的空间重叠外，它们之间和实施机构的功能重复主要发生在：区域海洋计划与海洋污染和海洋治理方面的大型海洋生态系统项目，以及大型海洋生态系统项目与区域渔业项目海洋生物资源管理机构。尽管有很多计划和机构，但海洋环境和渔业资源仍在持续下降，问题可能不是缺乏制度和机构，而是合作实施现有制度的能力和政治意愿不足。对于国际海洋相关机构协调的必要性，李·金博尔（Lee A. Kimball）指出，原因不仅仅是为了避免机构之间的重复和重叠、提高效率，更重要的原因是采取综合的方式应对生态系统的复杂性。①

规则重叠也导致在同一领域运作的不同参与者，海洋治理涉及许多参与者，包括国家、秘书处、专门条约机构、非政府组织和社区组织等。例如，与非洲海洋有关的条约和政策机构数量众多，导致管理和执行这些国际法律规则和政策的机构激增，为所有协定设立了众多秘书处，这造成了政策和法律不一致：在政策和法律方面作出的决定可能缺乏一致性和形成一个统一整体的质量，因此在相似领域运作的机构作出的决定无法实现协同作用导致不一致或重复努力。这也会影响政策的连续性，政策连贯性的重要性在于在全球范围内得到联合国认可。第71/312号决议——《我们的海洋，我们的未来：行动呼吁》强调“需要采取综合、跨学科和跨部门的方法，并加强各级的合作、协调和政策一致性”，并呼吁所有利益攸关方“加强各级机构之间的合作、政策一致性和协调，包括国际组织、区域和次区域组织和机构、安排和方案之间的合作、政

① L. A. Kimball, “DOALAS/UNITAR Briefing on Developing in Ocean Affairs and The Law of the Sea Twenty Years after the Conclusion of the UN Convention on the Law of the Sea”, September 26, 2002, http://www.un.org/depts/los/convention_agreements/convention_20years/Presentation-LeeKimball.pdf, p. 3.

策一致性和协调”。[1] 此外，该行动呼吁（第14段）“秘书长继续他的努力支持目标14的实施……特别是通过加强整个联合国系统在海洋问题上的机构间协调和连贯性……”在区域一级《阿比让公约》缔约方第十一次会议通过的开普敦宣言也承认加强政策一致性的体制框架的必要性：缔约方要求秘书处“支持各国制定和实施高效和连贯的海洋和沿海管理体制和立法框架”。

为了应对条约下活动的重叠问题，次要活动可以由条约缔约方授权，此外，可以制定政策框架并采取进一步行动以促进文书的目标。例如，此类活动的形式可能是缔约方大会决定采取进一步行动，或调查特定问题，甚至修改条约或根据条约通过议定书。此外，可以采用条约下的次要规则，例如，可能包括报告和监督义务以及争端解决安排。例如，南方蓝鳍金枪鱼保护公约创建了南方蓝鳍金枪鱼保护委员会（CCSBT），该公约没有明确涉及地理区域，适用于所有海洋中的南部蓝鳍金枪鱼。这意味着南方蓝鳍金枪鱼保护委员会的职权范围与其他区域渔业管理组织重叠，包括国际大西洋金枪鱼保护委员会（ICCAT）和印度洋金枪鱼委员会（IOTC）；为了管理这些重叠，金枪鱼保护委员会需要达成协议或通过谅解备忘录，明确南方蓝鳍金枪鱼保护委员会拥有管理南方蓝鳍金枪鱼的主要权限。虽然国际大西洋金枪鱼保护委员会和印度洋金枪鱼委员会已正式承认南方蓝鳍金枪鱼保护委员会有权管理SBT，但南方蓝鳍金枪鱼保护委员会未能与南极海洋生物资源保护委员会（CCAMLR）就在《南极海洋生物资源保护公约》区捕捞南方蓝鳍金枪鱼的安排达成一致。尽管已经取得了进展，但南方蓝鳍金枪鱼保护委员会的战略计划2015—2020认识到，需要做更多的工作来协调其与其他区域渔业管理组织的活动，并根据多边协议开展活动。该计划说：南方蓝鳍金枪鱼保护委员会有很多机会与其他RFMO更密切地合作并协调措施，特别是与其他金枪鱼RFMO，这应该是南方蓝鳍金枪鱼保护委员会的优先领域。南方蓝鳍金枪鱼保护委员会应将打击IUU捕鱼活动添加到影响所有金枪鱼

---

[1] United Nations, “United Nations General Assembly, Seventy-first Session”, July, 2017, Our ocean, our future: call for action (A/RES/71/312).

RFMO的交叉问题清单中，并监测和监管转运，特别是考虑到南方蓝鳍金枪鱼保护委员会与印度洋金枪鱼委员会和西太平洋和中太平洋渔业委员会的地理重叠。鉴于南方蓝鳍金枪鱼保护委员会在许多方面依赖于与其他RFMO的合作关系以“协调”（并直接使用）一些邻近RFMO的措施，神户进程及其2010年研讨会要求的工作特别相关。南方蓝鳍金枪鱼保护委员会应认真寻找机会重新激发其邻近RFMO之间的讨论，以更紧密地合作实施神户建议。合作的关键领域包括：更系统地交换数据和信息（可互操作的数据库）；进一步协调措施；举办更多的联合科学研讨会；加强合规工作的协调，特别是打击IUU捕鱼以及保护和管理ERS；大规模标记程序；生态系统方法的实施；基于大规模生态系统的建模；管理策略评估；MCS系统的协调；评估合规性的通用格式（数据报告；侵权等）；能力建设（例如培训课程）等。

第四章

"本土化"：区域海洋治理对规则供给困境的自发应对

尽管对基于全球共识的区域海洋治理规则时常被呼吁和提倡，不少人认为，必须根据共同原则、国家法律框架和综合政策，就规则和程序以及区域行动达成全球共识。① 制定这些规则需要退后一步，审视适用于海洋的法律规则体系。② 为了使海洋治理有效，鉴于《联合国海洋法公约》无法满足当今的海洋挑战和需求，合理利用海洋需要综合的海洋治理，即全球层面的规划、决策和管理过程。③ 然而即使是持这些主张的人也不能否定，在当今，海洋管理和治理被视为创造新的技术和社会选择的集体努力的一部分，这些选择越来越多地依赖于当地知识，而不是"一刀切"的公式，区域海洋治理在这一进程中发挥着更为重要的作用。④ 一个多中心的海洋治理体系似乎正在兴起，部分学者将这个多中心的海洋治理体系称为"以现有安排的优势为基础的海洋多中心主义"。⑤ 多中心本

---

① Pyæ, D. *Global Ocean Law*, Gdańsk: Res usus publicum, 2011; Houghton K., "Identifying New Pathways for Ocean Governance: the Role of Legal Principles in Areas beyond National Jurisdiction", *Marine Policy*, Vol. 49, 2014, pp. 118 – 126.

② Houghton K., "Identifying New Pathways for Ocean Governance: the Role of Legal Principles in Areas beyond National Jurisdiction", *Marine Policy*, Vol. 49, 2014, pp. 118 – 126.

③ Pyc D., "Global Ocean Governance", *TransNav: International Journal on Marine Navigation and Safety of Sea Transportation*, Vol. 10, 2016, pp. 159 – 162.

④ Ibukun Jacob Adewumi, "Exploring the Nexus and Utilities Between Regional and Global Ocean Governance Architecture", *Frontiers in Marine Science*, Vol. 8, 2021.

⑤ Fanning L., and Mahon R., "Governance of the Global Ocean Commons: Hopelessly Fragmented or Fixable?", *Coastal management*, Vol. 48, 2020, pp. 527 – 533.

身被定义为具有多个交互决策中心并具有一定程度自主权的任何治理系统。①

第一节　区域海洋治理“本土化”的界定

在这一体系下，规则或安排的“本土化”，成为各个区域应对当前海洋治理难题的一个重要趋势。本书定义的“本土化”有两重内涵：一是相关协议或安排并非依据联合国的统筹或指令，而是区域内行为体自发组织或倡议的结果；二是安排或协议从形式到内容上体现了区域需求和一般特征。

一　海洋治理“本土化”的分布与特征

范宁等在对全球各个区域的安排架构进行了较为全面的审查和研究后发现，在当前的区域海洋治理实践中，本土安排的比例相当高，所谓本土安排是相对于外部安排而言的，后者往往与全球安排或计划相关。②这些本土安排是由区域国家专门制定的，而不是由外部/全球机构推动的，这体现了区域海洋治理的巨大潜力。许多本土安排是区域性多用途组织和相关部门机构，所谓多用途安排是为经济和可持续发展而制定的安排，其中包括海洋事务的环境类别可能包括生物多样性、渔业和污染的各种组合。因此，这些本土安排有潜力将海洋可持续性纳入国家经济发展和海洋治理的主流。本土安排普遍与全球区域结构的联系较差，尤

---

① Ostrom V., Tiebout C. M., and Warren R., “The Organization of Government in Metropolitan Areas: a Theoretical Inquiry”, *American Political Science Review*, Vol. 55, Issue 4, 1961, pp. 831–842; Schoon, M. L., “Principle 7: Promote Polycentric Governance”, in R. Biggs, M. Schluter, and M. L. Schoon, eds., *Principles for Building Resilience: Sustaining Ecosystem Services in Socio-Ecological Systems*, Cambridge: Cambridge University Press, 2015; Carlisle K., and Gruby, R. L., “Polycentric Systems of Governance: a Theoretical Model for the Commons”, *Policy Studies Journal*, Vol. 47, 2019, pp. 927–952.

② Robin Mahon, Lucia Fanning, “Regional Ocean Governance: Polycentric Arrangements and Their Role in Global Ocean Governance”, *Marine Policy*, Vol. 107, 2019; Robin Mahon, Lucia Fanning, “Regional Ocean Governance: Integrating and Coordinating Mechanisms for Polycentric Systems”, *Marine Policy*, Vol. 107, 2019.

其是那些与生物多样性相关的安排，且土著群体中一般环境安排的比例要高得多。在数量上，大多数区域的海洋治理中的本土安排数量超过了外部安排，这些安排往往是由次区域国家集团制定的，具体的共同问题或希望在更广泛的区域或全球事务中发出集体声音。这些安排是多中心、多层次区域海洋治理的重要组成部分。它们是辅助原则得以体现的一种方式。重要的是要理解和促进它们在区域海洋治理中的作用。它们的流行表明大多数地区的国家认为它们是必要和重要的。显然，在任何理解和促进区域海洋治理的举措中都必须认真考虑它们。

在规则的约束力上，外部安排和本地安排在约束力程度、完整性以及区域国家参与方面存在差异。92%的外部安排具有约束力，而本地安排的这一比例仅为53%。由于具有约束力的决策是完整性的一部分，因此外部安排的平均完整性也高于本土安排的平均完整性，前者为62%，后者为45%。这能够在一定程度上反映本土安排的典型特征，即这些安排往往更加倾向于法律约束力相对较弱的规则，即我们通常所说的软法性规则。当然，也有一些其他的因素对区域安排的约束力产生影响，例如，在国际局势紧张的地区，具有约束力的协议也有不太常见的趋势，这可以解释东南亚区域和东印度洋区域规则为各大区域最低的状况，其有法律约束力的协议分别占比为19%和33%。然而，令情况更为复杂的是，西北太平洋这个国际局势高度紧张的地区，具有约束力的协议所占比例并不异常低，其有约束力的协议比例约为60%。但这些因素并不影响我们认为，本土性安排更加倾向不具有严格法律约束力协议的事实。甚至一些安排的唯一职能是促进研究和提出建议，例如南极洲的南极研究科学委员会（SCAR）、东北大西洋的国际海洋勘探理事会（ICES）、东北和西北太平洋地区的北太平洋海洋科学组织（PICES）、太平洋岛屿地区的南太平洋委员会（SPC）、东南亚的东南亚渔业发展中心（SEAFDEC）和西印度洋的西印度洋海洋科学协会（WIOMSA）。

二 区域海洋治理“本土化”的样态

区域海洋治理的“本土化”往往呈现出不同的样态。尽管一些海洋区域建立了总体协调机制，例如太平洋岛屿论坛（PIF）及其太平洋区域组织理事会（CROP）以及另外两个专门为协调而制定的机制南极条约体系（ATS）和北极理事会，采用的方法不同，前者由于地处偏远，事实上没有永久定居点，而是强调和平利用和保护，因此采取的是分层的方法来协调治理机制。北极理事会确实通过认识到多层次参与者及其任务的重要性来考虑该地区的多中心性。然而，北极理事会协调的大部分安排是其工作组，北极理事会未涵盖许多其他安排。[①] 这些机制在机构、范围等方面存在显著差异。地中海地区是最具挑战性的地区之一，由于国家数量众多且语言、文化和发展的多样性，可持续发展的协调是通过1996年，根据《巴塞罗那公约》成立的地中海可持续发展委员会（MCSD）。在东南亚，东亚海环境管理伙伴关系组织（PEMSEA）这个本土协调机构的出现是对区域政策/协调能力缺乏的自下而上的回应。范宁等定量研究了大型海洋生态系统与跨界海洋问题区域治理安排之间的匹配性，并证明大型海洋生态系统与其重叠的区域生态系统导向安排之间的空间契合度较差。[②] 这种不匹配在不同的地区情形不同，且主要发生在北极的区域。由于半封闭的波罗的海、黑海、地中海和红海只有一个大型海洋生态系统与该地区完全匹配。就中西大西洋和东南亚海域而言，分别有4个和9个大型海洋生态系统。不同区域治理安排与“被治理的体系”的不匹配经常被视为一个需要解决的问题。[③]

三 海洋治理“本土化”的历史维度

从历史维度看，大量的涉海文献提供的众多实例表明，社区领土和财产权已延伸到海洋，并帮助世世代代对海洋资源的利用和可持续

---

① A. Chircop, “Regulatory Challenges for International Arctic Navigation and Shipping in an Evolving Governance Environment”, *Ocean Yearbook*, Vol. 28, 2014, pp. 269 – 290.

② A. M. Duda, “Strengthening Global Governance of Large Marine Ecosystems by Incorporating Coastal Management and Marine Protected Areas”, *Environmental Development*, Vol. 17, 2016, pp. 249 – 263.

③ Robin Mahon, Lucia Fanning, “Regional Ocean Governance: Polycentric Arrangements and Their Role in Global Ocean Governance”, *Marine Policy*, Vol. 107, 2019; Robin Mahon, Lucia Fanning, “Regional Ocean Governance: Integrating and Coordinating Mechanisms for Polycentric Systems”, *Marine Policy*, Vol. 107, 2019.

管理。① 尽管这一历史进程受到殖民时代的侵蚀，但在许多岛国地区，复兴和加强传统海洋管理的努力仍在继续，例如太平洋岛国地区将其海域打造成“我们的岛屿之海”获得支持。② 在新英格兰的大型海洋生态系统中，高度工业化的渔业生产并未阻碍人们对于“海上社区地图”以及土著或海滨农村社区对于海洋的占用的承认和重视。③ 总而言之，尽管人们在保护和利用海洋过程中越来越多地努力在海洋管理和保护方面建立明确的产权制度，但是对于海洋区域本土既存的历史性权利的承认和解释，成为这一进程中至关重要的问题。因而在制定规则时，应该充分考虑相关社会群体和国家在理解、利用海洋等方面与海洋互动的复杂性。④ 自 1947 年以来，太平洋岛国制定了一系列日益密集的文书、框架和政策，将西南太平洋划定为一个区域。⑤ 太平洋小岛屿发展中国家（PSIDS）向筹备委员会主席提交的关于制度安排的意见指出：对于太平洋小岛屿发展中国家来说，该地区包括“通过现有区域组织的现有政治安排的组合以及由共同历史和文明定义的文化区域”。⑥ 这些安排代表了

---

① Sopher D. E., *The Sea Nomads: A Study Based on the Literature of the Maritime Boat People of Southeast Asia*, Singapore: Lim Bian Han, Government Printer, 1965; Johannes, R. E. "Traditional Marine Conservation Methods in Oceania and Their Demise", *Annual Review of Ecology and Systematics*, Vol. 9, 1978, pp. 349 – 364; Ruddle K., "Social Principles Underlying Traditional Inshore Fishery Management Systems in the Pacific Basin", *Marine Resource Economics*, Vol. 5, No. 4, 1988, pp. 351 – 363.

② Pratt C., Govan H., *Our Sea of Islands, Our Livelihoods, Our Oceania. Framework for a Pacific Oceanscape: A Catalyst for Implementation of Ocean Policy*, Apia, Samoa: Secretariat of the Pacific Regional Environment Programme (SPREP), 2010.

③ Kevin St. Martin, "Making Space for Community Resource Management in Fisheries", *Annals of the Association of American Geographers*, Vol. 91, No. 1, 2001, pp. 122 – 142; Acheson, J., *Lobster Gangs of Maine*, Hanover, NH, USA: University Press of New England, 1988; McCay, B., *Oyster Wars and the Public Trust. Tucson*, AZ, USA: University of Arizona Press, 1998.

④ Shankar Aswani, et al., "Marine Resource Management and Conservation in the Anthropocene", *Environmental Conservation*, Vol. 45, Issue 2, 2017, p. 6.

⑤ Genevieve C. Quirk, "Cooperation, Competence and Coherence: The Role of Regional Ocean Governance in the South West Pacific for the Conservation and Sustainable Use of Biodiversity beyond National Jurisdiction", *The International Journal of Marine and Coastal Law*, Vol. 32, Issue 4, 2017, pp. 672 – 708.

⑥ "PSIDS Submission to the Second Meeting of the Preparatory Committee for the Development of an International Legally Binding Instrument under the UNCLOS on the Conservation and Sustainable Use of Marine Biological Diversity of Areas Beyond National Jurisdiction—PSIDS Submission on Institutional Arrangements", December 2016, http://www.un.org/depts/los/biodiversity/prepcom_files/rolling_comp/PSIDS-institutional_arrangements.pdf, pp. 7 – 8.

该地区来之不易的政治权威，该地区拥有重要的殖民列强，并对其海洋资源特别是渔业资源有外部利益。① 政治一体化和深化区域主义的共同努力在加强西南地区海洋治理一体化方面发挥着重要作用。1974 年以来环境规划署发起的区域海洋计划中的规则治理模式往往以区域性海洋公约或行动计划，为实现海洋和沿海环境的可持续管理提供了区域性的规则框架，这些制度和规则框架的设计往往注重考虑本地区的背景条件与所面临的现实挑战。

同样，很多学者研究了海洋法的区域实施，② 但对实施《海洋法公约》的区域文书的多样性、互动性和权威性关注较少。保护和保全海洋环境的义务确立了合作的义务，为此，区域方法很大程度上在全球海洋架构中占主导地位。③ 在区域内部，合作和一体化的努力仍然各不相同。关于海洋环境的一般保护和保全，1989 年《海洋法公约》关于保护和保全海洋环境的报告指出“第Ⅻ部分明确承认并实际上强制规定了区域方法”。④《海洋法公约》关于公海生物资源养护和管理的规定还特别提到了区域方法。⑤ 第Ⅻ部分为在区域层面制定技术规则和条例提供了保护伞，这些规则和条例被认为是解决有效环境中固有的动态问题所必需的。⑥ 为

① “PSIDS Submission to the Second Meeting of the Preparatory Committee for the Development of an International Legally Binding Instrument under the UNCLOS on the Conservation and Sustainable Use of Marine Biological Diversity of Dreas Beyond National Jurisdiction”, August 2016, http://www.un.org/depts/los/biodiversity/prepcom_ files/rolling_ comp/PSIDS_ second.pdf, p. 2.

② E. Druel, R. Pascale, J. Rochette et al., “Governance of Marine Biodiversity in Areas beyond National Jurisdiction at the Regional Level: Filling the Gaps and Strengthening the Framework for Action”, *Institute for Sustainable Development and International Relations (IDDRI) Studies*, Vol. 12, No. 4, 2012, pp. 1 – 102; R. Warner, K. Gjerde, and D. Freestone, “Regional Governance for Fisheries and Biodiversity”, in S. M. Garcia, J. Rice and A. Charles, eds., *Governance of Marine Fisheries and Biodiversity Conservation: Interaction and Coevolution*, Chichester: Wiley-Blackwell, 2014, pp. 211 – 224; J. Rochette, R. Billé, E. J. Molenaar, et al., “Regional Oceans Governance Mechanisms: A Review”, *Marine Policy*, Vol. 60, 2015, pp. 9 – 19.

③ J. Balsiger and M. Prys, “Regional Agreements in International Environmental Politics”, *International Environmental Agreements: Politics, Law and Economics*, Vol. 16, No. 2, 2016, pp. 239 – 260.

④ UNGA 44th session, “Report of the Secretary-General, Protection and Preservation of the Marine Environment”, 18 September 1989, UN Doc A/44/461, at p. 5, para 7.

⑤ United Nations Convention on the Law of the Sea, 10 December 1982, Arts. 118, p. 119.

⑥ E. Franckx, “Regional Marine Environment Protection Regimes in the Context of UNCLOS”, *International Journal of Marine and Coastal Law*, Vo. 13, 1998, pp. 311 – 312.

了更加灵活地治理海洋区域，不同区域采取的办法除了批准《海洋法公约》《国际海事组织公约》《国际劳工组织公约》《生物多样性和其他与海洋相关的法律文书》、批准区域海洋公约和相关议定书、制定新的区域海洋公约等做法外，还包括与其他海洋部门机构（例如国际海事组织、国际海底管理局等）制定谅解备忘录，在许多地区，主要合作伙伴之间签署了旨在促进合作的谅解备忘录。一些区域或者此区域机构还充分利用缔约方会议、委员会、政府间会议、社区等制定决定、决议、战略、计划、建议等，作为本区域特色治理的创新性附件安排。例如，在航运领域，国际海事组织的法规和协定中规定的先决条件导致区域与全球治理的合作加强，并形成了一些具有本土特色的机制和规则。例如，关于在西非和中非建立次区域综合海岸警卫队职能网络的谅解备忘录。

第二节 区域海洋治理“本土化”的具体表现

区域海洋治理的“本土化”实践主要体现在三个方面，一是区域性规则文书的不断发展与创新；二是本土性规则普遍运用于区域海洋治理的各个领域；三是本土知识和规范受到越来越多的重视与强化。

一 区域性规则文书的不断发展与创新

在里海，在经历了26年的谈判后，沿海各国于2018年8月12日在哈萨克斯坦签署了《里海法律地位公约》，该公约旨在解决里海的法律地位问题。这一公约明确了，里海的法律地位定义为“被双方领土包围的水域”。[①] 该定义的起草方式避免了使用中性术语“海洋/湖泊二分法”，为里海沿岸国家的划界问题提供了更为清晰的指引。尽管这一公约并非里海区域海洋计划的框架性文书《德黑兰公约》的组成部分，但是正如国际海洋法学者所指出的，“划界（Delimitation）概念与海洋区划（Maritime Zoning）密不可分”。[②] 边界的确立被认为是一个稳定因素，将

① Caspian Convention, Article 1（definition of “the Caspian Sea”）.

② N. M. Antunes, *Towards the Conceptualisation of Marine Delimitation: Legal and Technical Aspects of a Political Process*, Leiden: Martinus Nijhoff Publishers, 2003, p. 3.

有助于开展现有和未来的活动，包括航行、矿产资源开采、渔业和环境保护。[①] 因为这些活动要求每个潜在参与者都清楚地了解谁对活动发生的地理区域和资源行使主权。自20世纪90年代初以来，每个国家都试图在不公开挑起地区冲突的情况下采购尽可能多的资源，同时允许该地区的污染与所产生的利润相符，并不是为了维持生态系统的最佳利益。正如哈丁所描述的那样，里海及其资源已成为一场悲剧性且有据可查的“公地悲剧”：被许多人剥削，却无人拥有。[②] 因此，未解决的法律地位问题和未解决的海洋划界是里海成功解决问题的两个主要障碍，这些问题包括海底和底土资源的利用，以及该地区航行、捕捞、环境和生物多样性保护的规则和原则。

事实上，里海国家一直都非常不愿意就里海环境及其渔业采取多边措施，因为在关于里海法律地位的最终决议达成之前，承诺任何此类提案都存在问题。[③] 环境和生物多样性保护的合作机构建设以及区域和国家法律框架的形成变得复杂，从而被拖延。事实上，一些人坚持认为，在各国能够密切合作建立有效的渔业和环境制度之前，必须解决法律地位、所有权和捕捞权问题。[④] 过去，未解决的法律地位问题一直是为里海环境和生物多样性提供全面保护的《保护里海海洋环境框架公约》（《德黑兰公约》）及其四项议定书制定和实施的阻碍。[⑤] 管辖权边界缺失所造成的不确定性，阻止里海国家作出与里海资源利用和领土问题直接或间接相关的决定。因此，里海国家非常不愿意承诺遵守《跨界环境影响评估议定书》，而该议定书的最终达成时间（2018年7月20日）与

---

① Barbara Kwiatkowska, “Economic and Environmental Considerations in Maritime Boundary Delimitations”, in Coalter Lathrop, ed., *International Maritime Boundaries*, *Vol. I*, Dordrecht: Martinus Nijhoff Publishers, 1993, p. 75.

② M. H. Glantz, “Regionalization of Climate Related Environmental Problems”, in M. H. Glantz and I. S. Zonn, eds., *Scientific*, *Environmental*, *and Political Issues in the Circum-Caspian Region*, Dordrecht: Kluwer, 1997, pp. 3 – 4.

③ See R. Yakemtchouk, *Les Hydrocarbures de la Caspienne*, Brussels: Bruylant, 1999, pp. 37 – 38.

④ I. Zonn et al., eds., *The Caspian Sea Encyclopedia*, Heidelberg: SpringerVerlag, 2010, p. 117.

⑤ E. Kvitsinskaia, “Protecting the Marine Environment of the Caspian Sea: Tehran Convention-COP2”, *Environmental Policy and Law*, Vol. 39, 2009, p. 63.

《里海法律地位公约》签署的时间相当，被认为是沿岸国家拖延的产物，这种拖延被认为是由于里海的法律地位尚未明确，特别是有关海底划界的争端。① 而2014年5月签署的《生物多样性议定书》适用也受到尚未解决的法律地位和划界问题的影响。各国根据该议定书需要采取的有关保护区提名和建立的行动取决于法律地位问题的最终结果。② 最后，尚未解决的保护区法律地位问题也是里海国家花了二十多年时间才制定一项区域渔业协议的原因，以保护和可持续管理里海生物资源，包括濒临灭绝的鲟鱼物种。该协议的初稿早在1992年就已提出，但里海国家因在法律地位问题和资源所有权问题上缺乏共识而予以忽视。③ 2014年9月23日第四次里海峰会，里海国家最终签署了《里海生物资源保护和合理利用协议》（《渔业协定》），当时就未来里海公约的一些关键性条款达成了一致。然而，由于缺乏最终文书，渔业协定必须包含“不损害”条款，规定其中的任何内容都不会损害法律地位谈判的结果。④

因此，《里海法律地位公约》的签订将为《保护里海海洋环境框架公约》（《德黑兰公约》）及其四项议定书的进一步落实开辟道路。该公约中也明确强调了与里海环境及生物多样性保护的原则条款，包括污染者付费原则、促进环境和生物多样性保护领域的科学研究以及保护里海环境及其生物资源。此外，该公约第4条还规定，双方必须根据本文书和双方之间的其他协议在里海开展活动。不仅如此，第14条规定了各国有权在里海铺设水下管道和电缆。各方均有权在里海海底铺设管道，前提是此类项目符合其所加入的国际协定（包括《德黑兰公约》及其相关

---

① R. Tsutsumi and K. Robinson, “Environmental Impact Assessment and the Framework Convention for the Protection of the Marine Environment of the Caspian Sea”, in K. Bastmeijer and T. Koivurova, eds., *Theory and Practice of Transboundary Environmental Impact Assessment*, Leiden: Martinus Nijhoff Publishers, Vol. 53, 2008, p. 65.

② 《生物多样性议定书》第11条规定，里海保护区的地理坐标将通过《里海法律地位公约》的规定确定。

③ “Interim Secretariat for Framework Convention for the Protection of the Marine Environment of the Caspian Sea, Interrelationship between the Fisheries and the Protection of the Marine Environment of the Caspian Sea”, TC/COP2/4, September 2008.

④ “Agreement on the Conservation and Rational Use of the Caspian Bioresources”, 23 September 2014, in force 24 May 2016, http: // publication. pravo. gov. ru/Document/View/0001201605300050.

议定书）所载的环境标准和要求。

在渔业方面，该公约规定各方有权在其拥有主权的领海附近拥有10海里宽的渔业区，同时拥有收获生物资源的专有权，其余水域则被规定为共同海域。该公约第9条涉及各国对里海生物资源（特别是渔业）的权利和义务，重要的是，各国有权在其专属渔业区内开发渔业。而公共水域的捕捞应以渔业总允许捕捞量（TAC）为基础，其总允许捕捞量将由所有国家在考虑国际惯例的情况下决定，公约第4条允许一个国家在无法履行其份额的情况下向其他国家提供其在总捕捞配额中的份额。而捕捞活动的条件应根据《里海生物资源保护和合理利用协议》（《渔业协定》）确定。然而，各国没有规定任何邻国专属捕捞区之间水体的划界方法，而是通过各国之间的双边协定来决定。

《里海法律地位公约》成功地确定了该水域的海洋区域及其界限，而更具争议性的水体和海底划界问题则有待各方通过进一步协议来确定。一旦这些问题得到解决，包括渔业和环境保护制度在内的其他制度的发展就可以更加便捷。这是因为各国将能够在《里海法律地位公约》及其配套协议提供的坚实立法平台上制定这些制度，确保该地区的稳定、安全和确定性。而这一公约以及近年来达成的《生物多样性议定书》《跨界环境影响评估议定书》及《里海生物资源保护和合理利用协议》（《渔业协定》）等区域规则中的许多条款反映了该地区独特的历史、地理和政治特征，具有很强的本土属性。①

在地中海，《保护海洋环境和地中海沿岸地区巴塞罗那公约》（以下简称《巴塞罗那公约》）缔约方通过了《2016—2025年地中海可持续发展战略》，该战略重点关注环境可持续性，以实现经济和社会发展，符合可持续发展目标。② 2008年，《巴塞罗那公约》缔约方在区域海洋框架内通过了第一个海岸带综合管理议定书。此外，2013年，各方通过的海洋

① Elena Karataeva, “The Convention on the Legal Status of the Caspian Sea: The Final Answer or an Interim Solution to the Caspian Question?”, *The International Journal of Marine and Coastal Law*, Vol. 35, 2020, pp. 232 – 263.

② Leone G., “Success Story: Mediterranean”, UNEP, 2017, https://www.unenvironment.org/news-and-stories/speech/success-story-mediterranean.

垃圾全球伙伴关系（GPML）通过了具有法律约束力的地中海海洋垃圾管理区域计划。19 个地中海国家制定了解决海洋垃圾问题的国家行动计划或措施，17 个国家采取了减少使用或禁止使用一次性塑料袋的措施。8 个国家制定了回收立法和政策。一些公司也努力尽量减少个人护理产品中 PET 塑料瓶和微珠的使用。自 2016 年以来，已经实施了 20 多个“领养海滩”和“以垃圾为目的捕鱼”的试点项目。①

在大加勒比地区，该计划的一些成就包括：海洋哺乳动物保护行动计划；建立加勒比区域海洋垃圾管理节点，以实施加勒比海洋垃圾和塑料清洁海洋运动，以及加勒比岛屿石油污染应对与合作计划。《特别保护区和野生动物议定书》（SPAW 议定书）旨在保护、保存和可持续管理具有特殊生态价值的区域以及受威胁或濒临灭绝的野生物种及其栖息地。自 2010 年以来，已指定了超过 50000 平方千米的海洋保护区，其中 35 个海洋保护区被列入《SPAW 议定书》。② 在西非和中非，《保护、管理和开发西非和中非区域大西洋沿岸海洋和沿海环境合作公约》（《阿比让公约》）缔约方通过了六项议定书：可持续红树林管理（卡拉巴尔协议）；海上石油和天然气勘探和开采的环境规范和标准；保护和开发来自陆地的海洋和沿海环境；并在紧急情况下防治污染。该地区拥有非洲最大、世界第三的红树林，即尼日利亚的卡拉巴尔红树林。西非生物多样性和气候变化（WA BiCC）计划通过在塞拉利昂沿海景观综合体开展实地活动等方式帮助实施《卡拉巴尔议定书》。活动包括生态恢复，重点是红树林生态系统。科特迪瓦壁画海岸景观也在规划和实施活动，以鼓励该议定书的签署、批准、驯化和更广泛的应用。在东非，《保护、管理和开发东非区域海洋和沿海环境公约》（《内罗毕公约》）缔约方通过了关于保护免受陆源污染和活动、保护区和野生动植物群的议定书，并在紧急情况下对抗海洋污染。缔约方大会下一次会议预计将通过海岸带

① United Nations. , “Implementation of the UN Environment/MAP Regional Plan on Marine Litter Management in the Mediterranean”, 2020, https: //oceanconference. un. org/commitments/? id = 19914.

② Inniss L. , “Success Story: Caribbean”, UNEP, 2017, https: //www. unenvironment. org/ru/node/20849.

综合管理议定书。一些成就包括2016年在肯尼亚和坦桑尼亚之间建立跨境保护区伙伴关系，以及支持莫桑比克北部海峡综合海洋管理。在东亚海域，东亚海洋协调机构（COBSEA）的海洋垃圾区域行动计划于2019年进行了修订。相应地，东亚海洋协调机构和联合国环境规划署启动了一个项目“通过解决海洋垃圾管理问题来减少海洋垃圾，即东南亚的塑料价值链”，并获得瑞典国际开发署650万美元的资助。该项目旨在减少陆地来源的海洋垃圾，确定并扩大基于市场的解决方案以及监管和财政激励措施，加强决策的科学基础，并提高公众意识。在西北太平洋，《西北太平洋地区海洋和沿海环境保护、管理和发展行动计划》（NOW-PAP）包括海洋环境应急准备和响应区域活动中心，该中心负责协调对石油和危险品的准备和响应及有毒物质溢出。

一些区域海洋框架已将其活动扩展到国家管辖范围以外的区域（AB-NJ），特别是使用基于区域的管理工具，反映了国家管辖范围内的水域与ABNJ之间的联系。其中包括：《保护东北大西洋海洋环境公约》（OS-PAR）、《南极海洋生物资源保护公约》（CCAMLR）、《巴塞罗那公约》、《保护南太平洋区域自然资源和环境公约》（《努美阿公约》）以及《保护东南太平洋海洋环境和沿海地区公约》（《利马公约》）。《阿比让公约》和《内罗毕公约》近期开始审查国家管辖区域外区域的海洋生物多样性。[①]

二 本土性规则普遍运用于区域海洋治理的各个领域

区域海洋在应对海洋污染方面取得的成就是议定书、行动计划和具有法律约束力的措施。许多区域海洋通过的与污染有关的条约和议定书对于创造国家间对话与合作的机会非常重要。例如，根据《德黑兰公约》，制定并批准了2011年《阿克套议定书》（打击石油污染事件的区

---

① United Nations Environment Programme，“Regional Seas Programmes Covering Areas beyond National Jurisdictions. Regional Seas Reports and Studies No. 202”，2017，https：//www. un. org/Depts/los/biodiversityworkinggroup/Regional_ seas_ programmes_ ABNJ. pd.；United Nations Environment Programme，“Regional Seas Follow up and Review of the Sustainable Development Goals：Conceptual Guidelines. Regional Seas Reports and Studies No. 208”，2018，https：//wedocs. unep. org/bitstream/handle/20. 500. 11822/27295/ocean_ SDG. pdf.

域准备、响应和合作）和2012年《莫斯科议定书》（保护里海免受陆源污染）加强缔约方之间的沟通和协调，以提高应对里海石油污染事件和泄漏事件的准备程度。在红海和亚丁湾，根据《吉达红海保护公约》，红海和亚丁湾环境计划（PERSGA）区域组织制定了三项对抗海洋污染的区域议定书。它们包括《关于在紧急情况下合作打击石油和其他有害物质污染的议定书》（1982年）、《关于保护环境免受红海和亚丁湾陆上活动污染的议定书》（2005年）和《关于在紧急情况下借用和转让专家、技术人员、设备和材料的技术合作议定书》（2009年）。该议定书改善了六个PERSGA成员国之间的对话与合作，最终在海洋紧急情况、制定和定期更新区域和国家溢油应急计划以及针对优先问题（包括废水、海洋垃圾和海洋污染防范）建立了区域能力建设计划。在大加勒比地区，《卡塔赫纳公约关于合作打击石油泄漏的议定书》（1986年）和《陆源和活动污染议定书》（2010年）的批准在加强该区域预防、减少和控制海洋污染的应对措施方面发挥了不可或缺的作用。

在海洋垃圾方面，11个区域的海域制订了区域海洋垃圾行动计划。它们包含一系列自愿和具有法律约束力的行动，并制定了协调管理、监测和指标的方法。例如，在波罗的海，赫尔辛基委员会/波罗的海海洋环境保护委员会（HELCOM）于2015年制订了《海洋垃圾区域行动计划》，其中包含一系列针对海滩和海洋垃圾问题的区域和自愿国家行动。第一个全面解决海洋垃圾问题的具有法律约束力的文书（地中海海洋垃圾管理区域计划）于2013年根据《巴塞罗那公约》制定，它规定了废物管理、可持续消费和生产、国家立法监测和执行以及所有海洋行为者之间的伙伴关系和协调的政策、监管及技术措施和义务。自该计划制订以来，已有10个地中海国家采用了20多项“垃圾捕捞”和“认养海滩”参与性方法和措施，2019年的一项分析发现，与2016年相比，海滩海洋垃圾和海洋垃圾减少了39%。[①]

区域海洋秘书处通过谅解备忘录等正式机制和地中海海洋垃圾区域

① UNEP/MAP and Plan Bleu，SoED：State of the Environment and Development in the Mediterranean. Nairobi. https：//planbleu. org/wp-content/uploads/2021/04/SoED_ full-report. pdf，2020.

合作平台等协作平台，建立或加强了许多海洋利益攸关方之间的伙伴关系，该平台拥有超过25名成员来自区域和国际组织。根据两项公约缔约方土耳其的提议，黑海委员会（BSC）常设秘书处与MAP（《巴塞罗那公约》）之间于2016年通过谅解备忘录建立了正式的区域间伙伴关系，这为两个区域之间的合作和知识共享提供了机制，并使黑海委员会能够直接与《巴塞罗那公约》海洋垃圾地中海项目（2016—2019年），加强双边合作，并制订了黑海区域海洋垃圾行动计划和海洋垃圾监测计划。区域海洋秘书处还与区域和国际组织合作，制定与海洋污染有关的项目和举措。在南亚海域，SACEP与环境署全球行动纲领和孟加拉湾大型海洋生态系统项目合作，控制养分负荷和化肥使用，防止孟加拉湾“死亡区”的扩大。该项目提出了政策建议，缔约方于2019年11月重申了这些建议，以鼓励采取进一步的区域和国家行动来应对营养物污染。此外，SACEP还与国际海事组织签署了谅解备忘录，以加强南亚海域发生石油或化学品泄漏事件时的区域合作和准备工作。同时根据谅解备忘录，制订了区域漏油应急计划并定期更新。它们为SACEP沿海成员国之间的互助和协调反应提供了机制，并用于减轻2017年1月印度卡马拉贾尔港外油轮相撞事件的影响。环境署和东亚海洋协调机构（COBSEA）合作实施SEA循环倡议，该倡议促进利益相关者参与，从源头减少海洋塑料污染。该倡议以东亚海洋协调机构海洋垃圾区域行动计划为基础，通过推广基于市场的解决方案、加强国家规划、监测和基于证据的决策以及建立区域网络，在整个塑料生命周期中带来积极的变化。该倡议制定了专门的研究和政策简报，来调查海洋垃圾与性别之间的关系，为未来解决该问题的性别敏感方法提供信息。①

① United Nations Environment Programme/ Coordinating Body on the Seas of East Asia/Stockholm Environment Institute（UNEP/COBSEA/SEI），“Marine Plastic Litter in East Asian Seas：Gender，Human Rights and Economic Dimensions”，Bangkok：UNEP，2019，www. seacircular. org/wp-content/uploads/2019/11/ SEI_ SEA-circular-1. pdf；UNEP/COBSEA/SEI，“A Human Rights-based Approach to Preventing Plastic Pollution”，Sea circular Issue Brief 01，2019，www. sea-circular. org/wp-content/uploads/2020/03/UNEPCOBSEA-SEA-circular_ Issue-Brief01 _ A-human-rights-b sed-approach-topreventing-plastic-pollution. pdf；UNEP/COBSEA/SEI，Gender Equality and Preventing Plastic Pollution. Sea circular Issue Brief 02，2019，www. seacircular. org/wp-content/uploads/2020/03/UNEP-COBSEA-SEA-circular_ Issue-Brief-02_ Gender-equality-and-preventing-plasticpollution. pdf.

目前有五个区域海洋秘书处作为全球海洋垃圾伙伴关系（GPML）的区域节点，该伙伴关系于2012年启动，旨在响应落实《关于进一步落实全球行动纲领的马尼拉宣言》的要求。作为《巴塞罗那公约》的组成部分之一，地中海海洋污染评估和控制计划（MED POL）协助《巴塞罗那公约》缔约方预防和消除地中海陆地污染源。该方案支持各国履行《公约》《保护地中海免受陆源和活动污染议定书》和《防止船舶和飞机倾倒污染地中海议定书》规定的义务，通过规划，协调倡议和行动，包括促进协同效应和投资计划。此外，它还促进实施解决陆源污染的国家行动计划和相关的具有法律约束力的政策，并不断评估地中海的状况和污染趋势，以实现与海洋污染（包括垃圾）生态目标相关的“良好环境状况”。

区域海洋在减缓海洋酸化方面也取得了成就、战略和行动计划。2020年，在西印度洋，《内罗毕公约》秘书处与合作伙伴密切合作，制定了《海洋酸化行动计划》。为了指导该计划的制定，由世界自然保护联盟（IUCN）主持的海洋酸化国际参考用户组和西印度洋海洋科学协会于2017年和2019年联合举办了两次区域研讨会。研讨会上评估了现有的区域知识和正在进行的应对海洋酸化的行动，并提出了目前正在采取的建议行动，例如建立区域从业者网络和监测及评估海洋酸化影响的机构能力建设。在大加勒比区域，《卡塔赫纳公约》缔约方授权秘书处及其区域活动中心更新其保护和发展大加勒比区域的区域战略，以纳入海洋酸化等新出现的问题。联合国开发计划署/全球环境基金加勒比和北巴西大陆架大型海洋生态系统项目（UNDP/GEF CLME +）正在开展进一步的联合工作，以记录和应对海洋酸化对重要海洋栖息地的影响，并制定区域战略和行动计划。①

2019年10月，《卡塔赫纳公约》秘书处与海洋基金会之间签署了谅解备忘录，为实现共同目标和能力建设的合作提供框架，以监测加勒比

① UNEP/Caribbean Environment Programme Regional Strategy and Action Plan for the Valuation, Protection and/or Restoration of Key Marine Habitats in the Wider Caribbean 2021 – 2030. CLME + Project Information Product Series, Technical Report 2. Port-of-Spain: CANARI, 2020, https://wedocs.unep.org/xmlui/handle/20.500.11822/36347.

海洋酸化的影响。[1] 该谅解备忘录是缔约方要求共同制定、实施战略和项目以支持《2030年可持续发展议程》取得进展的请求的结果。[2]《特别保护区和野生动物（SPAW）议定书》缔约方已开始在主要海洋生态系统中联合实施海洋酸化监测和缓解项目。为了跟踪酸化的指标，2018年，部长们一致认为，赫尔辛基委员会应加强应对气候变化影响的准备工作，并注意到秘书处为更新波罗的海行动计划和提高科学认识而采取的关键行动。为此，启动了海洋酸化业务指标项目，以合作制定区域海洋酸化指标。通过与四个波罗的海国家的代表和专家、赫尔辛基委员会秘书处和国际工作组的广泛协商，制定了一个候选指标，以确定专家领导该指标在项目生命周期后的最终确定和可持续性，并与区域密切合作利益相关者鼓励其接受和采用。在红海和亚丁湾，海洋酸化的两个状态指标被纳入2018年更新的区域海洋环境状况报告指标中，该指标已在2019年保护红海和亚丁湾环境区域组织（PERSGA）联络点会议上获得批准。

区域合作支持减少非法、未报告和无管制捕捞的努力，在区域层面，渔业管理属于区域渔业管理组织的职责范围，区域渔业管理组织支持各国通过区域和全球准则以及具有约束力和非约束力的决定来管理其鱼类种群。渔业一般不属于区域海洋的核心任务（南极海洋生物资源养护委员会、南太平洋常设委员会和保护红海和亚丁湾环境区域组织除外）。然而，区域海洋所覆盖的地理区域往往与一个或多个区域渔业管理组织的地理区域重叠，因此它们具有共同的缔约方和利益领域。因此，区域海洋秘书处可以支持其他实体履行与可持续发展目标相一致的机构任务，

---

① UNEP/The Ocean Foundation, “Memorandum of Understanding between the United Nations Environment Programme and Ocean Foundation (Formerly Coral Reef Foundation)”, MOU/2019/ Ecosystems Division/1632, 2019, https: //wedocs. unep. org/bitstream/handle/20. 500. 11822/30774/UNEP_ TOF_ MoU. pdf? sequence = 1&isAllowed = y.

② UNEP, Decisions of the Eighteenth Intergovernmental Meeting on the Action Plan for the Caribbean Environment Programme and Fifteenth Meeting of the Contracting Parties to the Convention for the Protection and Development of the Marine Environment of the Wider Caribbean Region, 5 – 6 June, Roatan, Honduras. 6 September. UNEP (DEPI) /CAR IG. 42/6, 2019a, http: //gefcrew. org/ carrcu/18IGM/Working-Docs/IG. 42. 6-en. pdf.

例如，2016 年《港口国措施协议》中规定的任务，该协议有助于防止非法捕捞的鱼类进入市场。区域海洋在打击非法、未报告和无管制捕捞方面的关键作用是基于改善与区域渔业管理组织的沟通、合作和协调，以应用更广泛的基于生态系统的管理方法，例如，通过非正式或正式伙伴关系、联合监测和报告计划以及信息交换机制并通过努力协调机构政策和制定补充目标。区域海洋在支持减少非法、未报告和无管制捕捞方面取得了一些成就，包括可持续管理伙伴关系。第一份将区域海洋之间的合作正式化的谅解备忘录是地中海行动计划协调机构（MAP）和地中海渔业总委员会（GFCM）于 2012 年签署的海洋和区域渔业管理组织（RFMO）协议。基于此，在黑海，BSC 通过与地中海渔业总委员会的谅解备忘录以及《黑海、地中海和邻近大西洋地区鲸类保护协议》，正式建立了与非法、未报告和无管制捕捞相关的伙伴关系。2002 年，谅解备忘录使 BSC 能够参加地中海渔业总委员会和协议各方（具有观察员地位）的会议，从而促进整个地区可持续管理的协调努力。这加强了专业知识和信息的共享，并增进了对优先事项和问题的相互理解。同时又促进了旨在改善渔业管理和使用综合生态系统方法的补充行动（例如统一指标）。2016 年，《布加勒斯特渔业宣言》重申需要应对黑海环境挑战。因此，它为非法、未报告和无管制捕捞等领域的联合活动创造了新的机会。2017 年，《阿比让公约》缔约方建立了阿比让水生野生动物伙伴关系，这是《濒危野生动植物种国际贸易公约》《野生动物迁徙物种公约》《生物多样性公约》《粮食和农业公约》之间的多利益攸关方合作项目。联合国粮食组织（FAO）、保护海洋协会（OceanCare）和生而自由基金（Born Free Foundation）等，该伙伴关系的重点是提高西非、中非和南部非洲政府、相关行业和当地社区的认知并鼓励他们采取行动，以减少为了水生野生肉类、野生动物贸易和鱼饵而过度捕捞沿海和海洋物种。西非生物多样性、气候变化方案和阿比让公约秘书处已经对捕捞和贸易热点进行了测绘和威胁评估，以提高对该问题严重程度的认识。该伙伴关系还促进了有关受威胁水生物种的信息交流，帮助优化资源利用并支持实施《非洲打击野生动植物非法开发和非法贸易共同战略》。

区域海洋在加强海洋和沿海保护方面取得的成就路线图、战略和行动计划包括海洋环境保护地区组织（ROPME）支持海洋保护区网络的发展以及海洋环境保护地区组织海域海洋保护区的有效管理，通过首次对海洋保护区管理有效性进行区域评估，加强了区域合作；帮助利益相关者利用资金、汇集知识和专长并分享最佳实践，并允许解决与海洋保护区相关的共同挑战。反过来，这提供了规范人类活动的区域措施，并建立了指定海洋保护区的一般原则和共同标准。《巴塞罗那公约》根据《地中海特别保护区和生物多样性议定书》和《地中海区域生物多样性保护战略行动计划》，加强了区域和国家保护海洋及沿海物种和栖息地的努力。在东北大西洋地区，《保护东北大西洋海洋环境公约》通过一项建议，建立了一个生态一致且管理良好的海洋保护区网络。[①]《保护东北大西洋环境公约》根据监管制度规定的法律授权，在公约国家管辖范围以外的区域集体制定了海洋保护区网络框架。[②]《保护东北大西洋环境公约》的集体安排促进了海洋保护区保护目标的实现，同时为多边对话提供了论坛。通过这一安排，区域渔业管理组织和东北大西洋渔业委员会与保护东北大西洋环境公约委员会合作，根据各自的职责实施区域管理。

在北极地区，保护北极海洋环境组织（PAME）制定了泛北极海洋保护区网络框架，为海洋保护区网络开发和管理的国际合作制定了共同的愿景。该框架建立在多个工作组之前就基于生态系统的管理和北极生物多样性方法开展的广泛工作的基础上。该框架不具有约束力，每个北极国家根据自己的优先事项和时间表进行海洋保护区网络开发。然而，共同愿景支持并加强各国的工作，使它们能够实现国家目标和国际承诺。保护红海和亚丁湾环境区域组织（PERSGA）在红海和亚丁湾创建了海洋保护区网络。它包括来自每个成员国的海洋保护区，因此，通过在海洋保护区管理者之间开展对话，帮助加强国家之间的关系。这包括将小

---

① OSPAR, OSPAR Recommendation 2010/2 on Amending Recommendation 2003/3 on a Network of Marine Protected Areas. 24 September. OSPAR 10/23/1, Annex 7, 2010, www. ospar. org/documents? d = 32865.

② OSPAR, “MPAs in Areas Beyond National Jurisdiction”, February, 2, 2021, www. ospar. org/work-areas/bdc/marine-protected-areas/mpas-in-areas-beyond-national-jurisdiction.

型社区、居住区转变为生态村，并将其纳入海洋保护区网络。

区域海洋秘书处制定了创新解决方案，以此与全球多边环境协定秘书处和区域渔业机构等其他机构协调，同时以现有的《海洋法公约》框架为基础。他们通过建立谅解备忘录、能力建设和制定协调的报告和管理措施来实现这一点。区域海洋根据支持实施国际海洋法方面取得的成就和支持实施全球多边环境协定的战略。在里海，制定了《德黑兰公约》，这是一项旨在采取行动的多边环境协定海洋环境联合行动，是该地区的历史性突破。该协议是经过八年的政府间谈判后达成的，为解决环境问题的多边对话的价值和成功提供了有力的例证。自成立以来，该协议支持五个缔约方之间加强对话，并支持在该地区更加协调地实施与可持续海洋管理有关的国际法。在南亚海洋地区，南亚环境合作计划（SACEP）和南亚海洋计划（SASP）通过与环境署联合制定区域海洋和沿海生物多样性战略，支持《生物多样性公约》生物多样性战略计划的实施。该战略补充和支持国家生物多样性战略和行动计划进程，并为各国之间实现爱知生物多样性目标和可持续发展目标，特别是目标 14 的协调与合作提供框架。该战略也是在以下基础上制定的：公平和平等原则，以鼓励性别敏感和促进性别平等的实施。[①] 2019 年，南亚环境合作计划成员国通过了区域实施战略，南亚环境合作计划和南亚海洋计划将在其监测、资源调动和能力建设活动中发挥关键作用。根据成员国的建议，南亚环境合作计划和南亚海洋计划也在制定项目提案以支持该战略的实施。

通过《保护里海海洋环境框架公约》应对里海问题的污染，在《德黑兰公约》成立之前，里海是没有应对污染的区域战略。沿岸国家的石油和天然气行业发展迅速，里海受到了石油开采和炼油、运输、海上油田和港口等其他石油处理设施的污染。尽管压力不断增加，但没有制定应对与石油有关的紧急情况和事故的总体战略，导致里海生态系统的健

① SACEP, “SACEP strategy 2020 – 2030: Report of the Fifteenth Meeting of the Governing Council of South Asia Cooperative Environment Programme”, November, 3 – 6, Dhaka, Bangladesh, 2019, www. sacep. org/pdf/Reports-Technical/2019. 11. 06-SACEPStrategy-2020-2030. pdf.

康状况持续恶化。解决这一问题的努力是由各国政府独立进行的，该地区国家之间几乎没有协调或信息交流等行动。2003 年制定的《德黑兰公约》将里海五个沿岸国家（阿塞拜疆、伊朗伊斯兰共和国、哈萨克斯坦、俄罗斯联邦和土库曼斯坦）聚集在一起，共同解决与环境保护和安全有关的问题。随后又签订了几项重要的污染相关条约。2011 年，制定了《关于打击石油污染事件的区域准备、响应和合作的议定书》（《阿克套议定书》），以打击石油污染事件并加强应对石油相关事故和泄漏的准备工作。在 2012 年举行的《德黑兰公约》缔约方大会第四次会议上，通过《保护里海海洋环境框架公约》的《保护里海免受陆源和活动污染议定书》签署了《里海议定书》（《莫斯科议定书》），针对陆地污染源。在同次会议上，缔约方开始制订区域环境监测和报告计划，以协调该区域的信息和数据交流。2014 年，缔约方制定了《保护里海海洋环境框架公约生物多样性保护议定书》（《阿什哈巴德议定书》），鼓励各国在生物多样性管理和保护方面更加有效和一致地开展合作 。结果《德黑兰公约》制定的具有法律约束力的议定书开启了里海五个国家之间的对话，来共同应对污染问题。鉴于《阿克套议定书》，该地区所有国家都加强了应对石油污染事件的准备，还制订了确定可能的石油排放源的国家应急计划，以及各国之间分享石油污染创新解决方案的机制。明确的报告程序确保各方了解石油污染事件，各国承诺在紧急情况下共享资源并相互支持，此外，还建立了区域环境信息中心，为该地区所有国家提供平等获取环境数据和信息的机会，这有助于对里海污染进行监测，并在最需要的地方及时制定和实施有效措施。

区域主义在保护和保全海洋环境方面的优势已在专门的法律文献中得到充分强调。不过，这种区域框架下的本土化做法在实践中也被认为可能带来的一些危险、困难或限制，1996 年夏天组织了一次会议，会议的标题是“海洋环境保护法中的竞争规范”，① 体现了这种对于本土化导致的区域之间的差异和竞争的担忧。例如，在船舶污染领域，国际海事

---

① Franckx E.，“Regional Marine Environment Protection Regimes in the Context of UNCLOS”，*The International Journal of Marine and Coastal Law*，Vol. 13，Issue 3，1998，p. 321.

组织在20世纪90年代初期遇到了一些困难，因为区域标准的引入与维持国际海事组织条约普遍性的强烈愿望背道而驰。[①] 在这方面可以提出一个更普遍的问题，即是否提及《海洋法公约》中有关船舶污染的“普遍接受的国际规则和标准”可以解释为赋予沿海国和港口国对悬挂不受包含这些规则的具体公约约束的国家国旗的船舶执行这些规则和标准的权利，而是《海洋法公约》中的参考规则，因此暗示了它们不受约束但包含“普遍接受的国际规则和标准”的公约的内容。[②] 这必然会使任何相反的区域安排自动失效。以北海为例，不同层次的监管创造了一个复杂的法律框架，其中的不同组成部分有时可以轻松地组合在一起，但有时却不能，尤其是欧盟的角色似乎不太适合这个框架。[③] 显然存在以下可能性：非区域公约缔约方的国家必须遵循流程但没有任何有意义的参与机会，或者区域安排中的决定在获得该区域公约四分之三多数缔约方的情况下通过而非所有国家。[④] 这些评论同样适用于陆上污染源，正如已经强调的那样，各国不希望通过《海洋法公约》承诺实施与船舶污染等相同类型的国际控制。但最后提到的一点确实如此，在上述会议的框架之外，这里还可以额外提及《保护东北大西洋环境公约》的一项特定条款。它涉及新的第24条，该条实际上允许区域公约中的次区域化。[⑤] 尽管该条在一定程度上将现有的做法制度化，但仍然引发了旷日持久的讨论。如果说一些人担心这样的制度可能会削弱常规体系，那么另一些人则认为它可以防止北海制度自动扩展到整个常规地区。然而，缺乏的是对最终目标的提及，即从长远看应该实现相同的目

---

① Franckx E., “Regional Marine Environment Protection Regimes in the Context of UNCLOS”, p. 321.

② Lan Ngoc Nguyen, “Expanding the Environmental Regulatory Scope of UNCLOS through the Rule of Reference: Potentials and Limits”, *Ocean Development & International Law*, Vol. 52, Issue 4, 2021.

③ Franckx E., “Regional Marine Environment Protection Regimes in the Context of UNCLOS”, p. 321.

④ Franckx E., “Regional Marine Environment Protection Regimes in the Context of UNCLOS”, p. 322.

⑤ Franckx E., “Regional Marine Environment Protection Regimes in the Context of UNCLOS”, p. 322.

标。因此，它为不同国家集团在同一个区域公约的框架内受不同义务的约束打开了大门。

三　本土知识和规范受到越来越多的重视与强化

在包括海洋在内的全球治理中，对于治理知识的需求常常居于重要地位，这些治理知识在迭代过程中推动科学评估，但不一定是被视为评估过程的逻辑最终产品。区域海洋治理由高度异质的安排组成，使得全球一体化变得困难。事实上，这种异质性甚至挑战了一般性建议的潜在效用，这种多样性是治理系统及其随着时间的推移而建立的方式所固有的，适应了环境的特殊性以及所解决的问题和目标的多样性，这也反映了国家层面能力的分散。制度安排的多样性反映了这样一个事实，即它们通常是为适应特定的环境和目标而设计的，这同样适用于区域海洋计划、区域渔业机构和大型海洋生态系统机制。在急剧变化的时代，合作变得至关重要，纳入本土和传统的知识和观点可以将不同的观点纳入决策，这也有可能提高政策响应能力。

实施海洋资源可持续利用管理计划需要考虑和协调许多相互作用的因素，①它需要来自学术界、工业界、政府、民间社会和市场的投入，要求通过创建基于地点的管理重新关注实施。②有效的基于地点的管理取决于对当地条件的评估。该评估有助于整合社会、文化和地方知识、需求和信仰以及科学理解。③海洋治理是通过重叠的、多层次的机构进

---

① Jentoft S., “Legitimacy and Disappointment in Fisheries Management”, *Marine Policy*, Vol. 24, pp. 141 – 148; Leslie H. M., et al., “Operationalizing the Social-ecological Systems Framework to Assess Sustainability”, *Proceedings of the National Academy of Sciences of the United States of America*, Vol. 112, 2015, pp. 5979 – 5984.

② Leenhardt P., et al., “Challenges, Insights and Perspectives Associated with Using Social-ecological Science for Marine Conservation”, *Ocean & Coastal Management*, Vol. 115, 2015, pp. 49 – 60; Elena M. Finkbeiner, et al., “Reconstructing Overfishing: Moving beyond Malthus for Effective and Equitable Solutions”, *Fish and Fisheries*, Vol. 18, Issue 6, 2017, pp. 1180 – 1191; Mikalsen K. H., Jentoft S., “From User-groups to Stakeholders? The Public Interest in Fisheries Management”, *Marine Policy*, Vol. 25, 2001, pp. 281 – 292.

③ Bianca Haas, et al., “The Future of Ocean Governance”, *Reviews in Fish Biology and Fisheries*, Vol. 32, 2022, pp. 253 – 270.

行的，这些机构往往不承认土著主权和自决权。土著人民传统上是有可持续地维护他们的土地和资源的。所谓土著社区、人民和民族是“那些与在其领土上发展起来的入侵前和前殖民社会具有历史连续性的群体、人民和民族，他们认为自己与现在在这些领土或其部分领土上盛行的社会的其他部分不同。他们目前构成社会的非主导阶层，并决心根据自己的文化模式、社会制度和法律制度，保护、发展并向子孙后代传承他们的祖传领土和民族身份，作为他们民族继续存在的基础”。[①] 全球学术界和政治界日益达成共识，即土著人民正在通过各种历史力量失去对其自然资源的权利。

然而，决策应当以现有的最佳科学、本土和传统知识为指导。技术的使用将改进监测、控制和监视，并将支持更公平地使用海洋资源。在规划和决策制定中更好地利用本土和传统知识将提高海洋治理的合法性。提高透明度将提高数据的可用性，将允许对决策和行动进行审查，将减少参与者之间的信息不对称，并将提高重要社区、非政府组织（NGO）和其他利益相关者之间的信任。这将为正在进行的谈判奠定基础，并随着时间的推移继续改进和调整海洋治理。重点研究将促进我们对海洋过程的理解，研究应得到组织为公民科学家的当地社区的支持，政策制定者将在其战略规划、应急准备和适应性管理中使用改进的研究和数据。通过技术进步，当地社区将有权参与监测沿海环境，防止非法、未报告和不受管制活动、污染和海平面上升等威胁的恶化。随着越来越多的当地社区和民间社会参与政策和决策制定，他们对改善海洋管理的承诺将得到加强。这将为就全球和区域海洋管理目标达成共识或可接受的妥协奠定基础，这些目标将及时促成国际承诺。因此，包括国际捕鲸委员会（IWC）等在内的机制提供了承认土著权利的途径。为实施“海洋十年”，联合国授权政府间海洋学委员会制订并提交实施计划，[②] 这种扭转海洋健康状况下降的努力是在全球大流行期间发起和发展的，这需要寻

① “United Nations Secretariat of the Permanent Forum on Indigenous Issues: State of the World's Indigenous Peoples”, ST/ESA/328. UN Department of Economic and Social Affairs, 2009, p. 1.

② UNESCO-IOC, “The United Nations Decade of Ocean Science for Sustainable Development (2021 – 2030), Implementation Plan-Summary”, IOC Ocean Decade Series UNESCO, Paris, 2015.

找新的方法来解决与海洋有关的问题，COVID-19 揭示了联合国海洋十年的新优先事项和机遇，它强调了科学的重要性、科学在实现可持续发展目标方面的重要作用，以及包括本土知识在内的多样化知识体系的重要性。① 在区域层面，土著共同管理组织通过增强其文化身份和生计密切相关的主权权利和自决权。例如，在东亚海区域，各行为体借助软法性文书，通过健全的制度程序保护海洋环境，解决紧张的地缘政治背景下的环境退化问题。② 国家层面，菲律宾、智利和墨西哥的例子也展示了这种有效的基于地点的管理。③

许多人呼吁需要更好地了解土著社区如何应对海洋治理的各项挑战。④ 在气候变化领域，气候变化的预期后果范围将需要科学家、工业界、社会、政治家和本土知识持有者之间进行合法、透明和诚实的合作。⑤ 由于传统做法与海洋的相互作用，传统土地所有者更早地注意到了气候变化的一些影响。⑥ 短期政治无法解决气候变化的影响，虽然灵活性是解决计划外变化的关键，但需要一项迫在眉睫的强有力的、以气候变化为重点的总体政策和协议，这些政策和协议要超越典型的政治时

---

① Bianca Haas, et al., “The Future of Ocean Governance”, *Reviews in Fish Biology and Fisheries*, Vol. 32, 2022, pp. 253 – 270.

② Yulu Liu, “Prospects for Regional Soft Law to Protect the South China Sea Marine Environment”, *Asia-Pacific Journal of Ocean Law and Policy*, Vol. 7, Issue 1, 2022, pp. 30 – 52.

③ Basurto X., “How Locally Designed Access and Use Controls Can Prevent the Tragedy of the Commons in a Mexican Small-scale Fishing Community”, *Society & Natural Resources*, Vol. 18, 2005, pp. 643 – 659; Gelcich S., Edwards-Jones G., Kaiser M. J., “Heterogeneity in Fishers' Harvesting Decisions under Amarine Territorial User Rights Policy”, *Ecological Economics*, Vol. 61, 2007, pp. 246 – 254; Gelcich S., et al., “Navigating Transformations in Governance of Chilan Marine Coastal Resources”, *Proceedings of the National Academy of Sciences*, Vol. 107, 2010, pp. 16794 – 16799; Kittinger J. N., “Emerging Frontiers in Social-ecological Systems Research for Sustainability of Small-scale Fisheries”, *Current Opinion in Environmental Sustainability*, Vol. 5, 2013, pp. 352 – 357.

④ Burch S., “New Directions in Earth System Governance Research”, *Earth System Governance*, Vol. 1, 2019, pp. 1 – 18.

⑤ Roch S. G., “Effects of Environmental Uncertainty and Social Value Orientation in Resource Dilemmas”, *Organizational Behavior and Human Decision Processes*, Vol. 70, 1997, pp. 221 – 235.

⑥ Green D., Raygorodetsky G., “Indigenous Knowledge of a Changing Climate”, *Climatic Change*, Vol. 100, 2010, pp. 239 – 242.

间框架，并包括整个政府的应对措施。① 此类国际政策的例子有《巴黎协定》或《欧盟海洋战略框架指令》。各国政府需要解决政策差距并提出灵活的政策，以吸引这些选民中越来越占主导地位的部分。②

海洋捕鲸治理的案例也能够提供社区如何导航、抵制和重塑多层次海洋治理的见解。一些案例说明了海洋保护如何将重点放在定居者国家的优先事项和科学知识上，这往往导致土著社区的反感，特别是土著社区与居民对研究和宣传的持续需求相关。③ 在多层级多中心治理下，土著捕鲸及其具体实践与现有治理的互动深刻地揭示了区域治理未来应当充分予以考虑的因素。④ 北极原住民社区发展了复杂且异质的地方治理制度，⑤ 包括广泛的习惯法和实践，这些法律和实践与数千年来的狩猎共同发展着。⑥ 但是，直到20世纪70年代，现代国家和国际捕鲸治理在很大程度上将土著社区排除在外。⑦ 虽然国际捕鲸委员会为承认土著权利提供了途径。然而，对于楚科奇、因纽皮亚特、圣劳伦斯岛（SLI）尤皮克和西伯利亚尤皮克社区，观察到的权力不对称和跨层级的局部到国际冲突威胁生存权和制度，并产生了研究和宣传疲劳。⑧ 捕鲸治理在过去半个世纪的演变（部分地）反映了全球土著运动包括具体的复兴实践和土

---

① Slawinski N., Pinkse J., Busch T., et al., "The Role of Short-termism and Uncertainty Avoidance in Organizational Inaction on Climate Change: a Multi-level Framework", *Business & Society*, Vol. 56, 2017, pp. 253 - 282.

② Jordan A. J., et al., "Emergence of Polycentric Climate Governance and Its Future Prospects", *Nature Climate Change*, Vol. 5, 2015, pp. 977 - 982.

③ M. Lubell, T. H. Morrison, "Institutional Navigation for Polycentric Sustainability Governance", *Nature Sustainability*, Vol. 4, 2021, pp. 664 - 671.

④ Leanne Betasamosake Simpson, *Indigenous Freedom through Radical Resistance*, Minnesota: University of Minnesota Press, 2017.

⑤ S. Grey, R. Kuokkanen, "Indigenous Governance of Cultural Heritage: Searching for Alternatives to Co-management", *International Journal of Heritage Studies*, Vol. 26, No. 10, 2020, pp. 919 - 941.

⑥ H. P. Huntington, et al., "Chapter 31-Whale Hunting in Indigenous Arctic Cultures", in C. George, ed., *The Bowhead Whale*, Cambridge: Academic Press, 2021, pp. 501 - 517.

⑦ O. R. Young, *Institutional Dynamics: Emergent Patterns in International Environmental Governance*, Cambridge: MIT Press, 2010.

⑧ M. Lubell, T. H. Morrison, "Institutional Navigation for Polycentric Sustainability Governance", *Nature Sustainability*, Vol. 4, 2021, pp. 664 - 671.

著社区将治理重新嵌入长期制度、自决、主权和基于地方的关系的努力。[①]

海洋治理，就像更普遍的治理一样，通过制度（定义为规则、规范和共享战略发生），[②] 在各个层面影响人类决策，从个人和家庭的行为到加入国际协议的国家。[③] 土著制度，包括长期存在的规则和规范，以及最新的土著主权和自决实践，存在于多层次的治理体系中。海洋治理超越了国界，包括多个政策领域。[④] 因此，海洋治理体现了多层次治理，多个政府和非政府实体参与跨辖区的政策制定和决策。[⑤] 通常，一个地区的条约或制度会影响另一个环境空间，将重叠的国际条约描述为嵌入的、嵌套的或集群的。[⑥] 在互补空间中，奥斯特罗姆学派使用多中心来描述具有“权力分散和管辖权重叠”的治理系统。[⑦] 在多中心治理系统中，参与者战略性地导航以加入、创建、抵制或调整现有制度，鲁贝尔等称之为制度导航。[⑧] 机构和参与者权力不是中立的。[⑨] 重要的是，即使试图通过定居者殖民主义进行抹除，土著社区、国家和代表实体也积极

① Leanne Betasamosake Simpson, *Indigenous Freedom through Radical Resistance*, Minnesota: University of Minnesota Press, 2017.

② E. Ostrom, *Understanding Institutional Diversity*, Princeton: Princeton University Press, 2005, pp. 92 – 97.

③ A. M. York, “Integrating Institutional Approaches and Decision Science to Address Climate Change: a Multi-level Collective Action Research Agenda”, *Current Opinion in Environmental Sustainability*, Vol. 52, 2021, pp. 19 – 26.

④ R. Shivakoti, M. Howlett, V. Fernandez S. , “Nair Governing International Regime Complexes through Multi-level Governance Mechanisms: Lessons from Water, Forestry and Migration Policy”, *International Journal of Water Resources Development*, Vol. 37, 2021, pp. 658 – 675; O. R. Young, *Institutional Dynamics: Emergent Patterns in International Environmental Governance*, Cambridge: MIT Press, 2010, pp. 1 – 23.

⑤ L. Hooghe G. , “Marks Unraveling the Central State, But How? Types of Multi-level Governance”, *American Political Science Review*, Vol. 97, 2003, pp. 233 – 243.

⑥ O. R. Young, “Institutional Linkages in International Society: Polar Perspectives”, *Global Governance*, Vol. 2, 1996, pp. 1 – 24.

⑦ V. Ostrom, *Polycentricity Polycentricity and Local Public Economies*, Michigan: University of Michigan Press, 1999, p. 52.

⑧ M. Lubell, T. H. Morrison, “Institutional Navigation for Polycentric Sustainability Governance”, *Nature Sustainability*, Vol. 4, 2021, pp. 664 – 671.

⑨ D. Acemoglu, J. A. Robinson, “Persistence of Power, Elites, and Institutions”, *American Economic Review*, Vol. 98, 2008, pp. 267 – 293; T. M. Moe, “Power and Political Institutions”, *Perspectives on Politics*, Vol. 3, 2005, pp. 215 – 233.

抵制和倡导定居者殖民国家内外的自决和主权。[①] 土著学者 Simpson 在此前研究的基础上，发展了一种体现复兴实践的补充概念，即作为土著人民生活和存在的日常实践是破坏定居者殖民国家的抵抗形式。[②]

土著社区和共同管理实体不断协商决策权。那些与国家机构合作的实体面临着与许多西方科学导向的生态治理系统未能理解、接受和整合本土科学和知识相关的负担。[③] 土著共同管理实体继续在多层次环境空间和海洋相关治理系统中争取和重新构想新的决策框架。[④] 在多层次的海洋治理体系中，国家法律和政策是国际制度和社区之间的关键联系。[⑤] 在这种情况下，相关的国家政策包括影响土著权利、影响自决的环境和海洋哺乳动物的法律和政策，塑造组织[⑥]并传授重要的土著知识[⑦]。原住民或许正在失去他们传统的捕鲸技能和相关的习惯法，但是也对区域海洋治理的规则供给等产生越来越实质的影响。

---

① Mark Nuttall, “Self-determination and Indigenous Governance in the Arctic”, in Mark Nuttall, ed., *The Routledge Handbook of the Polar Regions*, London: Routledge, 2018; Liubov Sulyandziga, Rodion Sulyandziga, “Indigenous Self-determination and Disempowerment in the Russian North”, in Timo Koivurova, ed., *Routledge Handbook of Indigenous Peoples in the Arctic*, London: Routledge, 2020.

② Leanne Betasamosake Simpson, *Indigenous Freedom through Radical Resistance*, Minnesota: University of Minnesota Press, 2017, pp. 233 – 248.

③ Annette Watson, “Misunderstanding the ‘Nature’ of Co-management: A Geography of Regulatory Science and Indigenous Knowledges (IK)”, *Environmental Management*, Vol. 52, No. 5, 2013, pp. 1085 – 1102.

④ Sam Grey, Rauna Kuokkanen, “Indigenous Governance of Cultural Heritage: Searching for Alternatives to Co-management”, *International Journal of Heritage Studies*, Vol. 26, No. 10, 2020, pp. 919 – 941; Kimberley H. Maxwell, Kelly Ratana, Kathryn K. Davies, et al., “Navigating towards Marine Co-management with Indigenous Communities on-board the Waka-Taurua”, *Marine Policy*, Vol. 111, 2020, pp. 1 – 4.

⑤ O. S. Stokke, “Political Stability and Multi-level Governance in the Arctic”, in P. A. Berkman, eds., *Environmental Security in the Arctic Ocean*, *NATO Science for Peace and Security Series C: Environmental Security*, Dordrecht: Springer, 2013, pp. 297 – 311.

⑥ P. A. Gray, *The Predicament of Chukotka's Indigenous Movement: Post-soviet Activism in the Russian Far North*, Cambridge: Cambridge University Press, 2005, pp. 3 – 25; M. Williams, *A Brief History of Native Solidarity the Alaska Native Reader*, Durham: Duke University Press, 2009, pp. 202 – 216.

⑦ Erik Cohen, Ann Allen, “Toward an Ideal Democracy: the Impact of Standardization Policies on the American Indian/Alaska Native Community and Language Revitalization Efforts”, *Educational Policy*, Vol. 27, 2013, pp. 743 – 769.

第五章 影响区域海洋治理规则供给的因素

区域海洋治理规则的供给除了受到全球海洋治理规则体系的影响外，之所以呈现出越来越明显的本土化倾向，是源于不同维度因素的共同作用。一是全球海洋治理的“区域主义”倾向，这种区域主义一方面来源于以《公约》为核心的全球性治理体系的不足，另一方面也受到区域一体化的能动性影响；二是海洋治理“碎片化”的趋势，这种碎片化导致区域海洋治理规则呈现出一定程度的供给困难，与海洋治理的需求之间的矛盾，导致本土规则成为一种解决现实问题的选项；三是关于海洋利益与权力的争夺，大大增加了从更高层面制定一致规则的难度；四是“权威场域”的分散与多元，导致对于规则制定认同的难度增加，以共同地理共同需求为核心的“小规模权威”纷纷发挥作用；五是海洋的特殊性以及海洋治理规则本身的独特属性，即海洋本身的整体性与分割性，以及海洋规则本身的内在张力，决定了区域海洋治理包括自上而下和自下而上以及约束性与非约束性规则并存的多元性逻辑。

第一节 全球海洋治理中的“区域主义”

全球治理的兴起根本动力来源于全球化，全球化与区域化/区域主义往往相伴而生，尤其是在当今全球化与“逆全球化”并存的时代。事实上，历史上面临全球化、多边主义和后殖民化的海洋治理进程也面临着区域主义的兴起，特别是民族国家和地区需要应对和管理传统和新兴的海洋挑战。包括国家、经济集团、私营部门、金融机构和非政府组织、发展伙伴等在内的各种参与者对这些挑战的回应导致了不同形式的关系，这些关系将区域活动重新聚焦于全球定义的海洋议程。一些学者试图将这种现象称为包括海洋治理在内的全球治理的“区域转向”。

区域主义往往被定义为区域系统或方法的倾向或实践，其深深植根于土地利用规划，在实践中体现为经济、社会、交通和环境问题促使区域协调，也被视为以区域为基础的地方主义。在国家或国际范围内，区域主义强调区域而不是中央管理系统的经济、文化或者政治联系的理论实践，同时对这些现象的研究也注重与地理因素相关。[①] 由于区域是一个地方或相互作用的地方的集合，[②] 因此，区域主义也是地方主义，或者在一个或多个特定地点相互依存的人与空间相互作用的过程，是在政治、经济、文化和行政实践和话语中创造的社会结构。此外，在这些实践和话语中，区域可能成为塑造治理、经济和文化空间的重要权力工具。[③] 区域主义的实施是为了促进共同利益。[④] 共同利益指的是经济增长、公共服务的改善以及环境条件和社区的改善。区域领导人在各级政府之间纵向合作，在不同部门之间横向合作，创造“责任网络”，承认区域经济、环境和社会的相互依存关系。这种区域协调的四个主要好处分别是发展新经济、使社区宜居、创建包容性的基于社区的区域主义以及改革政府。[⑤] 其他更具体的好处包括：分享和学习他人，通过为私营部门提供可预测和一致的政策来鼓励经济发展，以及改善与更高级别政府谈判和打交道的协调。而实施区域主义的挑战在于：首先是定义区域，它是社会、经济和政治进程和背景的函数。[⑥] 区域定义倾向于描述区域

---

① “Oxford English Dictionary”, http://dictionary.oed.com/ (search “Find Word” for “regionalism”).

② Bruce Katz, ed., *Reflections on Regionalism*, Washington: Brookings Institution Press, 2001, pp. 9 – 43.

③ Anssi Paasi, “Europe as Social Process and Discourse: Considerations of Place, Boundaries and Identity”, *European Urban and Regional Studies*, Vol. 7, No. 16, 2001, pp. 7 – 28.

④ Elizabeth R. Gerber, Clark C. Gibson, “Balancing Competing Interests in American Regional Governance”, http://americandemocracy.nd.edu/speaker_series/files/GerberPaper.pdf.

⑤ Victoria Basalo, “U. S. Regionalism and Rationality”, *Urban Studies*, Vol. 447, 2003, p. 7.

⑥ Lawrence Juda, “Considerations in Efforts to Effectuate Regional Ocean Governance”, in Biliana Cicin-Sain, Charles Ehler, eds., *Workshop on Improving Regional Ocean Governance in The United States*, 2002, file:///C:/Users/win/Downloads/RegionalProceedings.pdf, pp. 23 – 28.

的物理和行政特征，① 但低估了社会、经济特征和政治背景；其次，在处理区域主义时必须面对一些障碍，包括克服区域认同感薄弱，就区域变革的政治战略达成共识，形成统一联盟并从中受益，克服回避倾向等。②

一 “区域主义”在海洋治理领域的体现

海洋领域的区域主义兴起意味着我们将区域主义视为一种更好地管理海洋和海岸的方法，因为它考虑了人民和地区的权利、特权和资源，强调自治和自我发展，而不是强制性的中央集权，还因为它提供了具体的技术可行方法，促进人类利用资源的开发和保护工作。③ 换言之，区域主义提供了一个更全面的机会来解决跨管辖区和跨部门的海洋和沿海问题。正如上文述及的，区域主义需要跨越共同的管辖边界和桥接机构。它是一个新兴的“行动舞台”，为专注于特定地方的人们提供了一种更加流畅和适应性强的方式。通过识别、联系和发展区域管理者，可以以一种独特的方式更多地关注地方的福祉，而不是仅仅通过制度变革和基于生态的管理战略提供的方式。因此，我们对框架的这一组成部分的前提是，致力于生态系统和区域的发达区域管理员网络可以促进合作和公平的方法，以确保健康的环境和社区。

区域和全球海洋治理有着复杂的、共同演化的历史，在这一历史中，两种制度——除其他外——与海洋和其中的资源相互作用并利用海洋和资源来巩固、扩大和表达权力。与此同时，区域和全球海洋治理关系也在不断变化，尤其是当我们试图理解它们在区域化、区域主义和全球化逻辑中的差异时。对区域海洋治理至关重要的不同政策领域（包括海上安全、环境、经济和社会政治治理）的审查为理解区域—全球海洋治理关系中固有的背景因素和关注点奠定了坚实的基础。一些学者研究认为，

① Martin Jones, Gordon MacLeod, “Regional Spaces, Spaces of Regionalism: Territory, Insurgent Politics and the English Question”, *Transactions of the Institute of British Geographers*, Vol. 29, Issue 4, 2004, pp. 433, 435 -436.

② Kathryn A. Foster, *Regionalism on Purpose*, Cambridge: Lincoln Institute of Land Policy, 2001, pp. 16 -44.

③ Howard W. Odum, “The Promise of Regionalism”, in Merrill Jensen, Felix Frankfurter, eds., *Regionalism in America*, Wisconsin: The University of Wisconsin Press, 1951, pp. 395, 405.

围绕区域—全球海洋治理关系谱发展的不同类型/程度，可以通过五种类型光谱来描述，分别是：离散关系、冲突关系、合作关系、对称关系和模糊关系。这种“五分法”光谱研究为深度揭示区域海洋治理与全球海洋治理的关系，提供了有益的知识与参考。

具体到海洋法背景下，区域主义被认为是指与“通过旨在实施国家间，特别是邻近地理区域内的国家间各种合作活动的机制，在区域一级管理海洋及其资源有关的海洋环境或区域安排（协定、其他文书和机构）”。[①] 这意味着，区域主义是指根据其地理或物理特征（例如其封闭或半封闭特征）界定的海洋区域的管理方法，通过与有关各方签订合作协议，重点关注其使用的相关模式。

然而，尽管《联合国海洋法公约》（下文简称《公约》）非常重视海洋环境保护的区域安排，但《公约》和任何其他相关国际文书都没有明确什么是海洋区域这一概念。相反，区域和区域的概念在《公约》下似乎也没有明确。[②] 除了第 122 条对封闭海和半封闭海稍显宽松的描述外，《公约》没有包含任何海洋区域的规定性定义，也没有包含封闭海和半封闭海的清单。此外，人们无法从环境署区域海洋计划（RSP）处理海洋区域概念的方式中推断出对海洋区域的清晰描述。例如，区域海洋计划将区域海洋的资格归因于“封闭或半封闭海洋，以及具有明确共同问题的区域的海洋和沿海地区”。[③] 在这方面，即使是受区域海洋计划支持下的区域海洋协定差异很大：有些是海洋性的，有些是半封闭的，还有一些是基于岛屿群的。因此，海洋法下的“区域”一词可以涵盖大小相当的不同的海洋区域。[④] 根据区域海洋协定管辖的各个区域的特点，海洋区域可

---

① B. Boczek, “Global and Regional Approaches to the Protection and Preservation of the Marine Environment”, *Case Western Reserve Journal of International Law*, Vol. 16, Issue 1, 1984, pp. 39 – 70.

② A. Chircop, “Participation in Marine Regionalism: An Appraisal in a Mediterranean Context”, *Ocean Yearbook*, Vol. 8, Issue 1, 1989, p. 404.

③ Adalberto Vallega, “The Regional Approach to the Ocean, the Ocean Regions, and Ocean Regionalisation—A Post Modern Dilemma”, *Ocean & Coastal Management*, Vol. 45, Issue 11 – 12, 2002, pp. 743 – 744.

④ E. Molenaar, A. Oude Elferink, D. Rothwell, eds., *The Law of the Sea and the Polar Regions: Interactions between Global and Regional Regimes*, Leiden: Brill, 2013, p. 5.

以说是地理上不同的、由一组国家组成的海域。区域内具有团结意识，因为它们面临着共同的挑战，并且在集体监管海洋活动方面有相似的利益需要保护。更具体地说，对于海洋环境保护而言，海洋区域是一个地理上独特的海域，环境挑战需要它来保护。[①] 海洋区域的这一内涵被描述为“机构”“运作”或“功能”区域：一项或多项国际安排正在有效应对具体的海洋环境挑战。[②] 因此，似乎没有必要对“区域”一词进行规定性定义，因为“各国在海洋任何特定部分开展的任何形式的合作都是区域性的”，[③] 无论该特定海域是否具有证明其作为一个区域资格的特征。

二 海洋“区域主义”的合作框架

区域主义作为《公约》下的海洋环境保护合作的框架，多次明示和暗示地提及了区域合作、区域规则和方案的必要性。例如，生物资源管理[④]、海洋技术的开发和转让[⑤]、封闭或半封闭海洋[⑥]的管理以及海洋环境的保护和保全等规定都需要区域合作。这些条款中的大多数都要求制定具体的（区域）协议以供实施。[⑦]《公约》第十二部分对区域规则和标准的提及也包含了对通过区域协议方面已有的国家实践的务实承认。《公约》第 197 条也许是《公约》中对区域文书在解决地方特殊性方面的效用最有力的认可，[⑧] 例如“沿海地理、海洋区域的物理特征、特定

---

① Adalberto Vallega, “The Regional Approach to the Ocean, the Ocean Regions, and Ocean Regionalisation—A Post Modern Dilemma”, *Ocean & Coastal Management*, Vol. 45, Issue 11 - 12, 2002, p. 743.

② R-J. Dupuy, and D. Vignes, *A Handbook on the New Law of the Sea*, Leiden: Martinus Nijhoff, 1991, p. 54.

③ Adalberto Vallega, “The Regional Scale of Ocean Management and Marine Region Building”, *Ocean & Coastal Management*, 1994, Vol. 24, Issue 1, pp. 22 - 23.

④ Articles 61 - 64, 66, 69 - 70 and 118 - 119 of UNCLOS.

⑤ Articles 268, 270, 272 - 273, 275 and 277 of UNCLOS.

⑥ Articles 122 - 123 of UNCLOS.

⑦ B. Baker, “The Developing Regional Regime for the Marine Arctic”, in Oude Elferink, Molenaar, Rothwell, eds., *The Law of the Sea and the Polar Regions*, Leiden: Martinus Nijhoff, 2013, p. 48.

⑧ J. Morgan, “The Marine Region”, *Ocean & Coastal Management*, Vol. 24, Issue 1, 1994, pp. 51 - 70.

物种或有价值的生态系统的分布以及路径”。[①] 合作促进环境规则、标准以及建议的做法和程序的义务也承认《公约》第十二部分无疑为监管所有近海活动提供了具体的环境标准。因此，区域海洋环境协定可以构成履行《公约》下合作制定区域规则义务的一种手段，前提是这些协定“是为了促进《公约》的一般原则和目标而缔结的”。[②] 例如，在 Mox Plant 案中，英国辩称，“除其他外，通过批准《OSPAR 公约》以及作为欧洲共同体和欧洲原子能联营成员国的角色”，英国已履行了《公约》第 197 条规定的义务。[③] 值得注意的是《联合国海洋法公约》第 197 条似乎使用“酌情”一词限定了采用区域规则和标准的义务，但没有解释区域方法何时适合应对环境威胁。表面上看，《公约》并不打算优先考虑采用全球规则和标准，而是允许各国决定在区域层面合作，通过规则是否更适合或可行，以应对特定的挑战。然而，《公约》显示了就特定污染源而言最适当水平的合作偏好。[④]《公约》表明在区域层面上合作制定环境规则和标准更为合适的情况示例，[⑤] 在封闭或半封闭海域的情况下优先考虑特殊区域规则似乎是合理的，因为它们具有独有的特征，例如，由于与其他海洋的联系较差而导致航行的复杂性以及由于其面积小且难以在邻近海域扩散污染物，所有污染源的风险都很高。[⑥]《公约》第 123 条指示封闭或半封闭海域沿岸国家直接或通过适当的区域组织进行合作[⑦]以行使他们的权利并遵守《公约》规定的义务。值得注意的是，

---

① Erik J. Molenaar, Alex G. Oude Elferink, and Donald R. Rothwell, *The Law of the Sea and the Polar Regions*, Leiden: Martinus Nijhoff, 2013, p. 5.

② Article 237 (1) of UNCLOS.

③ ITLOS, MOX Plant Case (Ireland v. United Kingdom), Provisional Measures, Written Response of the United Kingdom, November, 15, 2001, para 13.

④ Erik J. Molenaar, Alex G. Oude Elferink, and Donald R. Rothwell, *The Law of the Sea and the Polar Regions*, Leiden: Martinus Nijhoff, 2013, p. 4.

⑤ PCA, South China Sea Arbitration (Republic of the Philippines v. People's Republic of China) Award of, July, 12, 2016, para 946.

⑥ A. Boyle, "Globalism and Regionalism in the Protection of the Marine Environment", in D. Vidas, ed., *Protecting the Polar Marine Environment*: *Law and Policy for Pollution Prevention*, Cambridge: Cambridge University Press, 2000, p. 40.

⑦ M. Nordquist, N. Grandy, S. Nandan, et al., eds., *United National Convention on the Law of the Sea 1982*: *A Commentary*, *Volume Ⅲ*, Leiden: Brill, 1995, pp. 367 - 368.

该条款规定各国“应努力协调履行其在保护和保全海洋环境方面的权利和义务”。[①] 武卡斯认为，该条款应被解释为促进“国家和国际组织在利用和保护封闭或半封闭海洋以及通过有关特定海洋的区域和次区域规则方面的合作”。[②] 与第197条相反，《公约》第123条“以劝告的语言表述”[③]（“应努力”），以避免对沿海国家强加无条件参加特殊区域协定的义务，而这些国家出于各种原因，不愿意创建或加入这样的制度。然而，该条款指导各国“协调履行其权利和义务”的事实可以被解读为表明其意图在此类海洋区域设立合作的法律义务。[④] 根据查戈斯海洋保护区仲裁法庭的说法，这种义务规定有义务尽最大努力实现区域一级环境政策的协调。[⑤]

结合《公约》第197条解读，第123条规定了封闭海或半封闭海沿岸国家的行为义务，即努力真诚合作制定进一步的规则。[⑥] 这两个条款具有“共生法律关系”，[⑦] 其中第123条发挥了封闭和半封闭海域合作义务的实施功能。相应地，适用于封闭海和半封闭海的区域海洋协定是实施《公约》第197条和第123条的主要机制。

尽管海上能源生产活动的国际环境监管取得了进展，但在全球适用的环境标准方面仍存在重大规范差距。[⑧] 全球协议并未提供专门适用于

---

① Article 123 （b） of UNCLOS.

② Budislav Vukas，“The Mediterranean：An Enclosed or Semi-Enclosed Sea?”，in William T. Vukowich，ed.，*The Law of The Sea：Selected Writings*，Leiden：Martinus Nijhoff Publishers，2004；Paul Gormley，Vukas，Budislav，ed.，*The Legal Regime of Enclosed or Semi-Enclosed Seas：The Particular Case of the Mediterranean*，Zagreb：Birotehnika，1988.

③ M. Nordquist，N. Grandy，S. Nandan，et al.，eds.，*United National Convention on the Law of the Sea 1982：A Commentary，Volume Ⅲ*，Leiden：Brill，1995，p. 366.

④ C. Linebaugh，“Joint Development in a Semi-Enclosed Sea：China's Duty to Cooperate in Developing the Natural Resources of the South China Sea”，*Columbia Journal of Transnational Law*，Vol. 52，2014，p. 560.

⑤ PCA，Chagos Marine Protected Area Arbitration （Mauritius v. United Kingdom），Award of 18 March 2015，para 539.

⑥ C. Whomerley，“Regional Cooperation in the North Sea under Part Ⅸ of the Law of the Sea Convention”，*The International Journal of Marine and Coastal Law*，Vol. 31，No. 2，2016，p. 344.

⑦ N. Oral，*Regional Co-operation and Protection of the Marine Environment Under International Law*，Leiden：Brill，2013，p. 43.

⑧ D. French，and L. Kotze，“Towards a Global Pact for the Environment：International Environmental Law's Factual，Technical and （Unmentionable） Normative Gaps”，*Review of European，Comparative and International Environmental Law*，Vol. 28，Issue 1，2019，pp. 28 – 29.

海上能源生产活动的具体环境标准，但它们制定了适度的规范义务，允许各国在实施中拥有广泛的自由裁量权。[①] 相比之下，大多数有关海上能源活动的具体环境规则和标准都是在区域层面制定的。[②] 区域文书在此不被视为独立的替代方案与全球法律框架相关，但作为该框架的实施和补充。[③] 事实上，《公约》容纳并在某些情况下鼓励制定保护海洋环境的区域协定。[④] 在这方面，可以认为区域海洋环境保护文书通过增加规范性内容，塑造了与近海能源等活动相关的保护和保全海洋环境义务的履行。同样重要的是，区域安排需要体制机制，使它们能够定期审查和调整这些规范，以适应不断变化的区域具体需求和利益。尽管如此，保护海洋环境免受近海能源活动的影响绝不是一个区域性问题。海上能源行业正在全球范围内运营，全球许多地区都面临着随之而来的环境挑战。话虽如此，并非所有能源生产海洋区域都受到规范性具体规则和标准的约束，以环境可持续的方式规范这些活动。[⑤] 从理论上讲，缺乏此类标准可能会对环境产生重大影响。鉴于海洋的相互关联性，区域协议能否成功实现其环境目标在很大程度上取决于世界其他地区为平等保护海洋环境而作出的持续努力。[⑥]

总之，《公约》存在一定的固有缺陷，并为区域主义的发展留下空间。区域协定在规定和更新各国必须在各自海洋区域实行的勤勉标准方面发挥了作用。区域协议在制定海洋环境保护等方面为面向未来和包容

---

① N. Giannopoulos, "Global Environmental Regulation of Offshore Energy Production: Searching for Legal Standards in Ocean Governance", *Review of European, Comparative and International Environmental Law*, Vol. 28, Issue 3, 2019, pp. 289 – 303.

② Catherine Redgwell, "Mind the Gap in the GAIRS: The Role of Other Instruments in LOSC Regime Implementation in the Offshore Energy Sector", *International Journal of Marine and Coastal Law*, Vol. 29, Issue 4, 2014, p. 611.

③ Dominique Alhéritière, "Marine Pollution Control Regulation: Regional Approaches", *Marine Policy*, Vol. 6, Issue 3, 1982, p. 170.

④ For instance, articles 123, 197, 208 (3) UNCLOS.

⑤ C. Redgwell, "Mind the Gap in the GAIRS: The Role of Other Instruments in LOSC Regime Implementation in the Offshore Energy Sector", *International Journal of Marine and Coastal Law*, Vol. 29, Issue 4, 2014, p. 603.

⑥ A. Zervaki, "The Legalization of Maritime Spatial Planning in the European Union and Its Implications for Maritime Governance", *Ocean Yearbook*, Vol. 30, Issue1, 2016, pp. 40 – 41.

性监管有望作出重大贡献。同时，区域规则和标准也具有潜在的“域外”法律相关性，尤其是为《公约》的解释和实施提供信息方面的作用。尽管海洋法的全球方针“与海洋自由原则和谐地融合在一起”，因为它与海洋作为媒介的历史用途有关，[①] 制定和实施海洋法的区域方法侧重于克服因利用海洋空间用于本地经济等目的（例如开发近海能源资源）而带来的挑战。[②] 海洋治理的“区域主义”意味着，尽管“海洋法本质上是全球性的”，[③] 并非所有环境等问题都需要在全球层面解决，也不可能在全球层面完全解决。[④]

第二节　海洋治理机制的“碎片化”

海洋治理是一个由相互关联、交织、融合、竞争的需求和利益组成的复杂网络，[⑤] 这些复杂性的证据反映在当今海洋治理框架的碎片化中，这是由于区域和全球治理制度与区域和全球海洋管理力量之间关系不断变化而产生的。尽管呼吁协调一致和协同增效，但地方、国家和区域各级的部门间冲突依然存在。区域海洋治理由高度异质的安排组成，使得全球一体化变得困难。事实上，这种异质性甚至挑战了一般性建议的潜在效用。这种多样性是治理体系及其随着时间的推移而建立的方式所固有的，适应环境的特殊性以及所解决的关切和目标的多样性，这也反映出国家层面的能力分散。

2003 年以来，针对全球海洋治理碎片化的问题，联合国高级别计划

---

① R-J. Dupuy, and D. Vignes, *A Handbook on the New Law of the Sea*, Leiden: Martinus Nijhoff, 1991, pp. 44 – 45.

② C. Brown, “International Environmental Law in the Regulation of Offshore Installations and Seabed Activities: The Case for a South Pacific Regional Protocol”, *Australian Mining & Petroleum Law Journal*, Vol. 17, No. 2, p. 126.

③ Alan Boyle, “Globalism and Regionalism in the Protection of the Marine Environment”, in Davor Vidas, ed., *Protecting the Polar Marine Environment: Law and Policy for Pollution Prevention*, Cambridge: Cambridge University Press, 2000, p. 20.

④ D. Alheritiere, “Marine Pollution Control Regulation: Regional Approaches”, *Marine Policy*, Vol. 6, Issue 3, 1982, p. 170.

⑤ Lisa M. Campbell, et al., “Global Oceans Governance: New and Emerging Issues”, *Annual Review of Environment and Resources*, Vol. 41, 2016, pp. 517 – 543; Grip K., “International Marine Environmental Governance: A Review”, *Ambio*, Vol. 46, 2016, pp. 413 – 427.

委员会批准成立海洋和沿海地区网络——"联合国海洋"，以加强联合国系统实体和专门机构之间具有海洋使命的合作。[①] 然而，由于与联合国海洋机制和联合国能源机制等缺乏一致性，联合国海洋机制被认为不足以确保协调和促进与全球海洋监管相关的若干协议之间的协同作用。[②] 这进一步强化了这种看法，即全球海洋治理机制过于薄弱和烦琐，无法采取解决海洋问题所需的紧急大规模集体行动。全球治理制度的碎片化揭示了全球化为简化区域和全球海洋治理之间的关系而保持的内在动力。需要对国家、区域和全球海洋治理采取更务实的方法，以确保海洋治理的有效性[③]、进一步证实《联合国海洋法公约》以及可持续发展的整体范式。[④] 根据辅助性原则，这些全球海洋框架的缺陷表明，可以在区域层面更好地应对一些海洋挑战，以减少国际和超国家层面的挑战数量。区域的全球观与区域和全球治理之间可能存在的相互联系直接相关。[⑤] 此外，就其性质而言，区域安排并不能完全融入现有的全球安排，也不能脱离更大的全球治理背景而运作。[⑥]

一 海洋治理"碎片化"形成的主要原因

海洋治理范围的主题具有复杂性和多样性。例如，职权范围内与非

---

① UN-Oceans, "Who are UN-Oceans Members?", http://www.unoceans.org/fileadmin/user_upload/unoceans/docs/UN-OCEANS_ leaflet.pdf.

② Zahran M. M., and Inomata T., "Evaluation of UN-Oceans", 2012, https://www.unjiu.org/sites/www.unjiu.org/files/jiu_ document_ files/products/en/reports-notes/JIU%20Products/JIU_ REP_ 2012_ 3_ English.pdf.

③ Pyc D., "Global Ocean Governance", *TransNav: International Journal on Marine Navigation and Safety of Sea Transportation*, Vol. 10, No. 1, 2016, pp. 159-162; Rudolph T. B., et al., "A Transition to Sustainable Ocean Governance", *Nature Communications*, Vol. 11, 2020, p. 3600.

④ Visbeck M., et al., "A Sustainable Development Goal for the Ocean and Coasts: Global Ocean Challenges Benefit from Regional Initiatives Supporting Globally Coordinated Solutions", *Marine Policy*, Vol. 49, 2014, pp. 87-89.

⑤ Österblom H., and Folke C., "Emergence of Global Adaptive Governance for Stewardship of Regional Marine Resources", *Ecology and Society*, Vol. 18, 2013, p. 4.

⑥ Raimo Väyrynen, "Regionalism: Old and New", *International Studies Review*, Vol. 5, No. 1, 2003, pp. 25-51; Ba A. D., and Hoffmann M. J. eds., *Contending Perspectives on Global Governance: Coherence, Contestation and World Order*, London: Routledge, 2005, pp. 191-212; Yilmaz S., and Li B., "The BRI-Led Globalization and its Implications for East Asian Regionalization", *Chinese Political Science Review*, Vol. 5, 2020, pp. 395-416.

洲海洋治理相关的机构众多，然而，这些法律和机构专注于特定主体的方式或问题，因此它们分成孤岛，这些孤岛内部进一步分裂，以至于不同的机构和法律与同一主题相关，没有明显的相互联系的框架。一些条约或法律相互重叠，若干条约适用于同样的特定情况，这些条约下活动的重叠，导致许多不同行为体在同一领域运作。这种“支离破碎”要求通过建立区域治理框架，来缓解缺乏能力和区域部门治理框架造成的支离破碎，该框架可以提供凝聚力以减轻影响并避免不一致、重复和缺乏协同作用。特别是，一个适当的治理框架将允许战略监督，并将允许关注不同类型的碎片化情形，例如，不完全属于特定条约或特定组织任务范围的问题；全部或部分属于不止一项条约或不止一个组织的任务范围内的问题；任何组织都没有能力或授权解决的问题。如果有这样的区域海洋治理框架，就能够进行战略监督，或者充当论坛与协调机制，促进整体和协调决策。这种决策的整合机构，能够促进在区域乃至全球层面监督海洋治理的各个方面。作为权威和明确的框架来提供一致和明确的信息，以汇集一系列部门和机构决策，并基于商定的治理原则来塑造一致的海洋治理决策哲学，同时，作为总体框架来讨论对全球问题有影响的区域问题，包括促进关于国家管辖区域外海洋治理的讨论，采取有针对性的区域举措。这种区域机制，能够以具体、可衡量、可实现的相关术语来评估和描述实现政策目标需要做的事情。

二 海洋区域治理既是治理“碎片化”的表现也是后果

独特的区域协调机制具有促进集体外交和一体化方面的作用。区域架构的一个突出特点是集体成员资格和总体机制，区域海洋治理的总体框架能够建立强有力的协调机制，以整合其综合区域组织之间的关系。区域组织之间的协调与合作是通过独特的总体区域海洋政策建立的，例如，太平洋岛屿论坛（PIF）领导人制定的共享海洋治理目标，[①] 以及通过太平洋区域组织理事会（CROP）进行的协调，还通过组织之间的谅

① “Pacific Island Forum Communiqués”, http://www.forumsec.org/pages.cfm/about-us/secretariat/walk-down-memory-lane/; accessed 12 August 2017.

解备忘录以及定期的多机构协商安排和联合工作计划来促进合作。区域海洋治理框架（包括 ABNJ）的广泛管辖权赋予太平洋岛国在国家管辖区域外生物多样性（BBNJ）治理上的集体外交，这是太平洋岛国作为"'世界上最大海洋大陆'这一地区管理者的新自信的一部分"。[①] 一体化对于履行国际义务和防止区域组织之间的竞争和重叠至关重要，因为区域组织可以共享海洋治理任务的各个方面。这种一体化需要经历长期的发展，例如太平洋岛屿论坛（PIF）。太平洋岛屿论坛成立于 1971 年，他们的第一份公报概述了联合外交代表和区域合作的组织安排；[②] 2005 年，《建立太平洋岛屿论坛协议》将太平洋岛屿论坛正式确定为一个国际组织，目前有 18 个成员和秘书处（PIFS）。《建立太平洋岛屿论坛协议》旨在通过集中区域治理资源和政策协调，加强区域合作和一体化，以实现共同目标。[③] 2014 年，太平洋区域主义框架取代了太平洋计划，通过简化区域目标和改善区域进程的准入来深化区域主义。[④] 通过该区域特有的区域机构和组成文书，包括区域渔业管理组织（RFMO）、区域海洋组织（RSO）和其他区域组织（RO）及其附属文书、框架和政策，形成与保护和可持续利用海洋相关的现有区域框架。此外，不仅区域海洋治理机制有责任采取行动来提高一致性，各国政府也有责任。是部门间冲突还是制度复杂性，都不是一体化治理道路上需要消除的暂时性问题。它们是提出建议和采取行动的关键模式，应尽可能避免额外的碎片化、重复和重叠，提高认识并建立更强大和更广泛的支持者至关重要，生态

---

① Hon. Tuilaepa Lupesoliai Sailele Malielegaoi, "Our Values and Identity as Stewards of the World's Largest Oceanic Continent—The Blue Pacific", *UN Ocean Conference for the Implementation of SDG14*, New York: 5 June 2017, http://www.forumsec.org/pages.cfm/newsroom/speeches/2017/statement-by-hon-tuilaepa-lupesoliai-sailelemalielegaoi-prime-minister-of-samoa-to-blue-pacific-event-at-un-oceans-conference.html.

② South Pacific Forum, "Final Joint Communiqué", 1st South Pacific Forum (Wellington, South Pacific Forum, 5－7 August 1971), 5, http://www.forumsec.org/resources/uploads/attachments/documents/1971%20Communique-Wellington%205-7%20Aug.pdf.

③ "Agreement Establishing the Pacific Islands Forum 1993", http://www.forumsec.org/resources/uploads/attachments/documents/Agreement%20Establishing%20 the%20PIFS,%202005.pdf.

④ Pacific Islands Forum Secretariat, "Pacific Plan Review (2013): Report to Pacific Leaders, Pacific Island Forum Secretariat, Framework for Pacific Regionalism", *Pacific Island Forum Secretariat*, Suva, 2014.

系统方法应成为系统合理化所有努力的驱动力。例如，海洋保护区被更广泛地描述为解决海洋治理“危机”的工具，部分原因是它可以解决现有海洋治理的碎片化性质。①

在海洋的背景下，区域层面非常适合促进和协调跨部门的多方利益相关者合作，培养知识整合，以促进将全球框架实施到实地行动的过程。鉴于海洋可持续性转型过程的复杂性，利益相关者协作对话适合提供在实践中使用所需的跨学科和基于知识的指导。应确定区域利益之间的协同作用和权衡取舍，以确保有效和公平的结果，以便吸取的教训对其他海洋区域具有相关性和价值。通过补充现有流程、促进跨部门的多方利益相关者交流以及向正式政策流程传播新建议，海洋区域的非正式对话空间有可能在海洋治理和可持续性转型方面取得真正进展。正如一些学者所指出的，将可持续发展目标等全球目标和具体目标转化为实地行动，特别是考虑到“海洋”等复杂的社会生态问题背景，需要一种方法来利用协同作用并避免权衡取舍，而不是专注于单一目标和指标。② 鉴于这些挑战和海洋衰退速度的加快，需要采取区域协调的方法来加以改善，以应对当前海洋治理中体制和法律碎片化以及协作和协调文化欠发达等其他问题的阻碍，为超越普遍存在的部门鸿沟，需要采用协作方法寻求联合政策制定和实施的交付，将所有相关参与者聚集在一起进行共同设计和共同实施。

第三节　海洋权力格局与利益争夺

此外，如果认为当前的海洋治理危机是偶然的——或者说它是由疏忽引起的，那将是错误的。相反，海洋管理中的这些问题出现的时间恰逢专属经济区（EEZ）在世界范围内的扩展。回想一下，直到 20 世纪 70 年代

---

① Young O. R., et al., “Solving the Crisis in Ocean Governance: Place-based Management of Marine Ecosystems”, *Environment: Science and Policy for Sustainable Development*, Vol. 49, 2007, pp. 20–32.

② Nilsson M., et al., “Mapping Interactions between the Sustainable Development Goals: Lessons Learned and Ways Forward”, *Sustainability Science*, Vol. 13, 2018, pp. 1489–1503.

中期，许多国家都没有认真对待与苏联、日本、挪威、冰岛和其他一些国家相当的捕鱼规模。然而，一旦想到个别国家实际上可以控制这个新的专属国家所有权区域的渔业资源，许多国家就开始像淘金者一样，争先恐后地攫取外国人再也无法夺取的东西。开发渔业资源的政治和经济压力显然是不可抗拒的——一些国家开始走上发展本土能力以进行大规模工业化捕鱼的轨道。事实上，在正式通过扩大主权之前，压力似乎已经在增加。[①]

一　海洋权利与利益的争夺

为此，我们必须从主导海洋治理的核心问题入手，因为德格罗（Huigh de Groot）开始担心少数国家可能会试图控制航道并限制其祖国的有利商业，他喜欢海洋是“人类的共同遗产”这一观点。因此，当经济学家开始关注海洋时，他们首先考虑的是“财产”框架——“公地”。如果在早期阶段对概念投入更多的关注，也许就可以避免很多误会。海洋不是“公地”，而是一种开放性资源。Res Nullius 和 Res Communis 之间的混淆一直持续到今天——尽管我们中的许多人尽了最大的努力来正确地解决这个问题。[②] 加勒特·哈丁（Garrett Hardin）不幸的“公地悲剧”寓言于事无补。[③] 沿海国家担心海洋的开放性质会导致对邻近资产（主要是矿产）的掠夺，进而促成了海洋法公约。沿海渔业也受到此类关注。美国的渔业保护区成立于 1976 年，后来改为专属经济区，其他国家也纷纷效仿。自该法律重新定义生效以来，专属经济区渔业必须被理解为国家财产制度。[④] 正是基于这种转变后的法律制度——从开放获取（Res Nullius）到国家财产——外国船队随后被阻止进入和开采现在属于

---

① DeWitt Gilbert, ed., *The Future of the Fishing Industry in the United States*, Seattle: University of Washington Press, 1968, p. 8.

② John Christman, *The Myth of Property*, Oxford: Oxford University Press, 1994; Seth Macinko, Daniel W. Bromley, “Property and Fisheries for the Twenty-First Century: Seeking Coherence from Legal and Economic Doctrine”, *Vermont Law Review*, Vol. 28, No. 3, 2004, pp. 623 - 661.

③ Hardin G., “The Tragedy of the Commons”, *Science*, New Series 162, No. 3859, 1968, pp. 1243 - 1248.

④ Daniel W. Bromley, *Environment and Economy: Property Rights and Public Policy*, Oxford: Blackwell, 1991, pp. 136 - 157.

沿海国家公民的渔业资源。

《联合国海洋法公约》制度和专属经济区权利的建立最初让人乐观地认为，在单一国家的主权权力下封闭渔业将有助于更好地保护鱼类资源。然而，情况似乎恰恰相反，各国——其中包括岛屿国家，试图从其正式产权中获取租金，导致人们对过度捕捞的担忧不断升级，小岛屿国家最近迅速扩大大型海洋保护区，使这些国家从小岛屿国家向大海洋国家重塑身份。海洋大国的新兴话语权和自我认同反映了这些国家在全球生物多样性保护和海洋保护的背景下为维护对其专属经济区的主权控制而进行的新的主权交易。

海洋充斥着渔业、海洋保护、沿海旅游和石油及天然气勘探等活动之间长期存在的冲突。① 海洋和沿海冲突涉及争夺价值、身份、所有权、主权、权利、使用权、利益和成本的分配以及人与自然的关系。② 随着以蓝色增长和蓝色转型的名义利用海洋的热潮加剧，新的沿海和海洋冲突也正在出现。随着蓝色增长/转化话语的迅速和广泛接受，新活动（如水产养殖、蓝色生物技术、海底采矿和海洋能源）越来越多地与传统海洋用途（如渔业、沿海旅游、保护等）发生冲突，这可能会导致更多的侵犯人权、边缘化和剥夺。③ 随着海洋和沿海活动的数量和多样性的增加，对社会和环境具有破坏性冲突的普遍性、强度和潜力将因此升级；④ 环境、技术

① Chuenpagdee R. , Jentoft S. , “Transforming the Governance of Small-scale Fisheries”, *Maritime Studies*, Vol. 12, 2018, pp. 101 – 115.

② Cicin-Sain, B. , “Multiple Use Conflicts and Their Resolution: Toward a Comparative Research Agenda”, in P. Fabbri, ed. , *Ocean Management in Global Change*, London: Elsevier Applied Science, 1992, pp. 280 – 307; Murray W. , Storey D. , “Political Conflict in Postcolonial Oceania”, *Asia Pacific Viewpoint*, Vol. 44, Issue 3, 2003, pp. 213 – 224; Pinkerton E. , Davis R. , “Neolibralism and the Politics of Enclosure in North American Small-scale Fisheries”, *Marine Policy*, No. 61, 2015, pp. 303 – 312; Ralph V. Tafon, “Small-scale Fishers as Allies or Opponents? Unlocking Looming Tensions and Potential Exclusions in Poland's Marine Spatial Planning”, *Journal of Environmental Policy & Planning*, Vol. 21, No. 6, 2019, pp. 637 – 648.

③ Chuenpagdee R. , Jentoft S. , “Transforming the Governance of Small-scale Fisheries”, *Maritime Studies*, Vol. 12, 2018, pp. 101 – 115; Ertör I. , Ortega-Cerdà M. , “Political Lessons from Early Warnings: Marine Finfish Aquaculture Conflicts in Europe”, *Marine Policy*, Vol. 54, 2015, pp. 202 – 210.

④ Cicin-Sain B. , “Multiple Use Conflicts and Their Resolution: Toward a Comparative Research Agenda”, in P. Fabbri ed. , *Ocean Management in Global Change*, London: Elsevier Applied Science, 1992, pp. 280 – 307.

和社会变革加速；[①] 以及国家在北极和南中国海等地争夺地缘政治控制权和资源使用权。因此，不断恶化的海洋冲突阻碍了实现2030年议程可持续发展目标的努力。[②]

尚未“主权化”[③] 的全球公域将需要一种不同于专属经济区内制定的主权交易形式。与专属经济区制度提供的相对整洁的主权权力相比，在公海建立海洋保护区因机构授权和法律权力而复杂化，这些权力和法律权力分布在现有机构和原则的零散复合体中。[④] 尽管如此，长达十年的谈判取得了进展：2017年7月建议联合国大会开始正式的政府间谈判。[⑤] 然而，这些海洋保护努力的成功将面临新的挑战：规范和治理模式正在国家专属经济区之外发展。预计未来几年将有数百万平方千米的海洋受到保护——现有的海洋保护区承诺已估计超过1500万平方千米——进一步了解不断变化的海洋保护政治和全球海洋治理仍然是成功有效保护海洋的重要一步。[⑥]

除了经济方面利益的矛盾外，还涉及众多的安全问题，以致有学者认为，当今时代，我们在海洋问题上面临的一个质的变化是，从“经济边界”（有时是有争议的，并且在地图或外交意义上没有明确定义）向旨在应对移民威胁和环境风险的“安全边界”的转变。因此，从资源方面的经济安全立场转向更大程度的全球安全立场，这或许也

---

① Spijkers J.,“Marine Fisheries and Future Ocean Conflict”, *Fish & Fisheries*, Vol. 19, 2018, pp. 798 - 806.

② Quimby B., Levine A.,“Participation, Power, and Equity: Examining Three Key Social Dimensions of Fisheries Comanagement”, *Sustainability*, Vol. 10, Issue 9, 2018, p. 3324.

③ Karen T. Litfin, “Sovereignty in World Ecopolitics”, *Mershon International Studies Review*, Vol. 41, No. 2, 1997, p. 184.

④ Elisabeth Druel and Kristina M. Gjerde, “Sustaining Marine Life beyond Boundaries: Options for an Implementing Agreement for Marine Biodiversity beyond National Jurisdiction under the United Nations Convention on the Law of the Sea”, *Marine Policy*, Vol. 49, 2014, pp. 90 - 97.

⑤ UN, “Report of the Preparatory Committee Established by General Assembly Resolution 69/292: Development of an International Legally Binding Instrument under the United Nations Convention on the Law of the Sea on the Conservation and Sustainable Use of Marine Biological Diversity of Areas beyond National Jurisdiction”, 21 July 2017, www. un. org/depts/los/biodiversity/prepcom_ files/Procedural_ report_ of_ BBNJ_ PrepCom. pdf.

⑥ Nicholas Chan, “‘Large Ocean States’: Sovereignty, Small Islands, and Marine Protected Areas in Global Oceans Governance”, *Global Governance*, Vol. 24, Issue 4, pp. 537 - 555.

更具“政治性”。[①]

不完整的海洋边界网络的实际后果是大片海洋区域受到重叠的海洋主张的影响。缺乏海洋管辖权的明确性不利于生物和非生物海洋资源的适当开发和管理。海洋界限和重叠海洋主张范围的不确定性往往会导致政策不协调，进而导致对相关脆弱渔业资源的破坏性竞争、海洋环境的严重退化以及对海洋生物多样性的随之而来的威胁。因此，重叠海洋主张区域的存在以及经常与之相关的海洋争端会破坏良好的海洋治理并损害海上安全，因为有争议水域的存在可能导致重叠主张区域实际上不受管制，从而使海上非法活动猖獗。更令人担忧的是，海洋争端可能成为各国之间的摩擦和紧张点，有可能引发海上事件和对抗，导致严重的地缘政治紧张局势，甚至邻近沿海国家之间发生冲突。

二　海洋话语权争夺

关于海洋利益的争夺也与另一个维度相关，即海洋话语权的争夺。国际海洋论坛中有四种不同的权力行使方式：代表团规模、区域集团和简化主义、殖民语言的使用和叙事控制。海洋治理环境中有害行使权力而导致的更深和更广泛的边缘化，[②] 与权力的第二面直接相关——将参与者排除在制定议程之外。[③] 这种行使影响力的形式并不总是显而易见的，而且通常通过现有机构和会议以隐蔽的方式进行。[④] 与海洋相关的会议越来越多，其中许多会议提供了一个平台来传播可持续性承诺或提高对可持续性问题的认识。[⑤] 然而，后续行动的结果叙述通常是事先决定的，通常由一小部分精英团体决定，包括大型国际非政府组织（BIN-

① Juan Luis Suárez de Vivero, et al., “New Factors in Ocean Governance. From Economic to Security-based Boundaries”, *Marine Policy*, Vol. 28, Issue 2, pp. 185 – 188.

② Finkbeiner E. M., et al., “Reconstructing Overfishing: Moving beyond Malthus for Effective and Equitable Solutions”, *Fish and Fisheries*, Vol. 18, Issue 6, 2017, pp. 1180 – 1191.

③ Bachrach P., Baratz M. S., “Two Faces of Power”, *American Political Science Review*, Vol. 56, 1962, pp. 947 – 952.

④ Allen J., “Topological Twists: Power's Shifting Geographies”, *Dialogues in Human Geography*, Vol. 1, 2011, pp. 283 – 298.

⑤ Neumann B., Unger S., “From Voluntary Commitments to Ocean Sustainability”, *Science*, Vol. 363, 2019, pp. 35 – 36.

GO)、行业合作伙伴以及来自全球北方国家的政府官员和科学家。① 在这种情况下，利益相关者不仅会利用他们的权力将其他人排除在这些会议之外，还会利用他们的权力以适合他们的方式改造现有框架。这些会议的叙述通常不包括或围绕多样性，而是围绕更有利可图的主题，如经济增长、海域私有化或将新技术创新作为海洋和生物多样性保护的最终目标。②

通过区域海洋治理扩大本土参与，能够有利于缓解这一问题。通过扩大参与与赋权，使得包括本土社区在内的各方能够享有合法权利并分享知识和信息，从而参与决策和规则的制定。

第四节 “权威场域”的分布

传统的国际政治研究认为，由于国际社会不存在执行规则的总体权力中心，因此总体而言各主权国家在国际社会遵循的是“丛林法则”，依据权力来界定和维护国家的利益，易言之，权力是国际互动中的核心要素，即使自由制度主义学者也不得不承认这一前提。随着国际社会的权力扩散和非国家/主权行为体地位的提升，尤其是在全球治理领域，对于权力概念的反思和批判，权威而非权力被普遍认为更适合用于分析全球治理问题。

一 国际权威与“权威场域”

埃尔克·克拉曼（Elke Krahmann）认为，在普遍意义上，治理本身是政治权威的碎片化，从一般定义来看，治理可以被理解为在缺乏统一政治权威的情况下，使政府和非政府行为体能够通过制定和实施政策来协调其相互依存的需求和利益的结构和过程。③ 传统上，人们普遍认为

---

① Blanc G., *The Invention of Green Colonialism*, Cambridge: Polity Press, 2022, pp. 71 - 86.

② Voyer M., “Shades of Blue: What do Competing Interpretations of the Blue Economy Mean for Oceans Governance?”, *Journal of Environmental Policy & Planning*, Vol. 20, 2018, pp. 595 - 616.

③ Elke Krahmann, “National, Regional, and Global Governance: One Phenomenon or Many?”, *Globle Governance*, Vol. 9, 2003, pp. 323 - 346.

国家是唯一拥有政治权威的机构。然而，越来越多的学者注意到，国际社会存在着多种国际权威。迈克尔·巴内特（Michael Barnett）和玛莎·芬尼莫尔（Martha Finnemore）认为，近几十年来，国际官僚机构已经发展出与其成员国相关的自主权。[①] 大卫·莱克（David Lake）则更进一步认为，国际政治是由包括国家、国际组织以及信用评级机构等私人行为者在内的权力关系所塑造的。迈克尔·祖恩（Michael Zürn）提出了“反身权威”（Reflexive Authority）的概念，以此来探索新的和更具流动性的权威形式。约格·库斯特曼斯（Jorg Kustermans）和里克特·霍尔曼斯（Rikkert Horemans）认为国际权威概念具有四大维度：一是作为契约的权威；二是作为支配的权威；三是作为印象的权威；四是作为风险的权威。国际权威本身具有极强的经验性，对于权威的反应往往取决于对于权威的情感体验，进而影响到权威的稳定性，同时，国际权威与国家主权的关系并非简单的线性关系，而是具有复杂和双重作用。[②]

为了更好地描述和研究全球治理中的权威分布，以詹姆斯·罗西瑙为代表的学者，提出了“权威场域”（Spheres of Authority）的概念，并认为随着全球化的推进，科技的进步、国际交往和联系的日益紧密，以及人们认知的进步与提升，稀释或者转移了主权国家的传统权威，而转向其他“权威场域”。按照罗西瑙的观点，所谓“权威场域”是指一些可以行使权力的行为体，在各自相应领域里可以得到民众的支持和服从。这些“权威场域”超越了国家主权的领土属性，分布从全球到区域，同时这些“权威场域”所影响或辐射的范围也随着时间和情势的进展而发生扩大或缩小。[③] 罗西瑙还将权威场域细分为“既定的权威场域”“协调性权威场域”“受质疑的权威场域”“暂时性权威场域”四大类，这些权

---

① Bianca Haas, et al., “The Use of Influential Power in Ocean Governance”, *Frontiers in Marine Science*, Vol. 10, 2023, pp. 1–6.

② Jorg Kustermans, Rikkert Horemans, “Four Conceptions of Authority in International Relations”, *International Organization*, Vol. 76, Issue 1, 2022, pp. 204–228.

③ James N. Rosenau, *Along the Domestic-Foreign Frontier: Exploring Governance in a Turbulent World*, Cambridge: Cambridge University Press, January 2010, p. 39; Martin Hewson Timothy J. Sinclair eds., *Approaches to Global Governance Theory*, New York: SUNY Press, 1999, pp. 295–296.

威场域囊括了主权国家及其他各类权威载体，如非营利性组织（NGO）、非国家行为体、无主权行为体、问题网络、政策网络、社会运动、全球公民社会、跨国联盟、跨国游说集团和认知共同体等，共同构成一个多元权威中心体系。[①]“权威场域”的多重性与多元化，是全球治理碎片化的重要原因。

尽管人类在其历史的大部分时间里都在努力建立对陆地的政治权威，但近几十年来加强了对海洋地区建立权威的努力。在全球海洋治理领域，权威的分散是其显著的特征，这是由多重因素所导致的：第一是从地理属性上看，海洋与陆地不同，海洋的连通性决定了其治理具有国际性，而全球海域又被陆地事实上所分割，形成不同的地理区域，这使得许多局部问题最终也会影响到遥远的地区，而与许多国家接壤的海洋区域则需要国家间合作来治理；第二是从法律上看，《联合国海洋法公约》将海洋划分为不同的管辖区域，离海岸线越远，国家行为体的权力越小。由于全球范围内有广阔的海洋空间超出了任何国家管辖范围，因此，非国家的政治权威在海洋治理中发挥了重要作用。正因如此，阿莱塔·蒙德雷（Aletta Mondré）等甚至认为，海洋治理就是对海洋空间的权威主张。[②]在海洋治理领域，国家与非国家行为体在互动中形成了差异、重叠甚至冲突的权威，其权威场域的分布呈现出明显分散化倾向。

二　“权威场域”分散下的海洋治理

由于国际权威场域存在分散性，各国往往通过国际条约来建立合作。条约明确了合作领域并制定了实质性规则和程序规则。共同的总体规范规定了合作，也使得国际组织的权威得以提升与巩固。[③]在海洋领域，各国通过条约或非正式的治理安排来规制相关海洋活动，并在这一进程

---

① 郑安光：《从国际政治到世界社会——全球治理理论与当代大规模毁灭性武器控制》，南京大学出版社 2009 年版，第 38 页。

② Aletta Mondré, et al., "Authority in Ocean Governance Architecture", *Politics and Governance*, Vol. 10, No. 3, 2022, pp. 5 – 11.

③ Biermann F., Pattberg P., van Asselt H., et al., "The Fragmentation of Global Governance Architectures: A Framework for Analysis", *Global Environmental Politics*, Vol. 9, Issue 4, 2009, pp. 14 – 40.

中，创建、定义和限制各国管理领土以外的海洋的权力，同时，各国也保留不参与或退出这类安全的权利。例如，《联合国海洋法公约》为海洋治理提供了全面的法律框架，作为海洋治理的基石性文件，体现了各国为实现海洋善治长期的政治努力。目前其成员国已达168个，范围遍及全球。公约还建立了国际海底管理局等具有全球性权威的国际组织，尽管其在海洋治理中的能力受到质疑。① 国际海事组织作为另一个具有全球性权威的国际组织，对于海洋的规制方式与国际海底管理局完全不同，其权力的集中程度很高，而权力下放则较为薄弱，② 同时两者遵循的是区域和部门两种不同的治理逻辑。从这个角度来讲，全球海洋治理的权力实际被划分为单独的治理安排，没有任何行为体或机构有权为每个部门的所有活动设计和实施与海洋相关的政策。换言之，海洋空间固有的连通性实际上让位于人类在该空间内相互影响的部门逻辑，从而导致海洋治理的碎片化。正如范·塔滕霍夫（Van Tatenhove）等所指出的，全球层面长期存在相互冲突海洋活动的拼凑，有多层的治理结构和分散的法规来管理和规制。③

因此，多个治理权威的并存以及权威场域的分散是海洋治理架构的显著特征：国家和次国家政府、全球和区域组织、非政府组织和团体都参与相关治理规则的制定和指令的发布。这引起了对于伊恩·赫德（Ian Hurd）所提出的“合法性”问题的思考，按照其主张，权威能够带来公认的合法性，具有规则合法性的行为体能够获得独立于权力之外的权威。④ 而在海洋治理领域，规则或指令来源的多样化，不仅进一步凸显海洋治理的多主体和多层次性，更损害了海洋治理主体的规则和指令的合法性认同与

---

① Alexander Proelss, “The Role of the Authority in Ocean Governance”, in Harry N. Scheiber and Jin-Hyun Paik eds., *Regions, Institutions, and Law of the Sea: Studies in Ocean Governance*, Leiden: Martinus Nijhoff, 2013.

② Hooghe L., Marks G., “Delegation and Pooling in International Organizations”, *The Review of International Organizations*, Vol. 10, No. 3, 2015, pp. 305 – 328.

③ Jan P. M. van Tatenhove, “How to Turn the Tide: Developing Legitimate Marine Governance Arrangements at the Level of the Regional Seas”, *Ocean & Coastal Management*, Vol. 71, 2013, pp. 296 – 304.

④ Ian Hurd, “Legitimacy and Authority in International Politics”, *International Organization*, Vol. 53, Issue 2, 1999, pp. 379 – 408.

遵守，在此情况下，寻求本土的合法性权威成为一种相对务实的选择。

具体到海洋治理领域，多年来，为了更直接地实施方法而对海洋治理进行区域化的重要性越来越受到关注。① 这遵循这样一个现实，即在普遍意义上，治理本身是政治权威的碎片化，分为地理、功能、资源、利益、规范、决策制定和政策实施七个维度。② 根据几位学者的说法，这些治理维度的国际化已经见证了冷战以来的急剧转变，让位于各种形式、形状和跨度的区域特征——超越一个问题领域、政策领域、制度、规范、权力和讨论。③ 区域治理已经成为一个足够广泛和灵活的概念，可以把握全球和跨国机构之间可变的互动模式。④ 海洋也是如此，区域治理已成为国际海洋体系不可或缺的一部分，为全球化海洋的改善和可持续发展作出了重要的贡献，⑤ 通过区域海洋计划、区域渔业机构、大型海洋生态系统（LME）计划等各种机制来实现，并由各地区严格执行。⑥ 当然，部分学者认为，即使在区域层面也要采取整体方法，解决全球区域海洋治理安排的构成、它们与全球海洋治理机制的关系以及彼此之间的关系等问题。⑦

---

① Tutangata T. , Power M. , "The Regional Scale of Ocean Governance Regional Cooperation in the Pacific Islands", *Ocean & Coastal Management*, Vol. 45, 2002, pp. 873 – 884; Gjerde, Kristina, Duncan Currie, et al. , "Ocean in Peril: Reforming the Management of Global Ocean Living Resources in Areas beyond National Jurisdiction", *Marine Pollution Bulletin*, Vol. 74, No. 2, 2013, pp. 540 – 551.

② Elke Krahmann, "National, Regional, and Global Governance: One Phenomenon or Many?", *Globle Governance*, Vol. 9, 2003, pp. 323 – 346.

③ Isailovic M. , Widerberg O. , and Pattberg P. , *Fragmentation of Global Environmental Governance Architectures: A Literature Review*, Amsterdam: Institute of Environmental Studies, 2013, pp. 5 – 27.

④ Nolte D. , "Regional Governance from a Comparative Perspective", in V. M. González-Sánchez, ed. , *Economy, Politics and Governance Challenges*, New York, NY: Nova Science Publishers, 2016, pp. 1 – 16.

⑤ Borgese E. M. , "Global Civil Society: Lessons from Ocean Governance", *Futures*, Vol. 31, 1999, pp. 983 – 991; Houghton K. , "Identifying New Pathways for Ocean Governance: The Role of Legal Principles in Areas Beyond National Jurisdiction", *Marine Policy*, Vol. 49, 2014, pp. 118 – 126.

⑥ Keen M. R. , Schwarz A. M. , and Wini-Simeon L. , "Towards Defining the Blue Economy: Practical Lessons from Pacific Ocean Governance", *Marine Policy*, Vol. 88, 2018, pp. 333 – 341.

⑦ Mahon R. , and Fanning L. , "Regional Ocean Governance: Polycentric Arrangements and Their Role in Global Ocean Governance", *Marine Policy*, Vol. 107, 2019, pp. 1 – 13.

第五节　治理规则本身的特性

海洋是脆弱的生态系统，物理上不如陆地稳定，容易受到破坏，也容易发生变化。因此，预防原则高度适用于任何管理海洋的努力。随着棘手问题的出现，关于海洋的信息不足和不确定性是导致难以确定问题到底是什么、问题是由什么引起的因素之一，以及如何着手解决它们。科学家、决策者、工业用户和沿海社区可能对海洋不健康的原因持有不同看法，他们对问题的看法和理解是基于来自不同来源并以多种形式表达的知识和经验。最经典的例子之一是北部鳕鱼渔业，在暂停捕捞25年后，仍然没有就导致崩溃的原因达成共识。然而，就问题的性质和原因达成一致并不能保证所提出的解决方案会被广泛接受，尤其是当它们涉及高成本或给某些利益相关者群体造成重大损失时。与其他资源部门一样，海洋利益相关者数量众多，而且在紧迫性、合法性和影响治理的权力方面各不相同。关于海洋的决定，尤其是那些与使用和获取资源有关的决定，例如，在何处设置海洋保护区，总是存在争议，因为它们通常会导致某些利益相关者受到限制。在这种情况下，社会正义、平等和公平以及人权等基本原则必须同其他原则一起考虑。这正是《粮食安全和消除贫困背景下确保可持续小规模渔业自愿准则》旨在促进解决世界各地小规模渔业的粮食安全、贫困和可持续性问题的目标。为小型渔业提供获取海洋资源（和市场）的途径也是SDG14的具体目标之一。[①]

海洋的另一个给治理带来挑战的关键特征与规模和边界有关。作为一个开放的系统，海洋治理必须处理因管辖权重叠和其他跨界问题而导致的空间和制度不匹配问题。[②] 制定与活动规模相适应的规则和条例，并考虑到一些资源和污染物质的流动，是一项艰巨的任务，需要各级治理部门的合作。这也意味着可能无法将海洋中的一个问题与其他问题区分开来，无论是在对问题的理解上还是在解决问题的方式上。在海洋这

---

① Ratana Chuenpagdee, “Transdisciplinary Perspectives on Ocean Governance”, in Ratana Chuenpagdee, ed., *The Future of Ocean Governance and Capacity Development*, Leiden: Brill, 2018, p. 24.

② A. M. Song, et al., “Transboundary Research in Fisheries”, *Marine Policy*, Vol. 76, 2017, pp. 8 – 18.

样相互联系、跨界的系统中，解决一个地方的问题可能会导致其他领域出现新问题。

一　海洋治理规则的反应性与“临时性”

因此，全球海洋治理的相关规则从一开始就具有较强的反应性与临时性，尤其是国际海洋环境保护相关的规则往往要么是为了应对一些突发事件或事故，要么是出于对环境危机情况的感知的提升。也正是因为如此，尽管海洋治理相关规则在过去几十年中快速发展，相关法律规则也很难称得上是精心策划以及国际协调努力的结果，更多的是拼凑而成的义务体系。[①] 同样包括环境法在内的国际海洋法规则的区域化已成为近几十年来的重要趋势，例如，区域海洋公约和行动计划等，都是其中的重要内容。

二　海洋治理规则与地理区划及规模密切相关

这种区域规则的兴起源于这样一个现实：地缘政治和社会经济力量倾向于将国家管辖权尽可能地从海岸向外扩展，同时将海洋分割成越来越小的地理单元，这些地理单元与越来越本地化和分散的管理机构相关联。[②] 同时，科学分析和捕鱼技术的进步有利于越来越大的地理管理单位尽可能与特定的捕捞生态系统相对应。奥兰·扬（Oran Young）将这一趋势称为“去中心化的世界秩序”，但他指出，“国际社会的治理需求与提供治理的能力之间存在巨大差距”。[③] 例如，现有法律框架未能阻止当前的“小渔获量”危机。这并不是说“大法”是不必要的，只是不够充分。当前的渔业治理结构，基于对资源用户不良行为的抑制和惩罚，正在让

---

① Christopher C. Joyner, “The International Ocean Regime at The New Millennium: A Survey of the Contemporary Legal Order”, *Ocean & Coastal Management*, Vol. 43, Issues 2 - 3, 2000, pp. 163 - 203.

② S. M. Garcia, M. Hayashi, “Division of the Oceans and Ecosystem Management: A Contrastive Spatial Evolution of Marine Fisheries Governance”, *Ocean & Coastal Management*, Vol. 43, 2000, pp. 445 - 474.

③ O. R. Young, *Global Governance: Drawing Insights from the Environmental Experience*, Cambridge: MIT Press, 1997, p. 274.

位于越来越多地激励合规的结构。目前的治理方法更加强调“软”行为准则、生态环境管理的经济手段以及支持资源使用者自我管理原则的政策环境。这些举措受到一系列机构的不断审查，来自范围广泛的公民社会的组织——环境压力团体、科学和技术组织、消费者团体、跨国公司和生产者组织以及地方或传统当局。[①]

三　区域海洋治理规则遵约逻辑的特殊性

尽管大多数区域文书常常不具有约束力，但它们似乎在指导各自协议的实施方面具有法律意义，从而在制定各国所需的照顾标准方面具有法律意义。因为依据公约缔约方大会通过的决定，国际法委员会关于嗣后协定/惯例的结论草案 11（3）指出，它们体现了“第 31 条第 4 款规定的嗣后协定或嗣后惯例，只要它表达了缔约方之间的“实质协议”。缔约方对条约的解释，无论通过决定的形式和程序如何，包括以协商一致的方式。尽管这一结论并不全面适用于所有条约机构的产出，但这些文书仍然可以被视为与《维也纳条约法公约》第 32 条下各自协议的解释相关的“其他”实践。从这个意义上说，它们可以有助于确定各自条约规则的一般含义。[②] 此外，它们的重要性还在于它们能够催化和影响国内实施措施，甚至导致习惯规则的出现。各国自愿遵守这些不具约束力的文书所建议的行动，可以使各国在履行保护与近海能源生产有关的海洋环境的义务方面的做法得到统一。原则上，这种一致和广泛的做法可以被视为解释《联合国海洋法公约》的嗣后惯例。[③] 此外，不具约束力的文书可以作为评估各国采取的遵约措施合理性的基准。从这个意义上说，它们可以作为建议的最佳做法，这并不是在海上能源生产方面履

---

① Edward H. Allison, “Big Laws, Small Catches: Global Ocean Governance and the Fisheries Crisis”, *Journal of International Development*, Vol. 13, No. 7, 2001, pp. 933 –950.

② S. Raffeiner, “Organ Practice in the Whaling Case: Consensus and Dissent between Subsequent Practice, Other Practice and a Duty to Give Due Regard”, *European Journal of International Law*, Vol. 27, Issue 4, 2016, p. 1056.

③ Nikolaos Giannopoulos, “Regionalism and Marine Environmental Protection: the Case of Offshore Energy Production”, 22 Mar. 2021, https://papers.ssrn.com/sol3/papers.cfm?abstract_id=3770726.

行保护海洋环境义务的唯一方式，但如果遵循，遵循其建议的行为可以证明国家已采取行动。[①]

简而言之，区域海洋治理的遵约逻辑与全球层面的海洋治理存在一定的差别，在全球层面，较强法律约束力的规则往往会相对于软法而言具有更强的遵约效果，原因在于全球层面的规则的违约成本尤其是声誉成本往往与规则的拘束力程度密切相关。而在区域层面，即使区域组织制定了具有法律约束力的协定，由于缔约国违反协定所面临的外交和舆论压力远小于违反全球性公约的情况，从而损害了区域性规则和制度的有效性。[②] 而区域规则的遵守，来源于区域内行为体的认同与实践，及其在其中所体现出来的具有本土特质的惯例。

---

① J. Harrison, *Saving the Oceans through Law*: *The International Legal Framework for the Protection of the Marine Environment*, Oxford: Oxford University Press, 2017, p. 218.

② 李洁：《BBNJ 全球治理下区域性海洋机制的功用与动向》，《中国海商法研究》2021 年第 4 期。

第六章

区域海洋治理及其"本土化"前景与趋势

当前，关于全球海洋治理的未来路径存在非常激烈的讨论。一些人认为，应该优先着眼于全球海洋治理体系的构建和完善。这种观点认为，现代海洋法律体系中存在着共同的海洋治理理念，也就是说，在处理各种海洋问题时，应该从整体上解决这些问题。[①]

第一节 整体治理与"元治理"的愿景及其不足

这种整体治理观念早在由联合国秘书长经联合国大会授权筹备第三次联合国海洋法会议《关于解决海洋问题的决议》中提出过，被称为"海洋宪章"的《联合国海洋法公约》强调，"海洋空间问题密切相关，需要作为一个整体来考虑"。[②] 世界环境与发展委员会也指出，"海洋以一种无法逃脱的基本统一为标志。能源、气候、海洋生物资源和人类活动相互关联的循环在沿海水域、区域海域和封闭海洋中流动"。[③] 联合国2030年议程和可持续发展目标的变革性方法将可持续发展的众多方面编

---

① Yen-Chiang Chang, Chang Y. C., "Good Ocean Governance", *Ocean Yearbook*, Vol. 23, 2009, pp. 89 - 119; Chang Y. C., "International Legal Obligations in Relation to Good Ocean Governance", *Chinese Journal of International Law*, Vol. 9, 2010, pp. 589 - 605.

② UN. The 3rd Conference on the Law of the Sea of the United Nations (UNCLOS), *UN Convention on the Law of the Sea*, Beijing: Ocean Press, 1982.

③ WECD, *Report of the World Commission on Environment and Development: Our Common Future*, Oxford University Press, 1987.

织成一套综合的雄心勃勃的目标，提供“政策和部门之间的一致性，在所有情况下——地方、区域、国家、跨国和全球”，它还为人类提供了一种基本动力——一个共同目标或全球社会的新“登月计划”。[①] 如果要建立一个更具响应性的全球海洋治理系统，管理适应性和变革性变化的治理机制就需要彻底转变。[②]

一　海洋“元治理”

一种思路是创建元治理框架，其涵盖从地方到国家乃至全球范围内的海洋治理。这种治理模式的转变在规模和范围上不亚于从狩猎采集社会到农业社会或者从农业社会到工业社会的全面转型。[③] 为了驾驭海洋转型中的各种复杂性，需要平衡经济、社会和环境目标。[④] 同时，这种转变并不是一个明确的、一步到位的改变，相反，它可能是混乱的、充满争议的，并且发生在不同的规模和领域。[⑤]

从制度架构看，可以参考区域海洋治理中的南极条约体系。[⑥] 尽管全球层面的元治理要复杂和困难得多，尽管现有机构和多边机构（如环境署、粮农组织、海事组织）具有有效性和合法性，[⑦] 但可持续海洋的进展与气候变化和海洋退化不同步。岛屿、海岸、渔业和极地海域正在

---

① Independent Group of Scientists appointed by the UN Secretary-General, “Global Sustainable Development Report 2019: The Future is Now-Science for Achieving Sustainable Development”, United Nations, 2019.

② Kotzé L. J. “Earth System Law for the Anthropocene”, *Sustainability*, Vol. 11, 2019, p. 6796.

③ Swilling M., *The Age of Sustainability: Just Transitions in a Complex World*, London: Routledge, 2019; Haberl, H., Fischer, “A Socio-Metabolic Transition towards Sustainability? Challenges for Another Great Transformation”, *Sustainable development*, Vol. 19, 2011.

④ Bennett N. J., et al., “Towards a Sustainable and Equitable Blue Economy”, *Nature Sustainability*, Vol. 2, 2019, pp. 991－993; Kotzé L. J. “Earth System Law for the Anthropocene”, *Sustainability*, Vol. 11, 2019, p. 6796.

⑤ Swilling M., *The Age of Sustainability: Just Transitions in a Complex World*, London: Routledge, 2019; Westley F. R., et al., “A Theory of Transformative Agency in Linked Social-ecological Systems”, *Ecology & Society*, Vol. 18, 2013, p. 27.

⑥ The Antarctic Treaty 402 U. N. T. S. 71, 1961.

⑦ Bennett N. J., et al., “Towards a Sustainable and Equitable Blue Economy”, *Nature Sustainability*, Vol. 2, 2019, pp. 991－993; Najam A., “The Case Against a New International Environmental Organization”, *Globle Governance*, Vol. 9, 2003, pp. 367－384.

遭受严重的海洋影响,[①] 所需要的不仅仅是“重新安排我们星球泰坦尼克号上的椅子”。[②] 如果不进行根本性的改变，海洋经济的增长可能会加剧现有的不平等现象，并加速海洋资源的枯竭和地球环境系统的退化。因此可能需要一个制定规则的全球机构，或重组现有的全球机构来代表共同的世界观或价值体系，并为蓝色海洋的实施、监测和管理创建受良好治理启发的灵活框架。这个全球机构还将指导国家政策和企业活动，并管理海洋和沿海治理过程中多个参与者的不同观点和想法。[③] 如果没有一套共享的规范、价值观和“游戏规则”，自下而上的公开倡议将不会产生所需的系统性变革影响。这个元治理机构可以得到知识共享的支持，并由各国授权创建原则性框架（例如，在联合国教科文组织人与生物圈计划中）以应对不同规模的海洋相关挑战，以应对不断变化的需求、能力和背景（如粮农组织保护小规模渔业自愿准则）。

除了总体框架外，这种治理的主体应该更多地从民族国家向包括跨国公司在内的跨国行为体来实施。当前，跨国公司的日益普遍和地位的提升一直在挑战政府在海洋治理中的核心作用，将海洋治理从以国家为中心转变为更为国际性乃至以全球性的行为为主体的全球方法具备一定的基础，也符合未来的发展趋势。这一转变也意味着海洋观念的转变，长期以来，海洋被各国政府管辖权不断分割导致全球性治理难度的进一步加大。而与海洋相关的参与者在国际体系中的嵌入性[④]和关联性意味着，将海洋视为公地即一种非国有、非私有的共享资源，能够从价值观和规范层面更好地实现对海洋的保护。[⑤] 这种保护依赖于其利益相关方通过自行制定的协

---

① Harris P. , “Ocean Governance Amidst Climate Change”, in Harris P. ed. , *Climate Change and Ocean Governance*, Cambridge University Press, 2019, pp. 439 – 446.

② Najam A. , “The Case against a New International Environmental Organization”, *Globle Governance*, Vol. 9, 2003, pp. 367 – 384.

③ Jentoft S. , *The Small-scale Fisheries Guidelines: Global Implementation*, Berlin: Springer, 2017.

④ WECD, *Report of the World Commission on Environment and Development: Our Common Future*, Oxford: Oxford University Press, 1987; Kotzé L. J. , “Earth System Law for the Anthropocene”, *Sustainability*, Vol. 11, 2019, p. 6796.

⑤ Bollier D. , “Transnational Republics of Commoning 2: New Forms of Network-based Governance. P2P Foundation”, 2019, https://blog.p2pfoundation.net/transnational-republics-of-commoning-2-new-forms-of-network-based-governance/2016/09/16.

议，共同承担保护和恢复的责任。① 这种综合方法也意味着，海洋治理体系将过渡到一个适应性更强、响应更为迅速的阶段，以一种"公正对待人类对自身以及对其家园所在星球的义务"② 的方法来管理"公有海洋"③。

这种集中式的元治理在实践中需要统一负责整理信息、设计和制定公共监管指南。该统一机构将负责制定最佳实践指导与标准为海洋活动的实施、监测和管理制定国际规则。④ 这种元治理模式尽管需要长期的努力，但当前一些国际法领域已经出现类似的实践。在国际环境法领域出现了超国家的框架，如非洲统一组织⑤起草的示范法，为各国纳入《生物多样性公约》⑥ 和《名古屋议定书》⑦ 提供了立法指南。在海洋公域一些既定的超国家治理模式展现出了稳定性，例如南极条约体系。粮农组织关于在国家管辖范围以外地区实施与渔业和保护有关的国际法律和政策文书的分步指南⑧是此类元治理工具的另一个范例。粮农组织指南提供了一个框架，用于将有关深海渔业和公海生物多样性保护的国际文书纳入国家政策和法律。该指南包括自愿、灵活和实用的国内法律整合指南，以及总体政策和规范指南。其他例子则包括许多国际海事组织准则、粮农组织小规模渔业准则⑨、英联邦蓝色宪章、欧盟委员会的蓝色增长战略和教科文组织的人与生物圈框架等。后者尤其是一个全球治

---

① Ostrom E., *Governing the Commons: The Evolution of Institutions for Collective Action*, Cambridge: Cambridge University Press, 1990.

② Gabčíkovo-Nagymaros Project, Hungary v. Slovakia. ICJ, 1997.

③ Tanya Brodie Rudolph, "A Transition to Sustainable Ocean Governance", *Nature Communications*, No. 3600, 2020, pp. 1 - 13.

④ Bennett N. J., et al., "Towards a Sustainable and Equitable Blue Economy", *Nature Sustainability*, No. 2, 2019, pp. 991 - 993.

⑤ Organisation of African Unity, "African Model Law for the Protection of the Rights of Local Communities, Farmers and Breeders, and for the Regulation of Access to Biological Resources", 2000, https://wipolex-res.wipo.int/edocs/lexdocs/laws/en/oau/oau001en.html.

⑥ United Nations, Convention on Biological Diversity 1760 U. N. T. S. 69, 1992.

⑦ "Nagoya Protocol on Access to Genetic Resources and the Fair and Equitable Sharing of Benefits Arising from their Utilization to Convention on Biological Diversity", United Nations, 2014.

⑧ Harrison J., "Step-wise Guide for the Implementation of International Legal and Policy Instruments Related to Deep-sea Fisheries and Biodiversity Conservation in Areas beyond National Jurisdiction", FAO, 2019.

⑨ FAO, "Voluntary Guidelines for Securing Sustainable Small-Scale Fisheries in the Context of Food Security and Poverty", 2015.

理框架，据此通过地方治理安排解释和实施治理公地（生物圈保护区）的全球“游戏规则”。①

二 海洋“元治理”与“多中心治理”

考虑到全球海洋治理的碎片化，即使存在这样的元治理框架，海洋治理最终的结果也将是一种管理共享资源和海洋空间的“多中心治理”形式。② 这种多中心治理是在一个制定规则的全球性机构下，通过建立共同远景支持多个理事机构，并创建有原则的指导框架和流程以促进连贯的面向系统的监管。这源于当前海洋治理的复杂性，一方面是民族主义对多边主义的抵制，另一方面是集中管控的不可行性。这种多中心系统将需要在不同类型的制度配置上，尽可能实现市场、政府监管和点对点之间取得平衡。从理论层面，这一多中心治理模式被认为与可持续发展目标（SDG）序言中所称的“转型世界”过渡中的两种主流思想流派相一致。一种是国际复原力联盟和斯德哥尔摩复原力中心相关的复原力思想，其思想理论的核心在于社会生态系统的制度转变，以应对和适应新的变化。③ 在如此复杂的海洋治理环境下，这种多中心模式能够通过多元化，应对未来转型中可能出现的各种情况。另一种是千禧年之后出现的荷兰可持续发展转型理论学派。④ 该学派注重基

① Bridgewater P. , “The Man and Biosphere Programme of UNESCO: Rambunctious Child of the Sixties, but Was the Promise Fulfilled?”, *Current Opinion in Environmental Sustainability*, Vol. 19, 2016, pp. 1-6.

② Ostrom E. , “Beyond Markets and States: Polycentric Governance of Complex Economic Systems”, *American Economic Review*, Vol. 100, 2010, pp. 641-672.

③ Chaffin B. C. , et al. , “Transformative Environmental Governance”, *Annual Review of Environment and Resources*, Vol. 41, 2016, pp. 399-423; Folke C. , et al. , “Resilience Thinking: Integrating Resilience, Adaptability and Transformability”, *Ecology & Society*, Vol. 15, No. 20, 2010; Benson, M. H. & Craig, R. K. , *The End of Sustainability: Resilience and the Future of Environmental Governance in the Anthropocene*, Kansas: University Press of Kansas, 2017.

④ Geels, F. W. , “The Multi-level Perspective on Sustainability Transitions: Responses to Seven Criticisms”, *Environmental Innovation and Societal Transitions*, Vol. 1, 2011, pp. 24-40; Grin J. , Rotmans J. , Schot J. , *Transitions to Sustainable Development: New Directions in the Study of Long Term Transformative Change*, London: Routledge, 2010; Rotmans J. , Loorbach D. , “Complexity and Transition Management”, *Journal of Industrial Ecology*, Vol. 13, 2009, pp. 184-196.

于生态系统科学，[①] 以及源于进化经济学、科学/技术和社会研究等创新研究中的可持续方法，注重海洋治理中的弹性思维。这种理论都植根于对复杂性理论的解释，揭示了海洋治理多中心模式的核心根源在于应对海洋治理的多重复杂性，需要进行更为灵活的应对。

第二节　“多中心”治理下区域海洋治理机制的潜力与局限

“多中心”治理由于其自身的特点，能够激发区域海洋治理机制的潜力，同时，也不可避免地面临着局限性。

一　“多中心”下区域海洋治理机制的潜力

在法律原则和规则问题上，海洋治理既需要建立共同的框架，也由于不同海域的多样性，需要一个灵活、适应性强的治理体系，以适应利益不同的行为者之间的相互作用。[②] 这涉及不同的机构、总体规则、相互调整、地方行动和信任建设等。[③] “多中心”或网络治理可以创建一个分散的系统，该系统由多个跨政策层面的不同规模的自治和互动团体组成。[④] 这通常比集中的、自上而下的治理[⑤]更能有效地处理复杂性。同时，转型也不能完全依赖基于自下而上的地方倡议——这些不一定会“加起来”成为连贯的海洋治理模式。尽管一些关于地方

① Gunderson L. H.，Holling C. S.，*Panarchy：Understanding Transformations in Human and Natural Systems*，Washington：Island Press，2002，pp. 195 – 261.

② Kotzé L. J.，“Earth System Law for the Anthropocene”，*Sustainability*，Vol. 11，2019，p. 6796；Österblom H.，Folke C.，“Emergence of Global Adaptive Governance for Stewardship of Regional Marine Resources”，*Ecology & Society*，Vol. 18，No. 4，2013.

③ Dorsch M. J.，Flachsland C. A.，“Polycentric Approach to Global Climate Governance”，*Global Environmental Politics*，Vol. 17，2017，pp. 45 – 64；Jordan A.，Huitema D.，Van Asselt，et al.，*Governing Climate Change：Polycentricity in Action?*，Cambridge：Cambridge University Press，2018，pp. 27 – 81.

④ Sands P.，Peel R.，*Principles of International Environmental Law*，4th edn.，Cambridge：Cambridge University Press，2018.

⑤ Pahl-Wostl C.，“Governance of the Water-energy-food Security Nexus：A Multi-level Coordination Challenge”，*Environmental Science & Policy*，Vol. 92，2017，pp. 356 – 367.

社区对“公共池塘资源”的成功自治证明了自然资源可持续多中心治理的可行性。① 国家与市场在其中的作用发挥了根据特定地区偏好、能力和参与者的差异,② 来识别和设计政策。③ 这种局部调整转化为全局的反思性和变革性治理，重新配置了传统的国家—社会权威结构，保持了对系统变化的敏感性。这对于海洋治理产生了启发，全球海洋治理能否通过区域层面的调整与变革来推动全球性的转型，值得更深入的思考和持续的观察。

这就导致第二种常见的观点，即在当前全球海洋治理体系变革难以迅速推动的情况下，大力推动区域海洋治理的发展，或许是当前海洋治理系统变革的一种务实和可行的选择。因为传统的变革理论建设政治、社会或市场干预可以将系统从一种结构转变为另一种结构，类似于从封建社会向资本主义社会的转变。④ 然而这些变革理论并不总是适用于海洋等复杂的系统。在海洋领域，更加渐进、以学习为中心和务实的方法，更有可能导致根本性转变。⑤ 这种通过增量变化的转变取决于对实时信息的主动学习，而非通过激进的选择。⑥ 在当前缺乏一个总体的海洋治理框架的情况下，有必要为关键政策问题的共享方法提供一个框架，以减少碎片化。这个框架有两种路径：一种路径是各行为体寻求直接合作的方式，其合作主要依托现有的全球性机制；另一

① Ostrom E., *Governing the Commons: The Evolution of Institutions for Collective Action*, Cambridge University Press, 1990.

② Cole D. H., "Advantages of a Polycentric Approach to Climate Change Policy", *Nature Climate Change*, Vol. 5, 2015, pp. 114 – 118; Dietz T., Ostrom E., Stern P. C., "The Struggle to Govern the Commons", *Science*, Vol. 302, 2003, pp. 1907 – 1912.

③ Dasgupta P., et al., "Economic Growth, Human Development, and Welfare", in *Rethinking Society for the 21st Century: Report of the International Panel on Social Progress*, Cambridge: Cambridge University Press, 2018, pp. 141 – 186.

④ Roberto Mangabeira Unger, *Democracy Realized: The Progressive Alternative*, New York: Verso, 2000.

⑤ Lubchenco J., "The Right Incentives Enable Ocean Sustainability Successes and Provide Hope for the Future", *Proceedings of the National Academy of Sciences of the United States of America*, Vol. 113, No. 51, 2016, pp. 14507 – 14514.

⑥ Roberto Mangabeira Unger, *Democracy Realized: The Progressive Alternative*, New York: Verso, 2000.

种路径则是适当地借助区域或次区域的机制开展合作。考虑到海洋本质是一个地理单元，因此基于地理的区域合作比行为体之间的跨区域合作更为普遍和有效。

理想的区域方法是在相应区域公约的基础上，为区域内行为提供一致的信息，尤其是基于商定的核心原则之上的海洋治理战略方向。这种区域框架应该注重与全球战略的协调并参与其进程，同时对区域内可持续发展目标制定更为统一可行的目标，并制定衡量标准以评估对相关目标的实施进展。为区域治理筹集资金并安排特定的机制、利益相关者或国家承担任务，并对相关职能和工作进行协调。尤其是对区域内的新政策和法律建议的磋商进行协调，以避免碎片化，使该地区各机构和主体的任务与商定的目标保持一致。从目前的实践看，无论是区域海洋计划、区域渔业机构还是大型海洋生态系统，与这一目标都存在一定的差距。

自1974年启动以来，环境署区域海洋计划已被证明具有吸引力。该倡议如今已经发展到18个海洋区域，150多个国家参与其中。作为保护海洋和沿海环境最为全面的倡议之一，区域海洋计划长期致力于将特定生态系统周边的国家聚集在一起，采取协调一致的行动来保护海洋和沿海环境。经过近50年的实践，该计划已经在海洋治理领域取得了相应的地位。正如《区域海洋计划全球战略审查》中指出的那样，区域海洋计划、其公约和议定书以及行动计划为成员国公平参与世界主要海洋的管理进程提供了一个论坛。它倡导“共享海洋”的理念，帮助将海洋和沿海管理问题纳入政治议程，并支持环境法律法规的通过。对于某些地区的一些成员国来说，区域海洋计划是解决环境问题的唯一切入点，“它鼓励并为海洋和沿海管理能力建设提供援助”。[①]该审查进一步指出，过去30年，通过区域海洋计划和其他全球协议和活动，在解决世界海洋问题方面取得了实质性进展。有令人信服的证据表明，一些地区更好的管理已经净化了海滩和沐浴水域，并使海鲜食用起

---

① Charles N. Ehler，“A Global Strategic Review”，2006，https：//www.researchgate.net/profile/Charles-Ehler/publication/283225253_ A _ Global _ Strategic _ Review _ Regional _ Seas _ Programme/links/563879d408ae78d01d39740c/A-Global-Strategic-Review-Regional-Seas-Programme.pdf.

来更安全。

在区域渔业机构方面，自《联合国粮食安全法》生效以来，国际社会为建立新的区域渔业管理组织以确保区域渔业管理组织全面覆盖公海而作出的努力，反映了对区域渔业机构关键作用的认可。最近关于建立区域渔业管理组织的谈判涉及南太平洋地区，促进了南太平洋区域渔业管理组织的成立，以及北太平洋地区的谈判，预计将在不久的将来成立国家渔业管理组织。北冰洋沿海国家还在准备签署北冰洋中部渔业宣言，并启动由非北极国家和实体参与的更广泛进程，旨在通过关于北冰洋中部渔业的文书。① 在全面覆盖方面，区域渔业管理组织还没有包括中大西洋和西南大西洋地区，在红海和亚丁湾等区域，还缺乏负责管理联合渔业种群的区域渔业机构。② 区域渔业机构的其他成功是许多区域渔业机构积极主动地努力解决底鱼捕捞对海洋环境的影响，并促进更多区域渔业的发展。广泛考虑渔业对整个生态系统（而不仅仅是目标物种）的影响，并通过调整其构成文书来正式接受渔业生态系统方法。

在大型海洋生态系统机制方面，正如一些学者所指出的，大型海洋生态系统这一概念对海洋治理项目的开发和资助方式产生了全球影响，而且为“各国合作处理与跨境资源利用相关的问题提供了一个集结点”。③ 大型海洋生态系统在区域海洋治理中发挥了重要的作用，从多方面加强了区域海洋治理。第一，这一机制促进了在海洋环境的科学知识和大量可用的科学信息方面取得了重大进展，④ 这是通过 TDA 制定稳健、全面和易于使用的评估的基础；第二，他们在能力建设方面投入了大量

---

① See the Chairman's Statement on the "Meeting on Arctic Fisheries" Held at Nuuk, Greenland, 24 – 26 February 2014, https: //www. pewtrusts. org/ ~ /media/assets/2014/09/arcticnationsagreetoworkoninternationalfisheries-accord. pdf? la = en.

② UNEP, "Regional Oceans Governance Making Regional Seas Programmes", *Regional Fishery Bodies and Large Marine Ecosystem Mechanisms Work Better Together*, p. 55.

③ Mahon R. , Fanning L. , McConney P. , "A Governance Perspective on the Large Marine Ecosystem Approach", *Marine Policy*, Vol. 33, 2009, pp. 317 – 321.

④ Bensted-Smith R. , Kirkman H. , *Comparison of Approaches to Management of Large Marine Areas*, Cambridge, UK and Conservation International, Washington DC: Publ. Fauna & Flora International, 2010, p. 7.

资源，这是迫切需要的，如在 GCLME 项目框架内组织了 80 多个能力建设研讨会；[①] 第三，虽然有时会与其他区域机构竞争寻找自己的“生态位”，但大型海洋生态系统机制也在一定程度上刺激了区域合作，将区域利益攸关方聚集在一起参加各种会议，并引发原本不会进行的讨论，这可能包括区域渔业机构和区域海洋计划，也包括非政府行为者。从这个意义上说，大型海洋生态系统机制已成为交流观点和经验的区域平台。虽然很难准确评估，但大型海洋生态系统机制似乎在某些情况下发挥了催化作用，特别是通过推动区域海洋计划走向更具战略性和行动导向的进程，以及通过激励区域渔业机构更明确、更有效地将生物多样性纳入考虑范围，制定并实施 EAF。例如，地中海的 SAP-Med 和 SAP-Bio 导致这些行动在海洋保护区中内化，并促进实施这些战略行动计划的行动者之间建立更广泛的伙伴关系。CCLME 项目则支持 SRFC 和 CECAF 的行动。

这或许可以解释，包括联合国大会在内的机构积极支持区域海洋治理的原因。2016 年 5 月召开的第二届联合国环境大会通过了关于关键环境问题的 24 项决议，其中包括关于“实现 2030 年可持续发展议程”的第 2/5 号决议，第 2/10 号决议进一步邀请“会员国和区域海洋公约和行动计划酌情与区域渔业管理组织等其他相关组织和论坛合作，努力实施并报告与海洋相关的不同可持续发展目标和相关具体目标以及 2011—2020 年生物多样性战略计划及其爱知生物多样性目标”。大会第 70/299 号决议就全球层面的《2030 年议程》和可持续发展目标的后续行动和审查提供了进一步指导，“鼓励成员国酌情确定最合适的区域或次区域论坛和形式，作为促进高级别政治论坛的后续行动和审查的进一步方式，认识到需要避免重复，并欢迎在这方面采取的步骤”。2017 年，联合国环境署发布了一份展望报告《转向战略与行动：落实可持续发展目标的区域海洋展望》，介绍了区域海洋为促进可持续发展目标后续行动和审查而应采取的总体步骤。在 2015 年第十七届区域海洋公约和行动计划全

---

① Susan C. , Honey K. , “The Guinea Current LME Project: Results & Status”, IOCIUCN-NOAA Large Marine Ecosystem 15th Consultative Committee Meeting, Paris: 10 - 11 July 2013.

球会议期间，鼓励区域海洋公约和行动计划在两个领域内开展工作：一是将可持续发展目标纳入其战略文件（行动计划、专题行动计划、SAP和国家行动计划）并通过区域协调的国家行动进一步落实这些文件；二是通过区域监测和报告机制协调国家对可持续发展目标的监测。[①] 然而，一些学者也认为很难准确地将观察到的治理进展归因于区域海洋计划等特定努力，“几十年前发现的许多问题尚未得到解决，有些问题正在恶化……尽管许多区域海洋计划产生了积极的影响，但许多计划未能解决其旨在解决的问题”。[②]

二 “多中心”下区域海洋治理的局限

这是由于不同区域海洋治理机构也都面临不同程度的挑战。虽然区域海洋公约和行动计划已获得广泛接受和参与，但由于缺乏政治意愿、某些国家政治不稳定、缺乏资金或执行机制薄弱等原因，各地区的实施情况有所不同。[③] 同时，许多研究也产生了有价值的科学数据和评估，并为能力建设作出了贡献，但主要的挑战是确保将这些发现纳入治理机制，从而解决对海洋环境及其生物多样性的区域威胁。[④] 当前的区域协议的执行还很不系统也不全面。最明显的例子是旨在防止陆源污染的区域协议数量与问题的持续存在甚至恶化之间的脱节。造成这种情况的原因有很多，而且往往是累积的，包括缺乏政治意愿和一些国家政治不稳

---

① UNEP, “Regional Seas Engagement in the Implementation and Monitoring of the Sustainable Development Goals (SDGs)”, The 17th Global Meeting for the Regional Seas Conventions and Action Plans Istanbul, Turkey, 20 – 22 October, 2015.

② Charles N. Ehler, “A Global Strategic Review”, 2006, https://www.researchgate.net/profile/Charles-Ehler/publication/283225253_A_Global_Strategic_Review_Regional_Seas_Programme/links/563879d408ae78d01d39740c/A-Global-Strategic-Review-Regional-Seas-Programme.pdf.

③ Rochette J., Billé R., “Bridging the Gap between Legal and Institutional Developments within Regional Seas Frameworks”, *The International Journal of Marine and Coastal Law*, Vol. 28, No. 3, 2013, pp. 433 – 463.

④ United Nations Environment Programme, “Regional Oceans Governance: Making Regional Seas Programmes, Regional Fishery Bodies and Large Marine Ecosystem Mechanisms Work Better Together”, *Regional Seas Reports and Studies*, No. 195, 2016, https://ninum.uit.no/bitstream/handle/10037/10316/article.pdf.

定或执行机制薄弱。第一次区域间计划磋商[①]将“缺乏与渔业部门和其他社会经济部门的必要互动”确定为“阻碍实施各区域海洋计划的最根本问题”之一。[②] 许多区域海洋计划都面临着严重的资金短缺。以东亚为例，COBSEA的“财务状况仍然严峻，秘书处的核心支出高于各国向信托基金捐款的年收入，环境署作为临时紧急措施弥补了差额”。[③] 在地中海，“多年来积累了严重的财政赤字”。[④] 区域信托基金对RAC预算的贡献已经下降了20%左右，[⑤] 并且扩大了职能审查，2013年12月举行的《巴塞罗那公约》上一届缔约方会议讨论了区域体系的总体情况，提出了实现财务可持续性的选项。同样，《内罗毕公约》10个缔约方中有6个在2013年没有向区域信托基金捐款。[⑥] 在大加勒比地区，尽管2012年“付款情况显著改善”，但“拖欠款持续累积”，“对秘书处协调其活动的能力产生了负面影响”。[⑦] 这种缺乏足够资金的情况经常发生，阻碍了协议和活动的执行。

因此，尽管通过了多项行动计划和法律协议，许多区域海洋计划仍

---

① United Nations Environment Programme, “Regional Oceans Governance: Making Regional Seas Programmes, Regional Fishery Bodies and Large Marine Ecosystem Mechanisms Work Better Together”, *Regional Seas Reports and Studies*, No. 195, 2016, https://ninum.uit.no/bitstream/handle/10037/10316/article.pdf.

② UNEP, *Ecosystem-based Management of Fisheries: Opportunities and Challenges for Coordination between Marine Regional Fishery Bodies and Regional Seas Conventions*, *UNEP Regional Seas Reports and Studies* No. 175, Nairobi, 2001.

③ United Nations Environment Programme, “Report of the Twenty-First Meeting of the Coordinating Body on the Seas of East Asia (COBSEA)”, 2013-03-26, https://wedocs.unep.org/bitstream/handle/20.500.11822/29056/CBSA21.pdf?sequence=1&isAllowed=y, p. 8.

④ UNEP/MAP, “Report of the 17th Ordinary Meeting of the Contracting Parties to the Convention for the Protection of the Marine Environment and the Coastal Region of the Mediterranean and Its Protocols”, Paris, February 2012, p. 21.

⑤ Rochette J., Billé R., “Strengthening the Western Indian Ocean Regional Seas Framework: A Review of Potential Modalities”, 2012, https://www.iddri.org/sites/default/files/import/publications/study0212_jr-rb_wio-report.pdf.

⑥ United Nations Environment Programme, “Report of the Twenty-First Meeting of the Coordinating Body on the Seas of East Asia (COBSEA)”, 2013-03-26, https://wedocs.unep.org/bitstream/handle/20.500.11822/29056/CBSA21.pdf?sequence=1&isAllowed=y, p. 8.

⑦ UNEP/MAP, “Report of the 17th Ordinary Meeting of the Contracting Parties to the Convention for the Protection of the Marine Environment and the Coastal Region of the Mediterranean and Its Protocols”, Paris, February 2012.

然具有与创建时相同的体制框架，主要是财政和人力资源有限。秘书处几乎完全被行政问题占据，无法向各国提供必要的协调、协助和支持。[①]这阻碍了重要的、更高层次的战略和政治工作以及技术和法律援助的提供——这是一些区域协议执行不力的原因之一。[②] 无论区域框架提供的支持程度如何，实施工作主要掌握在各国手中。然而，一些国家面临结构性困难，特别是在发展中国家。在许多情况下，公共行政部门，无论是国家还是地方，都没有能力或手段来设计和实施强有力的环境政策，从而阻碍了区域治理的有效性。在国家和行政部门相对较强的地方，部门政策之间缺乏协调甚至相互冲突是实施的常见障碍。最后，区域机构并不总是充分利用国家能力。

区域渔业机构也面临着相当多的挑战，各种区域渔业管理组织（RFMO）不是一个连贯和全面的监管框架，而是事实上的监管框架。仅专注于少数商业种群的公海渔业管理机构。对区域渔业管理组织的初步检查揭示了各种问题，包括数据提供不力、未能采取适当的保护措施以及管理措施的遵守不够充分。[③] 其中一些是国际机构经常面临的更普遍的问题。由于区域渔业机构的绩效已经并继续受到所有这些挑战的影响，因此正在采取各种流程，包括区域渔业机构绩效评估和区域渔业机构构成文书的修订，来应对这些挑战。[④] 这些挑战包括但不限于：由于产能过剩和补贴等原因，过度开发目标物种并实施预防性渔业管理方法，分

---

① Charles N. Ehler, “A Global Strategic Review”, 2006, https://www.researchgate.net/profile/Charles-Ehler/publication/283225253_A_Global_Strategic_Review_Regional_Seas_Programme/links/563879d408ae78d01d39740c/A-Global-Strategic-Review-Regional-Seas-Programme.pdf.

② Rochette J., Billé R., “Bridging the Gap Between Legal and Institutional Developments Within Regional Seas Frameworks”, *The International Journal of Marine and Coastal Law*, Vol. 28, No. 3, 2013, pp. 433-463.

③ Sumaila U. R., Bellmann C., and Tipping A., “Fishing for the Future: Trends and Issues in Global Fisheries Trade”, Geneva: International Centre for Trade and Sustainable Development (ICTSD), 2015.

④ “Performance Reviews by Regional Fishery Bodies: Introduction, Summaries, Synthesis and Best Practices. Volume I: CCAMLR, CCSBT, ICCAT, IOTC, NAFO, NASCO, NEAFC”, FAO Fisheries and Aquaculture Circular No. 1072, 2012.

配捕捞机会和所谓的“保护负担”;[①] 非法、不报告和不管制（IUU）捕捞，包括处理新进入者、监测、控制和监视（MCS）并确保合规；关于目标物种以及推行渔业生态系统方法的必要条件的科学研究、数据收集和数据共享；实施渔业生态系统方法，此外，涉及非目标物种鱼类和非鱼类如大型中上层流网的兼捕；丢弃目标和非目标物种；对底栖栖息地的影响；其他不可持续的捕捞方式，如炸药和氰化物捕捞；丢失和丢弃的渔具和包装材料（幽灵捕鱼）；与其他区域渔业机构的合作与协调；区域渔业机构秘书处的预算有限；区域渔业机构的职责本质上是有限的，不允许它们处理影响渔业的其他人类活动，如沿海地区开发、海洋污染（包括海洋废弃物）和全球气候变化等，甚至不允许处理一些渔业问题，例如补贴等。其中最根本的挑战和问题在于：鱼类资源是不受海洋边界阻碍、自由流动的共同资源，与其他跨界问题类似，跨界鱼类种群以及离散公海鱼类种群的养护和管理受到国际法共识性质的限制，这意味着各国不能违背其意愿受到约束。各国通常不愿意将权力移交给国际机构——特别是在合规领域——因为这些权力也可能被用来对付它们。这使得“搭便车”国家能够从薄弱的国际法和机构中受益。区域渔业机构在这方面也不例外，其强度取决于其成员的能力，特别是发展中国家没有足够的资源（财政和其他资源）来履行其国际义务和承诺。

而当前的大型海洋生态系统机制也面临着许多关键挑战。首先，大型海洋生态系统所采取的“模块”方法产生了一系列问题：一是对于大型海洋生态系统模块中到底应该包含哪些内容缺乏明确性，这些模块看起来是混合的并且边界模糊；二是大型海洋生态系统方法中的划分意味着科学活动，尤其是生产力模块，独立于治理，而不是支持治理；三是大型海洋生态系统体现了这样一种观念，即如果不首先开展大量科学研究就无法进行治理。[②] 正如贝西－史密斯（Bensted-Smith）等所指出的，

① Hanich Q., Ota Y., “Moving Beyond Rights-Based Management: A Transparent Approach to Distributing the Conservation Burden and Benefit in Tuna Fisheries”, *International Journal of Marine and Coastal Law*, Vol. 28, 2013, pp. 135－170.

② Mahon R., Fanning L., McConney P., “A Governance Perspective on the Large Marine Ecosystem Approach”, *Marine Policy*, Vol. 33, 2009, pp. 317－321.

“大多数全球环境基金下的大型海洋生态系统项目主要投资于应用研究、可行性评估、计划和管理建议以及培训”。[①] 而用于导致实际做法发生改变的更具体、改变游戏规则的活动的资金越来越匮乏，这在治理薄弱且国内资金来源匮乏的最不发达国家尤其受到限制。其次，虽然 LME 方法的支持者，特别是全球环境基金秘书处和 NOAA，声称这些项目是“国家驱动的”，[②] 但他们仍然因自上而下的方法而受到批评，在这种方法中，国家和地区机构都没有确实的发言权。它们的科学基础及其边界的设计是由 NOAA 的科学家开发的，而全球环境基金在其 IW 重点领域下对大型海洋生态系统项目的逐步资助遵循某种机械方法：正式和程序性的要求和程序，例如，受援国的官方认可并不能保证国家需求和自主权得到应有的关注和重视。GCLME 项目的最终评估指出，“尽管 GCLME 项目和海湾合作委员会的成立得到了强有力的政治支持，但评估发现国家的怯懦和所有权是该项目的弱点，与缺乏国家结构授权有关，并且该项目在没有示范项目或 RAC 的国家中知名度较低”。[③] 此外，即使各国充分参与，“巨大的地理规模以及与全球环境基金的联系也会导致大型海洋生态系统项目集中于国家和地区层面的治理，而不一定与国家以下和地方层面相联系。因此，虽然在跨境合作制度化方面取得了成功，但对实地的影响可能会受到各国多层次、多部门治理体系其他方面的缺陷的限制，而大型海洋生态系统项目很少对这些体系进行充分分析或加强”。[④]

---

① Bensted-Smith R. , Kirkman H. , *Comparison of Approaches to Management of Large Marine Areas*, Washington D. C. , Cambridge, UK and Conservation International: Publ. Fauna & Flora International, 2010.

② Sherman K. , Hempel G. , eds. , *The UNEP Large Marine Ecosystem Report: A Perspective on Changing Conditions in LMEs of the World's Regional Seas*, UNEP Regional Seas Report and Studies No. 182, 2008.

③ Humphrey S. , Gordon C. , “Terminal Evaluation of the UNDP-UNEP GEF Project: Combating Living Resources Depletion and Coastal Area Degradation in the Guinea Current LME through Ecosystem-based Regional Actions (GCLME)”, UNEP Evaluation Office, November, 2012.

④ Bensted-Smith R. , Kirkman H. , *Comparison of Approaches to Management of Large Marine Areas*, Washington D. C. , Cambridge, UK and Conservation International: Publ. Fauna & Flora International, 2010.

大型海洋生态系统迄今为止主要是通过全球环境基金项目实现。因此，需要提出大型海洋生态系统方法的财务可持续性问题。度达（Duda）等提倡定期更新 TDA 和 SAP,[①] 谢尔曼（Sherman）等确认“从第一年开始，全球环境基金支持的项目逐年朝着生态系统评估和管理流程自筹资金的目标迈进”。[②] 因此，有必要探索大型海洋生态系统项目结束后实际会发生什么。虽然有跟进第二阶段的趋势，但在连续两个全球环境基金项目（持续 10 年）已获得资助的地区，大型海洋生态系统方法的未来前景尚不清楚。鉴于全球环境基金的性质，连续的融资阶段不能成为解决财务可持续性问题的通用答案。因此，在大型海洋生态系统项目完成后，TDA 确实存在过时的风险。如果没有明确建立治理机制，就无法以系统的方式确保更新现有知识和分析的必要流程。对于 SAP 来说，这个问题更为严重，因为实施所确定的每项行动的责任通常不会分配给特定机构或利益相关者。因此，另一个挑战是确定 TDA 和 SAP 完成且项目终止后谁可以接管。TDA 和 SAP 解决的一些问题由现有区域机构处理，这些机构的任务分散，其地理范围不一定符合大型海洋生态系统的划界（地中海等地区除外）。因此，可能会倾向于建立新的区域机构，赋予其综合授权，使其能够实施生态系统方法。然而，通过国际政治和法律程序设立新机构非常复杂，可能需要多年时间，这不一定与全球环境基金项目方法相一致。BCC 的创建表明它仍然是可能的，尽管需要仔细审查成员计划的资助。地中海区域海洋计划拨款 TDA 是另一个有趣的选择。治理问题至关重要，因为从主要面向 NOAA 需求的本质上科学的方法逐渐转变为更接近于各种国际和国家机构的投资指南。[③] 因此，情况与区域海洋方案截然不同，在区域海洋方案中，商定的行动计划和工

---

① Duda A. , Sherman K. , “A New Imperative for Improving Management of Large Marine Ecosystems”, *Ocean & Coastal Management*, Vol. 45, 2002, pp. 797 – 833.

② Sherman K. , Hempel G. , eds. , *The UNEP Large Marine Ecosystem Report: A Perspective on Changing Conditions in LMEs of the World's Regional Seas*, UNEP Regional Seas Report and Studies No. 182. , 2008.

③ Bensted-Smith R. , Kirkman H. , *Comparison of Approaches to Management of Large Marine Areas*, Cambridge, Washington D. C. , UK and Conservation International: Publ. Fauna & Flora International, 2010.

作方案的实施是由现有的指定秘书处或协调单位协调和监督的。总体而言，大型海洋生态系统机制为行动提供了坚实的科学基础，但面临着严峻的治理和实施挑战——区域海洋计划和区域渔业机构也面临着同样的挑战。大型海洋生态系统概念是由科学家（主要是海洋学家）开发和提出的，他们似乎没有充分预见到治理和政策问题。这解释了科学成分相对于治理问题的相对优势，并表明未来几年应将重点放在后者上。

总而言之，首先应该强调的是，区域海洋机制通常是针对具体部门的。区域渔业机构的情况显然也是这样，它们在设计上是部门性的。而区域海洋计划，即便原则上是多部门的，也无法胜任关键经济部门，特别是渔业、采矿和海运等部门，必须与其他主管国际组织协调，如联合国粮农组织、区域渔业机构、国际海底管理局和国际海事组织等。虽然大型海洋生态系统机制的目标是跨部门，但实际上它们往往不涉及治理部分，或者它们的能力受到全球或区域层面竞争性国际机构存在的限制。在这种情况下，EBM 的实施具有挑战性，并且通常不考虑累积影响。因此，每个机制的目标都可能被其他部门/人类活动破坏，要实现基于部门机制的综合治理，合作与协调至关重要。OSPAR 委员会发起的马德拉进程提供了一个如何运作的例子。换言之，每种类型的区域海洋治理机制都可以取得许多成功，但也存在各种挑战。虽然区域海洋计划和区域渔业机构已经完善并获得了广泛的接受和参与，但它们寻求解决的关键问题仍然像它们成立时一样紧迫。陆源污染和对目标物种的过度捕捞（通常是由于产能过剩和补贴）以及实施预防性渔业管理方法是最严峻的挑战。许多区域海洋计划缺乏现代化且资金充足的机构。虽然大型海洋生态系统机制加强了区域海洋治理，例如，通过生成有价值的科学数据和评估以及促进能力建设，但其主要挑战是确保其成功获得区域利益攸关方的充分支持，并纳入适当的治理机制，以便解决海洋环境及其生物多样性等区域威胁问题。

三 应对的思路

为了应对这些挑战，需要有较为系统的应对思路。

首先是总体方法，应当认识到全球海洋治理与区域海洋治理是能够在一定程度上互相促进的，并探索更加有效的方法实现这一目标。

全球与区域方法的融合的一个重要的切入点就是基于生态方法的更好运用。可持续的海洋对于维持现在和未来社会的繁荣至关重要，而海洋生态系统受到来自陆地和海洋人类活动的影响，这种影响既具有全球性也有典型的区域特征。当前海洋治理的部门方法特征，忽视了生态系统之间的联系，一定程度上助长了海洋治理机制的碎片化。改变这一现状需要转向基于生态系统的综合海洋治理，以实现保护和生产之间的平衡。这种基于生态的治理汇集了来自政府、企业和民间社会以及人类活动各个部门的相关参与者。① 国际和区域机制的协调是确保海岸和海洋可持续利用的重要路径，并为如何通过基于知识和生态系统的方法管理海洋提供了框架。面对海洋治理中的共同挑战，需要打破部门间的分割，以实现全球、区域、国家和地方层面间的协同与合作。区域海洋有批评者也有支持者，但不可否认的是，它们在不断变化的环境中能够提供的支持规模和速度需要加强。特别是，它们所服务的法律文书的执行在许多情况下都没有达到预期。区域一级强有力的体制框架似乎是必要的，但不足以改善实施情况，并认为可以将如下标准作为考虑评估和规划未来区域海洋治理的指标：现有区域海洋治理机制的强度；是否有必要建立新的区域海洋治理机制，包括取代机制；是否需要加强合作与协调。同时应当注意避免进入一些战略“死胡同”：在现有的区域海洋治理机制被认为薄弱或无法带来变革的情况下绕过这些机制；制定行动计划时没有认真考虑未来的执行问题、手段、资源和行为者；宣扬区域海洋治理的重要性，但未能加强薄弱区域的治理机制。

其次，应当认识到应该基于区域海洋治理机制的高度多样化，尤其是这种多样性所反映出的国家权限的分散，从以下方面考量未来的可能发展方向：是否需要修改各区域海洋治理机制的任务授权，以便填补空白并促进区域渔业机构实施渔业生态系统方法（EAF）和区域海洋计划的基于生态系统管理（EBM）；是否需要再加强本机制以便更好地与其

---

① Winther, J. - G., et al., “Integrated Ocean Management for a Sustainable Ocean Economy”, *Nature Ecology & Evolution*, Vol. 4, 2020, pp. 1451 - 1458.

他机制开展协调；是否应该促进非正式合作与协调，由于历史和体制原因，这往往可能比正式机制的重组更难实现；作为一种新的增长点和连接点，可能需要更加重视大型海洋生态系统的独特价值与作用。

为了更好地发挥区域海洋治理的优势，这种合作尤其要关注国际与区域之间、区域彼此之间以及不同类型的区域海洋治理机制之间的协调。由于环境保护的周期长、成效慢，区域海洋计划与其他机制的合作具有战略性，能够有助于应对一些长期的挑战。这种合作包括联合国环境规划署与全球环境基金以及其他国际组织，例如粮农组织、国际海事组织等机构建立伙伴关系与合作机制。与这些合作往往具有原则性不同，各个区域海洋计划与其他机制的合作则可能更为实质。例如，与区域渔业管理组织的合作可以解决过度捕捞问题。与其他多边环境协定的合作，包括《防止倾倒废物及其他物质污染海洋的公约》（《伦敦公约》）、《国际防止船舶污染公约》（《防污公约》）和《巴塞尔公约》，可以帮助对抗海洋污染。与《生物多样性公约》《濒危野生动植物种国际贸易公约》《迁徙物种公约》《世界遗产公约》和《拉姆萨尔公约》的合作可以改善海洋和沿海栖息地的保护。

这也要求在区域层面在治理安排上的提升，包括更多的参与者、利益、观点、法律框架、政策背景和知识基础等考量融入其中。尤其要更加深入地研究这些框架如何在制度上实施，以及如何连接不同的法律安排和政策背景。当然，这些提升和改变的重点应该放在已有的治理工具之上，包括对于其规则、规范和共同概念方面影响的全面评估。[①] 同时，这也为区域海洋计划机制之间的合作提供了参考和指引。通过不同区域海洋计划之间的交流与经验的分享，能够提供更多的知识、规则和制度借鉴。例如，自 2004 年以来，区域海洋公约和行动计划的年度全球会议提供了分享经验的机会。这些会议通过制定区域海洋战略方向（RSSD）设定了共同愿景，将区域活动与全球进程联系起来，并通过区域间合作提高效率。各地区之间分享最佳实践也很有效果。例如，《巴塞罗那公

① Peter Arbo, Maaike Kno, Sebastian Linke, et al., “The Transformation of the Oceans and the Future of Marine Social Science”, *Maritime Studie*, Vol. 17, 2018, pp. 295 –304.

约》能够在《内罗毕公约》召开的关于沿海地区管理的会议上分享其制定 ICZM 议定书的经验。除了经验的分享，这种合作也能够产生差距分析，为较为落后的区域海洋提供制定治理战略的建议，从而逐步采取行动弥合已有的差距。

而区域渔业机构的发展现状也表明，其需要强化与其他机制开展合作。尽管区域渔业管理组织仍然是跨越多个区域的鱼类种群的主要工具，然而，许多区域渔业管理组织针对的是金枪鱼或鲑鱼等单一物种，而其他物种的涌入超出了它们各自的职权范围。因此，尽管最近取得了进展，但全球海洋大部分地区的鱼类种群管理薄弱——这种趋势可能会因分布的变化而加剧。很少有机构对新渔业法规的制定明确表态，这是一个漏洞，通常允许在制定有意义的标准之前大量开发新捕捞的种群。此外，区域渔业管理组织之间几乎没有就未来共享资源的潜力开展合作，与其他区域海洋监管机构或全球条约的互动也很有限。区域渔业管理组织对基于生态系统的管理原则的有限应用也仍然令人担忧，包括有限的考虑。① 这些都是区域渔业组织未来需要改进的工作方向。当然，虽然合作与协调是重大问题，但它们不应掩盖为自身利益加强每个机制的基本需要。例如，即使将领导 SAP 实施的任务授权给越来越多的区域海洋计划，一些计划也很难有效地做到这一点。②

因此，要将区域的协调完全结合起来才能更好地发挥作用。部分区域海洋治理机制普遍支持不足，有效性受到影响，区域渔业机构或许是一个例外，因为联合国渔业安全局将其视为区域渔业管理的主要工具。但是不同的地区仍然存在较大的差异，一些地区的治理机制比其他地区强大得多，资金来源也存在很大差异。这也导致区域海洋机制的一个重要问题，在于区域之间存在竞争（不利）优势，在全球范围内没有公平的竞争环境，并且经常无法有效保护跨境物种和生态系统或应对监管不那么严格的边境地区的跨境影响。仅在少数地区作出的大量努力仍然无

---

① Malin L. Pins, et al., “Preparing Ocean Governance for Species on the Move: Policy Must Anticipate Conflict over Geographic Shifts”, *Science*, Vol. 6394, No. 360, 2018, pp. 1189 – 1191.

② UNEP, “Regional Oceans Governance: Making Regional Seas Programmes”, *Regional Fishery Bodies and Large Marine Ecosystem Mechanisms Work Better Together*, p. 61.

法阻止全球范围内海洋生物多样性的丧失。区域海洋治理机制间合作与协调的成功与挑战首先应该强调的是，尽管缺乏总体框架和合作义务，但在许多情况下区域海洋治理机制间的合作与协调运作良好，这表明区域海洋治理机制间的合作与协调是有效的，至少是有可能的。此外，尽管缺乏明确的战略，大型海洋生态系统机制已经进入了这个相当拥挤的治理领域，但并没有干扰正在进行的努力。一些区域海洋计划和区域渔业机构甚至设法利用全球环境基金的大型海洋生态系统项目加强其活动。然而，这个问题必须得到更多的解决方案。包括主要参与者有必要逐步修改各种区域海洋治理机制的任务，以提高国际海洋的协同作用、互补性和一致性，促进治理制度作为一个整体。根据具体情况，这将需要：在没有其他主管国际机构存在的情况下，促进剩余任务授权，从而解决出现的新问题。《保护西北大西洋环境公约》委员会提供了一个实例：一是扩大区域渔业机构的任务以促进 EAF；二是扩大区域海洋计划的任务以确保 EBM；三是同时考虑现有国际机构（包括区域渔业机构和相关全球机构，如国际海事组织和国际海底管理局）的任务；四是在国家管辖区域外的覆盖范围内填补空白。这种模式可能具有借鉴作用，理论上，在人类主导的生物圈中设计资源管理和保护的成功政策和适当的知识通常可以通过缩小规模并考虑当地资源使用者及其治理和权力动态的复杂性来制定，这种区域内的实践可能导致产生与全球范围内管理和保护战略的制定和实施中通常应用不同的知识。①

不仅如此，区域海洋治理机制间及其与国家之间的互动方式也需要纳入考量。区域层面，要尽可能起到跨部门的协调作用。许多区域层面的跨部门合作是在没有明确定义合作的情况下开始的，区域组织最好明确各自的职责，也相互尊重伙伴组织的职责，如果对根据其他组织的授权开展的行动存在关切问题，则应通过外交方式提出，而向其他机构提供指导可能会导致紧张局势。在可能的情况下，寻找技术建议、科学信息或同行评审的中立来源可以使跨部门对话更加有效。这些来源可用于

① Shankar Aswani, et al., “Marine Resource Management and Conservation in the Anthropocene”, *Environmental Conservation*, Vol. 45, Issue 2, 2017, p. 2.

促进就共同产品（例如区域生态系统评估和生态系统相关数据产品）、方法（例如使用 ABMT 和采用生态系统方法）甚至过程（例如联合评估）等达成一致或联合战略的制定。

然而，无论区域框架提供的支持水平如何，实施的能力主要掌握在各国手中。区域渔业机构和区域海洋计划往往是单独的薄弱机制：它们缺乏有效执行任务的资源，在具体执行区域一级商定的措施方面，国家仍然是关键行为者。区域层面合作的增加也推动了国家层面协调的增加，反之亦然。面对一些国家面临的结构性困难，尤其是发展中国家。在许多情况下，公共行政部门，无论是国家的还是地方的，都没有能力或手段来制定和实施强有力的环境政策，从而阻碍了区域治理的有效性。在国家和行政部门相对强大的地方，部门政策之间缺乏协调甚至政策冲突是实施中常见的障碍。此外，区域机构并不总是充分利用国家能力，这一点需要区域治理机制与国家建立更加良性的互动机制。

除了国家行为体之外，其他公私部门和机构也应当尽可能地纳入合作网络中。如果没有所有相关利益攸关方的参与，就无法实现跨部门合作。每个区域组织都有一个利益相关者协商机制，应该尽可能多地用于跨部门对话。私营部门在许多区域部门组织中发挥着关键作用，公私伙伴关系应从一开始就包括在内，这有利于跨部门政策的一致性。[①] 其他利益相关方也很重要，地方政府和社区参与区域海洋保护可以确保更有效的资源管理和污染预防。额外的资金也可以来自国际、国家和私营部门，相关费用可能包括水污染防治费、流域保护费、沿海地区建设费和使用费。[②] 私营部门负有为其大部分业务和利润来源地区的福祉作出贡

① UNEP, "Realizing Integrated Regional Oceans Governance Summary Of Case Studies On Regional Cross-Sectoral Institutional Cooperation And Policy Coherence", UN Environment Regional Seas Reports And Studies No. 199, 2017.

② Charles N. Ehler, "A Global Strategic Review", 2006, https://www.researchgate.net/profile/Charles-Ehler/publication/283225253_A_Global_Strategic_Review_Regional_Seas_Programme/links/563879d408ae78d01d39740c/A-Global-Strategic-Review-Regional-Seas-Programme.pdf, p. 81.

献的公民责任。[①]

很多大型海洋生态系统是通过 GEF 项目开发的，这引起了人们对其长期前景的担忧，而越来越多最初由全球环境基金支持的大型海洋生态系统项目也导致了正式的常年组织的建立，这引发了人们对其作用的其他担忧，他们将在拥挤的海洋治理格局中发挥作用。尽管大型海洋生态系统机制在 TDA 和 SAP 方面的附加值得到广泛认可，但专家普遍认为大型海洋生态系统机制的治理维度需要进一步考虑。我们建议支持大型海洋生态系统机制的国家和国际机构共同努力，制定并通过有关大型海洋生态系统治理的明确且全面的战略。一些指导原则包括：治理及其知识需求应放在首位，在迭代过程中推动科学评估；大型海洋生态系统机制可以形成科学评估、能力建设和实地干预的平台，但这些机制应尽可能在现有区域海洋治理机制下运作；当认为有必要建立一个新的国际机构在区域海洋方案管辖范围内的区域实施大型海洋生态系统方法时，应在该区域海洋方案的框架下设立这样一个机构；尽管被视为大型海洋生态系统方法的旗舰治理成果，但 BCC 情景的复制应基于详细且针对具体情况的治理差距分析，而不是被视为普遍适用的途径；大型海洋生态系统机制应主要用作现有区域海洋治理机制变革的催化剂；为了制定更明确的治理战略，应澄清一些术语和概念。

关于大型海洋生态系统机制的未来仍然没有一个明确的图景，即使很多受到全球环境基金支持的大型海洋生态系统已经在计划或者实施第二阶段甚至第三阶段，其下一步仍然存在着争议。一些最初由全球环境基金支持的大型海洋生态系统项目催生了正式长期组织，例如未来的 GCC、BC 或 PEMSEA。这在一定程度上解决了可持续性问题，但也引发了对他们未来是否能在区域海洋治理中占有重要一席之地的其他担忧。正如克里斯蒂等指出的，“从项目可行性的角度来看，从自然科学的角度开始边界指定是值得怀疑的，除非治理机构要按照生态原则重新设

① Charles N. Ehler, “A Global Strategic Review”, 2006, https://www.researchgate.net/profile/Charles-Ehler/publication/283225253_A_Global_Strategic_Review_Regional_Seas_Programme/links/563879d408ae78d01d39740c/A-Global-Strategic-Review-Regional-Seas-Programme.pdf., p. 82.

计——这是一个不太可能的结果”。[1] 鉴于现有的、更正式的机制的任务中没有重大的部门差距，大型海洋生态系统机制可能赋予或要求的任何治理责任，都有可能导致更多的重叠和效率低下。有学者指出，“尽管 BCC 取得了早期的成功，而且地理边界并不相同，但人们可能会问全球环境基金下的大型海洋生态系统项目是否应该投资于加强现有的区域海洋秘书处并在相关机构之间建立联系，而不是创建新的政府间委员会”。[2]

同样，虽然大型海洋生态系统机制在 TDA 和 SAP 方面的附加值得到广泛认可，但大型海洋生态系统机制的治理层面需要进一步考虑。全球环境基金也许还有 NOAA 发挥着关键作用，应该与联合国环境规划署、UNDP、粮农组织等重要合作伙伴合作，制定并采用关于大型海洋生态系统治理的明确而全面的战略。其中可以考虑一些核心的原则包括：治理及其知识需求应该放在首位，并在迭代过程中推动科学评估，而不是被视为科学评估的逻辑最终产品评估过程。正如马洪等所提出的，“如果成功的知情干预是对该方法有用性的最终检验，则必须设计和整合调查以反馈到干预中”；[3] 大型海洋生态系统机制可以形成一个平台，用于科学评估、能力建设和干预，但这些应尽可能在现有的区域海洋治理框架下进行（例如地中海等）。当认为有必要在区域海洋的子地理区域实施大型海洋生态系统方法时，需要策划一个新的国际组织，它可能会在区域海洋治理框架下建立，就像海湾合作委员会在《阿比让公约》下的情况一样，而且在任何情况下，此类委员会都需要与其他区域海洋治理机制建立工作关系。

这需要致力于现有大型海洋生态系统中亟须解决的问题。其一是缓解大型海洋生态系统机制中的组织混乱问题，这种混乱源于大型海洋生

---

① Christie P., et al., “Tropical Marine EBM Feasibility: A Synthesis of Case Studies and Comparative Analyses”, *Coastal Management*, Vol. 37, No. 3, 2009, pp. 374 – 385.

② Bensted-Smith R., Kirkman H., *Comparison of Approaches to Management of Large Marine Areas*, Cambridge, Washington D. C., UK and Conservation International: Publ. Fauna & Flora International, 2010.

③ Mahon R., Fanning L., McConney P., “A Governance Perspective on the Large Marine Ecosystem Approach”, *Marine Policy*, Vol. 33, 2009, pp. 317 – 321.

态系统方法的固有治理弱点。包括谢尔曼等提到“环境规划署和大型海洋生态系统方法之间的伙伴关系”,[①] 但没有明确国际组织如何合作。另一个例子是与区域海洋计划、区域渔业机构之间的合作与协调,UNESCO 的 IOC 正在 GEF 项目框架内调查 LME、海岸综合管理和海洋保护区的互补性。为了能够实现与区域海洋计划和区域渔业组织的相当地位,目前尚不清楚大型海洋生态系统如何能够同时发挥多种作用,也不清楚其能否成为与海洋保护区相媲美的管理工具。为了不给本已复杂的海洋治理体系增加混乱,需要就大型海洋生态系统的性质、用途及其与正式机构和机制之间的关系乃至所服务的功能尽快形成明确的结果。

第三节　强化本土参与和软法治理:未来的现实选择

一　“本土化”与“软法化”具有很大的契合性

在规则供给上,考虑到当前制定具有约束力的法律规则的难度越来越大,应该充分注重软法在治理中的独特价值。自愿承诺已成为国际可持续性政策中公认的机制。[②] 例如,《联合国气候变化框架公约》巴黎协定包括具有足够灵活性以适应不断发展的知识和系统状态并适应更雄心勃勃的目标的自愿承诺,以及透明度报告等强制性程序承诺。[③] 这种“自愿适应性治理”风格的其他例子包括联合国可持续发展目标下的自愿国家审查进程,以及联合国“我们的海洋”会议下的自愿承诺。在评估 2014—2017 年“我们的海洋”会议上作出的自愿承诺的可验证结果时,有学者发现三分之一的公告集中在海洋保护区。这些自愿承诺的保护区面积累计超过 500 万平方公里,占海洋面积的 1.4%,几乎

---

① Sherman K., Hempel G., eds., *The UNEP Large Marine Ecosystem Report: A Perspective on Changing Conditions in LMEs of the World's Regional Seas*, UNEP Regional Seas Report and Studies No. 182., 2008.

② Neumann, B., Unger, S., "From Voluntary Commitments to Ocean Sustainability", *Science*, Vol. 363, 2019, pp. 35 – 36.

③ Pickering, J., et al., "The Impact of the US Retreat from the Paris Agreement: Kyoto Revisited?", *Climate Policy*, Vol. 18, 2018, pp. 818 – 827.

是全球已实施海洋保护区数量的两倍。[①] 例如，尽管“现有相关法律文书和框架以及相关全球、区域和部门机构”[②] 的范围对于西南太平洋地区来说是一个特别重要的问题，许多独特的区域组织和软法制度是西南太平洋地区连贯一致的海洋治理架构的重要组成部分，并有助于维持这一架构。西南太平洋地区软法制度的重要性凸显了在 ILBI 发展背景下软法文书[③]学术研究的重要性。有人认为，将它们纳入现有安排的范围对于西南太平洋的发展中国家非常重要，因为这些软法文书在发达国家更正式的架构中具有潜在的优势。

与软法相对应的是，区域海洋治理可以更多地发展非正式机制而不一定是努力进行正式机构的组建。例如，将区域海洋计划和 RFB 合并为所谓的区域海洋管理组织（ROMO）不能成为普遍适用的途径。虽然在一些非常具体的情况下这可能是前进的方向，但存在三个方面的问题：一是地理范围和参与过于多样化；二是负责的国家行政部门通常与不同的选区和不同的逻辑（通常是环境保护和渔业发展）分开；三是渔业管理和环境保护机制之间目前可见的部门间冲突将变得更复杂。2007 年成立的 BCC 的案例很有趣，但不应被视为模型：它符合特定的背景（例如，一个地区已经拥有大型区域海洋计划），但是在区域机制已经存在的情况下将其推广会导致“扩散综合征”。在任何情况下都应该牢记，除了本书中审查的三种区域海洋治理机制之外，还有许多其他机制，其中一些包括非国家行为者，另一些包括区域方案，例如，Program Régional Côtier et 西非的 Marin（PRCM）、珊瑚三角倡议等区域倡议、除全球环境基金外由各种捐助者资助的区域环境项目、印度洋的 SWIOFP 等区域渔业项目、南海的 Pelagos 保护区等次区域协议。因此，试图在形式上而非功能上完全整合治理系统可能是一个“白日梦”。

---

① Grorud-Colvert K., et al., “High-profile International Commitments for Ocean Protection: Empty Promises or Meaningful Progress?”, *Marine Policy*, Vol. 105, 2019, pp. 52-66.

② Alan Boyle, “Human Rights and the Environment: Where next?”, *European Journal of International Law*, Vol. 23, 2012, pp. 613-642.

③ UN General Assembly. United Nations Conference on the Human Environment. A/RES/2994, 1972.

这些软法性规则和机制由于缺乏法律拘束力，其合法性与有效性往往取决于本土认同与参与的程度。国际环境法规定的公众参与原则使公众能够参与影响环境的决策。[①] 许多具有约束力和不具有约束力的文书都承认了这一原则，例如，2001 年的《奥胡斯公约》和 2018 年的《埃斯卡苏协定》。参与治理的权利也被广泛认为是一项人权，[②] 国际司法机构在为这一规范赋予实质内容方面也发挥了重要作用，我们可以从他们的判例中获得一些见解，以反映在我们的参与过程中。通过国际协议对环境人权的国际承认将创造一个机会，[③] 类似于在六十年前的《世界人权宣言》所产生的人权法体系。这可能会引发全球文化向“基于人权的地球整体环境管理”的范式转变。粮农组织关于自然资源保有权[④]和支持小规模渔业[⑤]的自愿准则以人权原则为基础，是将这种方法应用于渔业政策的第一个例子。除了公平和正义的内在规范方面外，我们还认为，环境人权将形成海洋公域治理的基线“网”，通过这种权利提供的解决和纠正不公平现象的内在潜力将惠及遭受环境退化和自然资源不可持续开采的个人和社区。[⑥]

---

① Bekhoven J. V. , “Public Participation as a General Principle in International Environmental Law: Its Current and Real Impact”, *National Taiwan University Law Review*, Vol. 11, 2016, pp. 219 – 277.

② Mia Strand, et al. , “Transdisciplinarity in Transformative Ocean Governance Research—Reflections of Early Career Researchers”, *ICES Journal of Marine Science*, Vol. 79, Issue 8, 2022, pp. 2163 – 2177.

③ UN General Assembly, United Nations Conference on the Human Environment. A/RES/2994, 1972; UN Commission on Human Rights, Human Rights and the Environment. E/CN. 4/RES/1994/65, 1994; UN Commission on Human Rights, Human Rights and the Environment. E/CN. 4/RES/1995/14, 1995; UN Commission on Human Rights, Human Rights and the Enviroment. E/CN. 4/RES/1996/13, 1996; UN General Assembly, Towards a Global Pact for the Environment A/RES/72/277, 2019; IUCN Environmental Law Programme, Draft International Covenant on Environment and Development-Implementing Sustainability, 5th edn. , Gland, 2015; UN Environmental Programme, “Environmental Rule of Law: First Global Report”, 2019.

④ Philip Seufert, “The FAO Voluntary Guidelines on the Responsible Governance of Tenure of Land, Fisheries and Forests”, *Globalizations*, Vol. 10, 2013, pp. 181 – 186.

⑤ FAO, “Voluntary Guidelines for Securing Sustainable Small-Scale Fisheries in the Context of Food Security and Poverty”, 2015, https://www.fao.org/3/i4356en/I4356EN.pdf.

⑥ Burns H. Weston, David Bollier, “Regenerating the Human Right to a Clean and Healthy Environment in the Commons Renaissance”, September 2011, https://www.ritimo.org/IMG/pdf/Regenerating-Essay-Part1.pdf.

二 强化“本土化”参与的重要性

为此，加强海洋治理的本土研究显得尤为必要，这种研究不仅能够产生科学知识，更能够从社会、社区和族群等维度获得更多有利于开展区域海洋治理的本土知识。这种研究不仅限于政府和学术机构，还应该包括更广泛的参与，如非学术群体。① 一些参与者（例如原住民社区）产生的知识在传统的西方研究中基本上被忽略了，② 历史上对这一宝贵知识的漠视误导了管理者，③ 不仅如此，还在被忽视的行为者和研究人员之间造成了不信任，在某些情况下还被用来对付土著社区，进一步加剧了敌意。④ 在学术机构中构成“科学”的东西具有支配特定认知方式的历史，⑤ 这包括研究和教育机构进行的研究被用来边缘化土著人民和推动殖民议程。⑥ 尽管研究人员通常没有法律义务让非学术参与者参与他们的研究，但有道德和伦理义务让非学术合作者参与进来，以确保研究反映受影响社区的生活经验。许多国际和区域海洋治理机制越来越注重本土的参与。参与环境问题的决策过程意味着人们（个人或团体）有机会在作出对环境有影响或可能有影响的决策时分享他们的观点和利益。⑦ 非学术合作伙伴的参与往往会加强研究中社会问题的适当代表性。

---

① Mauser W. , et al. , “Transdisciplinary Global Change Research: The Co-creation of Knowledge for Sustainability”, *Current Opinion in Environmental Sustainability*, Vol. 5, 2013, pp. 420 – 431.

② Linda Tuhiwai Smith, *Decolonizing Methodologies: Research and Indigenous Peoples*, London: Zed Books, 1999; Chilisa B. , *Indigenous Research Methodologies*, 2nd edn. , Los Angeles: SAGE Publications, 2019.

③ Johannes R. E. , et al. , “Ignore Fishers' Knowledge and Miss the Boat”, *Fish and Fisheries*, Vol. 1, 2000, pp. 257 – 271.

④ Keane M. , et al. , “Decolonising Methodology: Who Benefits from Indigenous Knowledge Research?”, *Educational Research for Social Change*, Vol. 6, 2017, pp. 12 – 24.

⑤ Chilisa B. , *Indigenous Research Methodologies*, 2nd edn. , Los Angeles: SAGE Publications, 2019; Lipscombe T. A. , et al. , “Directions for Research Practice in Decolonising Methodologies: Contending with Paradox”, *Methodological Innovations*, Vol. 14, 2021, pp. 1 – 11.

⑥ Chilisa B. , *Indigenous Research Methodologies*, 2nd edn. , Los Angeles: SAGE Publications, 2019.

⑦ Bekhoven J. V. , “Public Participation as a General Principle in International Environmental Law: Its Current and Real Impact”, *National Taiwan University Law Review*, Vol. 11, 2016, pp. 219 – 277.

此外，他们的合作可以贡献基于常识和个人的相关经验知识，以及基于价值的知识，这两者都可以提高跨学科研究的质量。①

在当前的海洋治理格局下，将国家管辖区域外作为区域海洋治理的重点推进领域是一种重要的尝试。全球海洋治理的分散性，使得现阶段通过多边政府间渠道实施“大棒”和“胡萝卜”战略都不太可行。全球海洋委员会在其最新报告中将“公海治理薄弱”视为全球海洋衰退的五个根本驱动因素之一：“现有的公海治理框架薄弱、支离破碎且执行不力。它是部门性的，由不同的机构监管不同的行业，而不是基于现代生态系统的理解。”② 关于《国家管辖范围以外区域生物多样性公约》（BBNJ）的谈判已经表明，从基于资源管理和分配的治理方法转向以保护为重点的治理方法，这将进一步促进在公海制定海洋保护区域。③ 这与南极区域注重通过管理框架来实现海洋治理以分配对生物和非生物资源（例如鱼类或多金属结核）不同，未来的公海区域将会越来越强调环境研究和保护。这种习惯方法的转变，将导致治理框架面临压力，也可能是一种新的机遇。现在需要重新树立对于公海和极地区域的认识，尤其是区域有关生态和治理等相互联系的认知。当前是在南极洲和全球海洋方面，缺乏当地的声音以及管理责任的潜力受到严重限制，考验着治理方式和规则的变化发展。为了使当前的治理经得起未来的考验，需要在偏远地区和非区域参与者中纳入责任，让他们参与并从这些栖息地本身的保护中受益。有人建议，与其提及“全球公域”，不如使用“共同关注”的概念，这可能会提供一种更具前瞻性的方法。④ 这种概念转变将由扩大的责任主体来补充，其中包括但也超出了狭义定义的地区。当

---

① Glucker A.，“Public Participation in Environmental Impact Assessment：Why，Who and How?”，*Environmental Impact Assessment Review*，Vol. 43，2013，p. 107.

② Global Ocean Commission，“Drivers of Decline”，2014，http：//www. some. ox. ac. uk/research/global-ocean-commission/drivers-of-decline/.

③ Tiller R.，Nyman E.，“Ocean Plastics and the BBNJ Treaty—Is Plastic Frightening Enough to Insert Itself into the BBNJ Treaty，or Do We Need to Wait for a Treaty of Its Own?”，*Journal of Environmental Studies and Sciences*，Vol. 8，2018，pp. 411 –415.

④ Bodansky D.，Bruneé J，Hey E.，eds.，*The Oxford Handbook of International Environmental Law*，Oxford：Oxford University Press，2008.

然，虽然现有制度不太可能从内部转变，但即使没有当地的声音，替代性的非正式治理安排也可以提供必要的动力。

国家管辖区域外生物多样性公约第三次筹备委员会的概述提出了关于这一国际文书如何与现有安排互动的三种模式的总结：全球模式将权力和职能置于国际层面；区域模式将权力下放给现有的区域和部门机构；混合模式是全球和区域方法的结合。[①] 西南太平洋地区现有机构的权威通过现有协作和协调机制相互依存的运作可能会在全球或混合模式下受到挑战。然而，小岛屿发展中国家强调，扩大现有组织职权范围的区域模式将给它们紧张的能力带来沉重负担。[②] 这凸显了小岛屿发展中国家特有的资源和能力挑战，并使区域内合作对于履行其职责至关重要。[③] PSIDS 强调了一个全面的总体全球框架的重要性，其中包括一些区域决策和实施，“以充分反映区域和次区域的具体情况”。[④]

最后，在完善规则和治理机制以及扩大本土参与的基础上，保持政策的整合与连贯对于海洋治理十分重要。区域海洋治理的任何重要领域的战略发展都将为未来特定领域的决策制定框架。联合国大会第 71/312 号决议第 13 段要求采取的行动中规定的全球商定政策，协调区域海洋治理的努力应在所有包含政策整合与连贯性的政策目标中发挥关键作用。

---

① Ambassador Duarte, “Chair's Overview of the Third Session of the Preparatory Committee—Appendix 5 Informal Working Groups on Cross-cutting Issues”, http: //www. un. org/depts/los/biodiversity/prepcom_ files/Chair_ Overview. pdf, p. 27.

② “PSIDS Submission to the Second Meeting of the Preparatory Committee for theDevelopment of an International Legally Binding Instrument under the UNCLOS on the Conservation and Sustainable Use of Marine Biological Diversity of Areas Beyond National Jurisdiction—PSIDS Submission on Institutional Arrangements”, December 2016, http: //www. un. org/depts/los/biodiversity/prepcom_ files/rolling_ comp/PSIDS-institutional_ arrangements. pdf. p. 8.

③ C. Goodman, “The Cooperative Use of Coastal State Jurisdiction with Respect to Highly Migratory Stocks: Insights from the Western and Central Pacific Region”, in L. Martin, C. Salonidis and C. Hioureas, eds. , *Natural Resources and The Law of the Sea: Exploration, Allocation, Exploitation of Natural Resources*, New York: Jurisnet, 2017, p. 216.

④ “PSIDS Submission to the Second Meeting of the Preparatory Committee for the Development of an International Legally Binding Instrument Under the UNCLOS on the Conservation and Sustainable Use of Marine Biological Diversity of Areas Beyond National Jurisdiction—PSIDS Submission on Institutional Arrangements”, December 2016, http: //www. un. org/depts/los/biodiversity/prepcom_ files/rolling_ comp/PSIDS-institutional_ arrangements. pdf, p. 2.

参考文献

一　中文专著

薄燕、高翔：《全球治理中的巴哈伊国际社团》，上海人民出版社 2017 年版。

蔡拓：《全球学与全球治理》，北京大学出版社 2017 年版。

陈国平、赵远良主编：《全球治理与中国方略》，中国社会科学出版社 2018 年版。

陈家刚编：《全球治理：概念与理论》，中央编译出版社 2017 年版。

陈瑞莲、刘亚平等：《区域治理研究：国际比较的视角》，中央编译出版社 2013 年版。

迟永：《联合国大会与全球治理》，时事出版社 2021 年版。

戴长征主编：《全球治理人才培养：国际经验与中国实践》，对外经济贸易大学出版社 2021 年版。

丁工：《中等强国崛起与全球治理体系的变革》，中国社会科学出版社 2021 年版。

郭璇：《全球治理中国话语体系的建构与国际传播》，中国传媒大学出版社 2021 年版。

何亚非：《全球治理的中国方案》，五洲传播出版社 2019 年版。

何亚非：《选择：中国与全球治理》，中国人民大学出版社 2015 年版。

胡志勇：《海洋治理与海洋合作研究》，上海人民出版社 2022 年版。

胡志勇：《中国海洋治理研究》，上海人民出版社 2020 年版。

贾庆国主编：《全球治理》，新华出版社 2014 年版。

江时学：《全球治理中的中国与欧盟：观念、行动与合作领域》，中国社会科学出版社 2016 年版。
杨振姣:《中国海洋生态安全治理的理论与实践》，海洋出版社 2018 年版。
于军:《全球治理》，国家行政学院出版社 2014 年版。
俞可平:《中国学者论中国与全球治理“走向全球善治”的理论探讨》，重庆出版社 2018 年版。
张贵洪主编:《全球治理中的中国与联合国》，时事出版社 2017 年版。
张海滨等:《全球气候治理的中国方案》，五洲传播出版社 2022 年版。
张乐磊:《全球海洋治理视阈下的“北海治理模式”研究》，中国海洋大学出版社 2021 年版。
张文显主编:《全球治理与国际法》，法律出版社 2020 年版。
赵可金:《全球治理导论》，复旦大学出版社 2022 年版。
赵龙跃:《制度性权力：国际规则重构与中国策略》，人民出版社 2016 年版。
周亚敏:《以绿色区域治理推进“一带一路”建设》，社会科学文献出版社 2016 年版。
周银玲:《从科学权威到规则权威：全球治理中的标准及其规范化进路》，中国社会科学出版社 2021 年版。
朱立群、[意] 富里奥·塞鲁蒂、卢静主编:《全球治理：挑战与趋势》，社会科学文献出版社 2014 年版。
朱天祥编著:《金砖国家与全球治理》，时事出版社 2019 年版。

二 中文译著

[法] 扎吉·拉伊迪:《规范的力量：欧洲视角下的全球治理》（第三版)，宗华伟、李华译，上海人民出版社 2022 年版。
[加] 柯顿:《二十国集团与全球治理》，郭树勇等译，上海人民出版社 2015 年版。
[美] 奥兰·扬:《复合系统：人类世的全球治理》，杨剑等译，上海人民出版社 2019 年版。
[美] 迈克尔·巴尼特、玛莎·芬尼莫尔:《为世界定规则：全球政治中的国际组织》，薄燕译，上海人民出版社 2009 年版。

[英] 安德鲁·赫里尔：《全球秩序与全球治理》，林曦译，中国人民大学出版社 2018 年版。
[英] 唐·亨瑞奇：《我们的海洋：海岸危机》，蔡锋、张绍丽、邓云成译校，海洋出版社 2017 年版。

三 中文期刊

陈道银：《上海政法学院全球公域安全与治理研究中心举办“极地与海洋问题学术研讨会”》，《太平洋学报》2016 年第 5 期。
陈洪桥：《太平洋岛国区域海洋治理探析》，《战略决策研究》2017 年第 4 期。
陈琪等：《规则流动与国际经济治理——统筹国际国内规则的理论阐释》，《当代亚太》2016 年第 5 期。
陈伟光、王燕：《共建“一带一路”：基于关系治理与规则治理的分析框架》，《世界经济与政治》2016 年第 6 期。
陈曦笛、张海文：《全球海洋治理中非政府组织的角色——基于实证的研究》，《太平洋学报》2022 年第 9 期。
陈翔：《“回归区域”？——理解全球安全治理区域化的演进》，《世界经济与政治》2021 年第 8 期。
陈贞如、赵菊芬：《欧盟海洋政策对台湾海峡海洋治理的启示》，《中国海洋法学评论》2015 年第 1 期。
程保志：《全球海洋治理语境下的“蓝色伙伴关系”倡议：理念特色与外交实践》，《边界与海洋研究》2022 年第 4 期。
程恩富、李静：《“一带一路”建设海上合作的国际政治经济学分析》，《管理学刊》2021 年第 1 期。
程晓勇：《东亚海洋非传统安全问题及其治理》，《当代世界与社会主义》2018 年第 2 期。
崔野：《全球海洋塑料垃圾治理：进展、困境与中国的参与》，《太平洋学报》2020 年第 12 期。
崔野、王琪：《关于中国参与全球海洋治理若干问题的思考》，《中国海洋大学学报》（社会科学版）2018 年第 1 期。

崔野:《运转国家海洋委员会的若干问题研究》,《大连海事大学学报》(社会科学版)2020 年第4 期。

四 英文专著

Adalberto Vallega, *Sustainable Ocean Governance: A Geographical Perspective*, London; New York: Routledge, 2002.

Adalberto Vallega, *Sustainable Ocean Governance: A Geographical Perspective*, Oxford: Taylor & Francis, 2002.

Alan White, Noel Barut, Roberto Baylosis, et al., *Ocean Governance Initiatives in the East Asian Seas: Lessons and Recommendations*, Germany: GIZ, 2016.

Alexander Proelss, Joachim Sanden, Markus Kotzur, et al., *Sustainable Ocean Resource Governance Deep Sea Mining, Marine Energy and Submarine Cables*, Leiden: Brill, 2018.

Alex Oude Elferink, Lan Ngoc Nguyen, Vito De Lucia, eds., *International Law and Marine Areas Beyond National Jurisdiction Reflections on Justice, Space, Knowledge and Power*, Leiden: Brill, 2022.

Alf H. Hoel, Are Sydnes, Syma A. Ebbin, *A Sea Change: The Exclusive Economic Zone and Governance Institutions for Living Marine Resources*, Netherlands: Springer Netherlands, 2005.

Andres Cisneros-Montemayor, William Cheung, Yoshitaka Ota, eds., *Predicting Future Oceans Sustainability of Ocean and Human Systems Amidst Global Environmental Change*, Amsterdam: Elsevier Science, 2019.

Angela Carpenter, Jon A. Skinner, Tafsir M. Johansson, eds., *Sustainability in the Maritime Domain: Towards Ocean Governance and Beyond*, Berlin: Springer International Publishing, 2021.

Anthony Charles, Jake Rice, Serge M. Garcia, *Governance of Marine Fisheries and Biodiversity Conservation: Interaction and Co-evolution*, U. S.: Wiley, 2014.

Tore Henriksen, Geir Hønneland, Are K. Sydnes, *Law and Politics in Ocean Governance: The UN Fish Stocks Agreement and Regional Fisheries Manage-*

ment Regimes, Leiden: Martinus Nijhoff Publishers, 2006.

Yen-Chiang Chang, *Ocean Governance: A Way Forward*, Berlin: Springer Netherlands, 2011.

Yoshifumi Tanaka, *A Dual Approach to Ocean Governance: The Cases of Zonal and Integrated Management in International Law of the Sea*, Oxford: Taylor & Francis, 2016.

Yoshifumi Tanaka, *The International Law of the Sea*, Cambridge: Cambridge University Press, 2019.

五 研究报告

Druel E., Ricardp, Rochette J., et al., Governance of Marine Biodiversity in Areas Beyond National Jurisdictionat the Regional Level: Filling the Gaps and Strengthening the Framework for Action, Paris: IDDRI, 2012.

Raphaël Billé, Lucien Chabason, Petra Drankier, et al., Regional Oceans Governance: Making Regional Seas Programmes, Regional Fishery Bodies and Large Marine Ecosystem Mechanisms Work Better Together, UNEP Regional Seas Report and Studies, No. 195, 2016.

The Future of Ocean Governance Building Our National Ocean Policy: Hearing before the Subcommittee on Oceans, Atmosphere, Fisheries, and Coast Guard of the Committee on Commerce, Science, and Transportation, United States Senate, One Hundred Eleventh Congress, First Session, November 4, 2009.

Wright G., Schmidt S., Rochette J., et al., "Partnering for a Sustainable Ocean: The Role of Regional Ocean Governance in Implementing SDG14", PROG: IDDRI, IASS, TMG & UN Environment, 2017.

六 外文期刊

Abduallah Al Mamun, Ryan K. Brook and Thomas Dyck, "Multilevel Governance and Fisheries Commons: Investigating Performance and Local Capacities in Rural Bangladesh", *International Journal of the Commons*, Vol. 10,

No. 1, 2016.

A. Burcu Bayram, "Due Deference: Cosmopolitan Social Identity and the Psychology of Legal Obligation in International Politics", *International Organization*, 2017.

Adalberto Vallega, "Ocean Governance in Post-modern Society—a Geographical Perspective", *Marine Policy*, Vol. 25, Issue 6, November 2001.

Aletta Mondré, and Annegret Kuhn, "Authority in Ocean Governance Architecture", *Politics and Governance*, Vol. 10, Issue 3, 2022.

Alex Weisiger and Keren Yarhi-Milo, "Revisiting Reputation: How Past Actions Matter in International Politics", *International Organization*, 2015.

Anderas Duit, Victor Galaz, "Governance and Complexity—Emerging Issues for Governance Theory", *Governance*, Vol. 21, No. 3, 2008.

Asif Efrat and Abraham L. Newman, "Deciding to Defer: The Importance of Fairness in Resolving Transnational Jurisdictional Conflicts", *International Organization*, 2016.

Barbara Koremenos, Charles Lipson and Duncan Snidal, "Rational Design: Looking Back to Move Forward", *International Organization*, Vol. 55, No. 4, 2001.

Barbara Koremenos, Charles Lipson and Duncan Snida L., "The Rational Design of International Institutions", *International Organization*, Vol. 55, No. 4, 2001.

Bardo Fassbender, "What's in a Name? The International Rule of Law and the United Nations Charter", *Chinese JIL*, 2018.

Bentley B. Allan, "Producing the Climate: States, Scientists, and the Constitution of Global Governance Objects", *International Organization*, Vol. 71, Winter 2017.

Bianca Haas, "The Future of Ocean Governance", *Reviews in Fish Biology and Fisheries*, Vol. 32, 2022.